工业和信息化
精品系列教材

PHP
程序设计
项目化教程

微课版

臧金梅 郭甜甜◎主编

许晓明 谢丽娟 张兴科 李玉臣◎副主编

人民邮电出版社
北京

图书在版编目（CIP）数据

PHP 程序设计项目化教程：微课版 / 臧金梅，郭甜甜主编. -- 北京：人民邮电出版社，2025. --（工业和信息化精品系列教材）. -- ISBN 978-7-115-65980-4

Ⅰ. TP312.8

中国国家版本馆 CIP 数据核字第 2025NX4221 号

内 容 提 要

本书采用项目化内容组织方式，通过一系列精心设计的项目案例，逐步引导读者从 PHP 编程入门走向精通。具体项目包括启程探索 PHP 世界、智能 BMI 计算与健身运动推荐系统、汇率计算器、学生成绩计算器、文本内容过滤器、用户注册平台、问卷统计工具、购物车系统、学生信息管理系统。项目内容全面涵盖 PHP 语法基础、流程控制、函数、文件和目录操作、前后端交互等知识，旨在通过实际项目加深读者对 PHP 编程技术的理解，提高应用能力。

本书在深入讲解 PHP 编程技术的同时，特别强调了网络应用安全措施的重要性，旨在帮助读者构建功能强大且安全可靠的 Web 应用。

本书适合作为普通高等学校、职业院校计算机相关专业的教材，同时也适合作为 PHP 爱好者及相关技术人员的自学参考书。

◆ 主　　编　臧金梅　郭甜甜
　　副 主 编　许晓明　谢丽娟　张兴科　李玉臣
　　责任编辑　马小霞
　　责任印制　王　郁　焦志炜
◆ 人民邮电出版社出版发行　　北京市丰台区成寿寺路 11 号
　　邮编　100164　　电子邮件　315@ptpress.com.cn
　　网址　https://www.ptpress.com.cn
　　大厂回族自治县聚鑫印刷有限责任公司印刷
◆ 开本：787×1092　1/16
　　印张：17.25　　　　　　　　　　　2025 年 5 月第 1 版
　　字数：459 千字　　　　　　　　　2025 年 5 月河北第 1 次印刷

定价：59.80 元

读者服务热线：(010)81055256　印装质量热线：(010)81055316
反盗版热线：(010)81055315

前　言

在信息技术日新月异的今天，PHP 已然稳固了其作为 Web 开发领域核心服务器端编程语言的地位。为了满足广大开发者和学习者对学习 PHP 语言的渴求，我们精心编写了本书。本书旨在通过富有实践性的项目化教学方法，引导读者系统地学习 PHP 的基础知识，并深入探索其在实际项目中的应用。党的二十大报告指出："我们要坚持教育优先发展、科技自立自强、人才引领驱动，加快建设教育强国、科技强国、人才强国，坚持为党育人、为国育才，全面提高人才自主培养质量，着力造就拔尖创新人才，聚天下英才而用之。"在这样的时代背景下，我们编写本书不仅是为了传授 PHP 语言的相关知识，还是为了响应国家对于高素质技术技能人才培养的号召，为广大开发者和学习者提供一个系统、实用的学习指南，以期为我国科技创新与产业升级贡献一份微薄之力。

一、编写理念

在编写本书时，我们始终秉持由浅入深、循序渐进的原则，将全书内容巧妙地划分为 PHP 基础与 PHP 进阶两大模块。通过精心设计的多个项目，我们围绕特定的学习目标，结合生动、实用的案例实践，深入剖析 PHP 的核心知识，包括语法基础、流程控制、函数及数据处理等。本书框架如图 1 所示，为读者提供一目了然的学习路径。

模块	项目
模块1 PHP基础	项目1 启程探索PHP世界——PHP编程入门
	项目2 智能BMI计算与健身运动推荐系统——语法基础
	项目3 汇率计算器——流程控制
	项目4 学生成绩计算器——PHP函数
	项目5 文本内容过滤器——数据处理
模块2 PHP进阶	项目6 用户注册平台——前后端数据交互
	项目7 问卷统计工具——文件和目录操作
	项目8 购物车系统——面向对象程序设计
	项目9 学生信息管理系统——使用PHP操作MySQL数据库

图 1　本书框架

本书侧重教学和培训，遵循现代教学理念，注重知识的系统性、技能的完整性，重点和难点突出，内容由浅入深，易于学习。项目设计层次分明，遵循提出问题、分析问题、解决问题的逻辑思路。本书共 9 个项目，每个项目都包括情境导入、学习目标、知识储备、项目分析、项目实施和项目实训等部分，具体如图 2 所示。其中，学习目标包括知识目标、能力目标和素养目标，旨在帮助读者全面提升 PHP 编程能力。

图 2　项目设计框架

二、本书特色

1．项目化实践学习

本书以项目为驱动，通过真实企业案例，让读者通过实际操作精通 PHP。书中涵盖了智能 BMI 计算与健身运动推荐系统、汇率计算器、学生成绩计算器、文本内容过滤器、用户注册平台、问卷统计工具及购物车系统等多样化的实践项目。这些项目设计巧妙，既能激发读者的学习兴趣，又能有效提升其实践技能，助力读者将 PHP 理论知识转化为实际应用能力。

2．系统且循序渐进的知识体系

本书从 PHP 的基础知识出发，逐步深入进阶内容，构建一个完整且层层递进的知识体系。这不仅有助于读者系统地学习 PHP，还能帮助读者逐步掌握编程语言的核心内容。

3．能力与素养并重的双重进阶

本书不仅关注读者能力的提升，还致力于培养读者的专业素养和职业精神。书中提供"工具是为思维服务的""智能编程助手不是万能的""循环中的智慧：人生的重复与成长""自主获取信息"等素养提升内容，提供"编程书写规范""深入理解分支结构中 else 的含义""其他查找函数"等能力进阶挑战，帮助读者在编程之路上不断追求进步。

4．注重安全意识的培养

本书在介绍 PHP 的应用时，特别注重对读者安全意识的培养。在每个项目的应用安全拓展部分，都会介绍与该项目相关的安全问题和解决方案，帮助读者提高安全意识，避免在实际项目中出现安全漏洞。

三、教学使用建议

本书作为教材时，建议采用理论实践一体化教学模式，建议课堂教学、上机指导各安排 42 学时。各项目主要内容和学时分配建议如表 1 所示，教师可以根据实际教学情况进行调整。

表 1　各项目主要内容和学时分配建议

项目	主要内容	课堂教学学时	上机指导学时
项目 1	PHP 编程入门，包括 PHP 简介、PHP 开发环境与工具、PHP 的简单语法等	2	2
项目 2	语法基础，包括变量和常量、标量数据类型、运算符、表达式等	4	4
项目 3	流程控制，包括流程控制简述、分支结构、循环结构等	4	4
项目 4	PHP 函数，包括初识函数、自定义函数、处理 GET 请求和预定义变量$_GET、预定义函数等	4	4
项目 5	数据处理，包括数组和字符串等	4	4
项目 6	前后端数据交互，包括表单基础与数据交互、HTTP 基础、Cookie 和 Session 技术等	6	6
项目 7	文件和目录操作，包括目录操作和文件操作等	4	4

续表

项目	主要内容	课堂教学学时	上机指导学时
项目 8	面向对象程序设计，包括面向对象、类和对象、魔术方法、类常量和静态成员、面向对象的特性等	6	6
项目 9	使用 PHP 操作 MySQL 数据库，包括 MySQL 概述、MySQL 的基本操作、PHP 的数据库扩展、使用 PHP 操作 MySQL 数据库等	8	8
合计		42	42

四、致谢

本书在编写过程中得到了山东信息职业技术学院、潍坊职业学院和潍坊万码信息科技有限公司的大力支持，在此表示衷心的感激。编者结合多年的教学经验和项目开发经验，精心编写了本书，希望本书能成为读者学习 PHP 的有力工具。如有任何宝贵意见或建议，请通过电子邮箱 zjm0536@163.com 与编者联系，编者将不胜感激。

编者

2024 年 10 月

目　　录

模块 1　PHP 基础

模块 2　PHP 进阶

项目 9

学生信息管理系统——使用 PHP 操作 MySQL 数据库········ 230

模块 1 PHP 基础

项目1
启程探索PHP世界
——PHP编程入门

情境导入

在数字化时代，我们每天都在与各种网站和应用进行交互。例如，当我们尝试登录一个在线购物网站时，需要输入用户名和密码，在这个过程中，如果输入密码错误次数过多，账户就会被暂时锁定，这是网站的一种自我保护机制，防止有人恶意尝试破解密码。这种功能往往是通过 PHP 等后端程序实现的，凸显了 PHP 在网络安全中的重要性。

张华认识到了 PHP 在网络安全中的关键作用，决定深入学习 PHP。然而，面对复杂的学习内容，他感到有些迷茫。于是，他寻求了经验丰富的李老师的帮助。

李老师深谙 PHP 的精髓，他强调，学习 PHP 绝不仅仅是掌握其基本语法和结构那么简单，更重要的是深入理解并熟练运用变量、数据类型、流程控制等核心知识。此外，要想成为真正的 PHP 高手，还需进一步探索 PHP 的高级特性，如面向对象编程、前后端数据交互及文件和目录操作等。

相信在李老师的带领下，张华不仅能够迅速掌握 PHP 编程的精髓，还能提升网络安全意识，为迎接数字化时代的挑战做好充分的准备。

学习目标

知识目标	■ 熟悉 PHP 的概念； ■ 了解 PHP 的发展历史、语言特性； ■ 掌握 PHP 开发环境的搭建； ■ 掌握 Visual Studio Code 的安装、配置及运行； ■ 掌握如何编写 PHP 程序，能够创建并执行 PHP 脚本。
能力目标	■ 能够选择合适的 PHP 开发环境和开发工具； ■ 能够搭建 PHP 开发环境； ■ 熟悉服务器的启动步骤，能够完成服务器的启动。
素养目标	■ 提升自主搭建开发环境和解决问题的能力； ■ 培养主动学习和探究程序设计语言奥秘的习惯； ■ 培养创新思维，能够运用 PHP 解决实际问题，为我国互联网产业的发展贡献力量； ■ 提升网络安全意识。

知识储备

在正式开始 PHP 编程之前，需要先学习基础知识，做好准备工作，这就好比在建造一栋高楼大厦之前，需要先打好坚实的地基。以下 3 个方面的知识将是我们开启 PHP 编程之旅的重要基石。

1.1　PHP 简介

1.1.1　什么是 PHP

微课

什么是 PHP

PHP 一般指 Hypertext Preprocessor，即超文本预处理器，是一种通用脚本语言。它最初用于创建动态网页，如今已经发展成为服务器端编程领域的佼佼者。它能够与 HTML（Hypertext Markup Language，超文本标记语言）无缝集成，从而轻松地与数据库交互、处理表单数据、生成动态网页等。

PHP 的主要用途之一是生成动态网页。与静态网页（内容在服务器中已经固定，不会改变）不同，动态网页的内容是根据用户的请求、数据库数据或其他变量实时生成的。PHP 允许开发者在服务器端编写程序，从而根据用户的交互和其他条件动态生成和呈现网页内容。

PHP 的语法设计受 C 语言、Java 和 Perl 的影响，同时它也具备自己独特的编程特性，这些特性使其在网页开发社区中广受欢迎。

PHP 不但功能强大，而且易于学习，对于从事网页开发的专业人士而言，掌握 PHP 编程具有极高的价值。随着信息化技术的不断发展，PHP 将继续在网页生成、应用程序开发、网络安全维护等领域发挥关键作用，为互联网的发展贡献力量。

1.1.2　PHP 的发展历史

微课

PHP 的发展历史

随着 Web（万维网）技术的演进，前端开发和后端开发的角色逐渐分离。前端开发负责构建用户界面和改善交互体验，主要使用 HTML、CSS 串联样式表和 JavaScript 等技术。后端开发则聚焦于服务器端的逻辑处理和数据处理，PHP 作为后端开发的一种重要语言，在这个演进过程中扮演着关键角色，为前后端的数据交换和逻辑处理提供了强有力的支持。

PHP 的发展历史可谓波澜壮阔，其从最初的 Perl 脚本程序，成长为全球领先的服务器端脚本语言之一。以下是对 PHP 发展历史的精练概述。

1.　起源与早期发展

PHP 1.0：由拉斯马斯·勒德尔夫（Rasmus Lerdorf）于 1994 年创建，最初为追踪个人主页访问者信息的 Perl 脚本程序。

PHP 2.0：1995 年发布，使用 C 语言重写，加入对数据库的支持，更名为 PHP/FI，并开始支持 MySQL。

2.　开源与性能提升

PHP 3.0：1998 年发布，1999 年引入 Zend Engine，标志着 PHP 拥有了独立的编译器，并获得广泛赞誉。

PHP 4.0：2000 年发布，性能大幅提升，引入面向对象编程和丰富的内置函数库。

3．领先地位的确立

PHP 5.0：2004 年发布，搭载 Zend Engine 2.0，性能显著提升，加入异常处理、引用变量等特性，奠定了 PHP 在 Web 开发领域的领先地位。

尽管 PHP 5.0 在 Web 开发领域占据着重要地位，但随着技术的不断进步，开发者社区对更高性能和更现代特性的需求日益增长。遗憾的是，PHP 6.0 的正式版本并未面世，PHP 团队转而投入后续版本的研发，以持续推动语言的进化。

4．持续进化与现代特性的引入

PHP 7.0：2015 年发布，性能得到巨大提升，增加了严格的类型声明模式，进一步提高了功能性和执行效率。

PHP 8.0：2020 年发布，引入命名参数、联合类型、JIT 编译（及时编译）等现代特性，显著增强了类型系统的严谨性，改进了错误处理的机制，并提升了语法的一致性，从而使 PHP 能更高效地应对现代 Web 开发的挑战。

PHP 的发展历史展示了其从简单脚本程序到服务器端编程领域领导者的转变，体现了其向更高效、更安全和现代化的程序设计语言迈进的坚定步伐。随着 Web 技术的不断进步，PHP 将继续书写其辉煌的历史篇章。

1.1.3　PHP 的语言特性

PHP 作为服务器端脚本语言中的佼佼者，凭借其独有且强大的语言特性，在 Web 开发领域占据了不可替代的地位。以下是 PHP 的几大核心特性。

1．语法简洁，开发高效

PHP 的语法设计以简洁明了著称，这不仅降低了学习门槛，还让开发者能够迅速投入项目的实际开发中，其直观的语法结构降低了复杂性，使得开发者能够专注于核心业务逻辑的实现。同时，得益于 PHP 生态系统中 Laravel、Symfony 等优秀框架的支持，开发效率得到了显著提升，从而助力开发者快速打造出高质量的应用。

2．开源、免费，可跨平台

PHP 的源代码遵循 GPL（General Public License，通用公共许可证）协议，完全开源且免费，这一特性使得它成为众多开发者和企业的理想选择。不仅如此，PHP 还具备出色的跨平台兼容性，无论是在 Linux、Windows，还是在其他操作系统上，都能展现出卓越的性能和较高的稳定性。这种跨平台的灵活性为开发者提供了更多的选择空间，确保了应用程序在不同平台上的无缝衔接。

3．较好的数据库兼容性

PHP 支持开放式数据库互连（Open Data Database Connectivity，ODBC）标准，能够轻松连接和交互各种主流数据库，如 MySQL、Oracle、SQL Server 和 DB2 等。这种广泛的数据库支持赋予了开发者极高的灵活性，使他们能够根据具体需求选择最合适的数据库系统。特别值得一提的是，PHP 与 MySQL 的结合被誉为业界的黄金标准，其在 Web 开发中的广泛应用和卓越表现深受开发者的青睐。

4．面向对象与面向过程的双重支持

PHP 提供了全面的面向对象程序设计（Object-Oriented Programming，OOP）支持，包括类、对象、继承、封装和多态等核心概念，这使得开发者能够以更加直观和模块化的方式来组织

代码,从而提高代码的可读性、可维护性和可扩展性。同时,PHP 也保留了对面向过程编程的支持,为那些习惯于传统编程范式的开发者提供了便利。这种双重支持使得 PHP 能够适应不同开发者的需求和风格,进一步提升了其在 Web 开发领域的通用性和灵活性。

1.1.4 PHP 的工作原理

微课

PHP 的工作原理

PHP 在服务器运行,客户端浏览器只需要接收服务器返回的 HTML 内容。这种方式提高了网页的加载速度,也使得 PHP 成为一种高效的动态网页程序设计语言。PHP 脚本通常以 ".php" 为文件扩展名,可以在各种服务器环境中运行,如 Apache、因特网信息服务(Internet Information Services,IIS)等。

PHP 的工作原理如图 1–1 所示。当用户在浏览器中输入一个包含 PHP 脚本的统一资源定位符(Uniform Resource Locator,URL)(其结尾通常为.php)时,浏览器会向服务器发送一个 HTTP(超文本传送协议)请求。服务器接收到请求后,会检查请求的资源是否包含 PHP 脚本,如果包含,服务器会将该 PHP 脚本交给 PHP 解释器(PHP 引擎)进行处理。PHP 解释器负责逐行解析 PHP 代码,并将其转换成可执行的中间形式,然后由服务器上的 PHP 引擎执行这些指令。PHP 解释器可以内嵌于 Web 服务器中,也可以作为独立的程序运行。

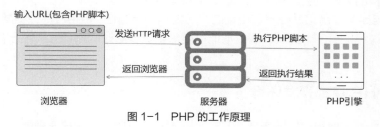

图 1–1　PHP 的工作原理

PHP 脚本可以根据不同的条件生成不同的输出内容。例如,它可以从数据库中检索数据,并根据这些数据动态生成网页内容。这使得 PHP 非常适用于构建动态网页和 Web 应用程序。一旦 PHP 脚本执行完毕,生成的 HTML 或其他类型的输出内容会被发送回客户端(浏览器)。浏览器接收到这些输出内容后,会将其渲染成用户可见的网页。

综上所述,PHP 的工作原理可以概括为:接收客户端的请求,通过 PHP 解释器解析和执行 PHP 脚本,生成动态内容,与数据库进行交互(如果需要),发送响应回客户端。这一过程使得 PHP 成为构建动态、交互式 Web 应用程序的强大工具。

1.2　PHP 开发环境与工具

工欲善其事,必先利其器。在开始编写 PHP 代码之前,需要搭建一个合适的开发环境,并选择合适的开发工具。一个好的开发环境能够让我们更加高效地编写代码、调试程序,而合适的开发工具则能够提升我们的编程体验。本节将介绍如何搭建 PHP 开发环境,并推荐一些常用的 PHP 开发工具,帮助读者在编程的道路上走得更加顺畅。

1.2.1 PHP 开发环境

微课

PHP 开发环境

在学习或开发项目的过程中,不同的开发环境可能会引发诸多不必要的问题。

一个稳定的 PHP 开发环境通常需要集成以下几个核心组件。

首先是 Web 服务器，它负责处理 HTTP 请求和响应。在众多选择中，Apache HTTP Server（简称 Apache）因其稳定性和普遍性而备受青睐，当然，nginx、IIS 等也是不错的选择，可以根据实际需求进行挑选。

其次是 PHP 解释器，它的作用是解析和执行 PHP 代码。为了确保兼容性和最新特性，建议从 PHP 官方网站下载最新版本的解释器。

数据库也是不可或缺的一部分，它用于数据的存储和检索。MySQL 以其高效和易用的特点成为最流行的数据库选择之一，但同样，PostgreSQL、SQLite 等也提供了功能强大的数据存储解决方案。

由于 PHP 可跨平台，所以在搭建 PHP 开发环境时，开发人员可以在 Linux 或者 Windows 操作系统上搭建。这里不得不提的是 PHP 服务器的经典结构——LAMP（Linux + Apache + MySQL + PHP）和 WAMP（Windows + Apache + MySQL + PHP）。这两种结构分别适用于 Linux 和 Windows 操作系统。

在安装方式上，有两种选择以满足不同用户的需求：集成安装和自定义安装。集成安装因其简便易行、一步到位的特性而广受好评，尤其适合初学者和追求效率的开发者。它能够帮助用户快速搭建一个功能完备的 PHP 开发环境，不需要过多烦琐的配置。

相比之下，自定义安装虽然提供了更高的灵活性和可定制性，但相应地也提高了操作的复杂性。这对于初学者来说可能是一个挑战，因为他们可能需要更多的时间和精力去熟悉各个组件的搭配和配置。

1.2.2 PHP 集成开发环境

本节将重点介绍如何利用集成安装的方式，以简单、直接的方法快速搭建起一个稳定且高效的 PHP 开发环境。通过这种方式，用户能更顺畅地进入 PHP 开发世界，减少在环境搭建上可能遇到的困扰和阻碍。

集成安装是指将几个核心组件（Apache + MySQL + PHP 解析器）一起安装，这里推荐几个为 PHP 开发者精心打包的集成开发环境，如 phpStudy、XAMPP、WampServer 及 MAMP 等。这些工具为不同操作系统的用户提供了方便、快捷的解决方案，让开发者无须单独安装和配置各个组件，从而极大地简化了 PHP 开发环境的搭建过程。

以 phpStudy 为例，它不仅集成了 Apache、PHP 解释器和 MySQL，还附带了 phpMyAdmin 等实用工具，为开发者提供一站式服务。用户只需下载对应版本的 phpStudy 安装包，然后按照提示进行简单的几步操作，即可快速完成整个开发环境的搭建。

在安装过程中，phpStudy 会自动处理各种组件之间的依赖关系和配置问题，确保每个组件都能够无缝地协同工作。这意味着开发者无须担心因配置不当而导致的问题，可以更加专注于代码的编写和调试工作。

一旦安装完成，用户就可以通过 phpStudy 的控制面板轻松启动或停止 Apache、MySQL 等服务。此外，phpStudy 还提供了方便的模块管理工具，让用户可以根据需要添加或移除特定的 PHP 扩展模块。phpStudy 的控制面板如图 1-2 所示。

总之，通过利用集成开发环境如 phpStudy 等，开发者可以轻松搭建一个稳定、高效的 PHP 开发环境，从而更加高效地投入项目的开发和学习中。这不仅降低了初学者的门槛，还为经验丰富的开发者节省了大量时间和精力。

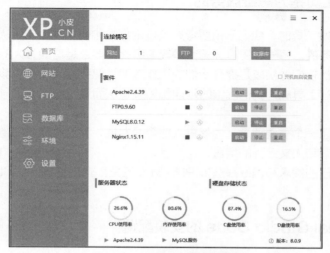

图 1-2　phpStudy 的控制面板

1.2.3　PHP 开发工具

在搭建好 PHP 开发环境之后，选择一个合适的开发工具对于提高开发效率至关重要。PHP 开发工具不仅提供了语法高亮、代码提示等基础功能，还能帮助开发者进行代码调试、版本控制等高级操作。以下是一些流行的 PHP 开发工具。

1. Visual Studio Code

Visual Studio Code(VS Code)是一款轻量级但功能强大的代码编辑器，支持多种程序设计语言，包括 PHP。它拥有丰富的插件生态系统，可以通过安装插件来扩展其功能，如支持 PHP 语法检查、自动补全、代码调试等。Visual Studio Code 还集成了 Git 版本控制系统，方便开发者进行代码管理和协作。

2. Sublime Text

Sublime Text 是一款高度可定制的代码编辑器，深受 PHP 开发者的喜爱。它支持多选、代码片段、自定义宏等高级编辑功能，并且可以通过安装插件来扩展其功能。Sublime Text 还提供了丰富的主题和配色方案，让开发者可以根据自己的喜好来定制个性化的编辑器界面。

3. PhpStorm

PhpStorm 是一款专门为 PHP 开发者打造的集成开发环境（Integrated Development Environment，IDE），它提供了全面的 PHP 支持，包括智能代码补全、代码质量分析、快速导航等功能。PhpStorm 还集成了调试器、版本控制系统和数据库管理工具等，帮助开发者更高效地进行 PHP 开发。虽然 PhpStorm 是商业软件，但其强大的功能和出色的用户体验使其成为许多专业 PHP 开发者的首选工具。

4. Notepad++

对于初学者或者轻量级的 PHP 开发工作，Notepad++是一个不错的选择。它是一款免费的代码编辑器，支持多种程序设计语言，包括 PHP。Notepad++具有轻量级、启动速度快的特点，并且提供了基本的语法高亮和代码折叠功能。虽然它的功能相对简单，但对于初学者来说已经足够使用。

【素养提升】工具是为思维服务的

在选择 PHP 开发工具时，我们不仅要考虑其技术特性和便利性，还要认识到工具的本质：它们是为我们的思维服务的。每一种工具，无论是轻量级编辑器还是功能强大的集成开发环境，都是人类智慧的结晶，设计它们的初衷是提升我们的工作效率，使我们的思维能够更加自由地发散。我们要善于利用工具，让工具成为我们思维的延伸和拓展，从而更好地完成 PHP 开发工作，实现个人价值的最大化。

同时，这也体现了一个重要理念：为促进人的全面发展，我们不仅要注重专业技能的掌握，还要注重思维能力的提升和人文素养的培育。

我们可以根据自己的需求和偏好来选择 PHP 开发工具。本书以 Visual Studio Code 为例进行详细介绍。

1.2.4　Visual Studio Code 的安装配置

微课

Visual Studio Code 的安装配置

Visual Studio Code 是由微软公司推出的一款免费、开源的代码编辑器。一经推出，便受到开发者的欢迎。Visual Studio Code 的特点如下。

（1）轻巧、快速，占用的系统资源较少。

（2）具备智能代码补全、语法高亮显示、快捷键自定义和代码匹配等功能。

（3）跨平台。Visual Studio Code 可用于 Windows、macOS 和 Linux 系统，而且使用起来非常简单。

（4）采用方便、实用的界面设计，能够实现快速查找文件、分屏显示代码、自定义主题颜色等。

（5）提供丰富的插件。Visual Studio Code 提供了插件扩展功能，用户可根据需要自行下载和安装插件，插件安装成功后，重新启动编辑器，即可使用此插件提供的功能。

1. 下载和安装 Visual Studio Code

通过前面的学习，我们了解了 Visual Studio Code 的特点。接下来讲解 Visual Studio Code 的下载和安装过程。

（1）打开浏览器，登录 Visual Studio Code 官方网站，如图 1-3 所示。

（2）在图 1-3 所示的页面中单击 Download for Windows 按钮，该页面会自动识别当前的操作系统并下载相应的安装包。

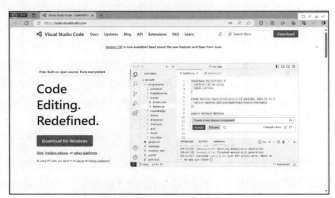

图 1-3　Visual Studio Code 官方网站

（3）Visual Studio Code 下载完成后，双击安装包以启动安装程序。

（4）安装完成后，启动编辑器，Visual Studio Code 主界面如图 1-4 所示。

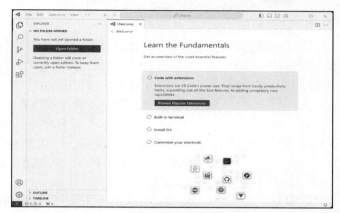

图 1-4　Visual Studio Code 主界面

将该代码编辑器安装到计算机上以后，还需要进行一些简单的配置。

2. 安装中文语言扩展插件

Visual Studio Code 的默认语言是英文，想要切换为中文，可通过安装中文语言扩展插件来实现。单击 Visual Studio Code 左侧边栏中的第 5 个图标即 Extensions（扩展）按钮，然后在搜索框中输入关键词 Chinese，即可找到中文语言扩展插件，单击 Install 按钮进行安装。Visual Studio Code 中文语言扩展插件的安装步骤如图 1-5 所示。

图 1-5　Visual Studio Code 中文语言扩展插件的安装步骤

中文语言扩展插件安装完成后，需要重新启动 Visual Studio Code，使扩展插件生效。

3. 安装其他扩展插件

当进行 PHP 开发时，需要安装一些扩展插件来增强开发体验。以下是关于在 Visual Studio Code 中安装 Code Runner 和 PHP Server 插件的说明。

（1）安装 Code Runner

Code Runner 是一个通用的代码运行插件，支持多种程序设计语言，包括 PHP。以下是在 Visual Studio Code 中安装 Code Runner 的步骤。

① 打开 Visual Studio Code。

② 单击左侧边栏中的 Extensions 按钮（或使用组合键 Ctrl+Shift+X）。

③ 在搜索框中输入 Code Runner 关键字。

④ 在搜索结果中找到 Code Runner 插件，并单击 Install 按钮。

⑤ 安装完成后，单击"重新加载"按钮以激活插件。

⑥ 激活插件后，可以单击编辑器右上角的 Run Code 按钮或使用组合键（默认为 Ctrl+Alt+N）来运行 PHP 代码，如图 1-6 所示。

图 1-6　运行 PHP 代码

（2）安装 PHP Server

为了方便开发者在本地环境中测试和运行 PHP 代码，可以安装 PHP Server。通过安装这样的插件，开发者可以轻松启动一个内置的 Web 服务器，该服务器能够解析和执行 PHP 脚本，从而无须配置外部的 Web 服务器软件（如 Apache 或 nginx）即可进行 PHP 应用的开发和调试，也就是说，可以不启动集成开发环境 phpStudy 来开发和调试 PHP 程序。

需要注意的是，PHP Server 主要用于本地开发和测试，并不适用于生产环境。在生产环境中，开发者通常会使用更加稳定和安全的 Web 服务器软件来部署和运行 PHP 应用程序。以下是在 Visual Studio Code 中安装 PHP Server 的步骤。

① 打开 Visual Studio Code。

② 单击左侧边栏中的 Extensions 按钮（或使用组合键 Ctrl+Shift+X）。

③ 在搜索框中输入 PHP Server 关键字。

④ 在搜索结果中找到 PHP Server 插件，并单击 Install 按钮。

⑤ 安装完成后，单击"重新加载"按钮以激活插件。

⑥ 激活插件后，可以根据插件的文档来配置和启动本地 PHP 服务器。通常在编辑器中右击文件，选择 PHP Server:Serve project 启动服务器运行程序，如图 1-7 所示。

图 1-7　启动 PHP Server

【素养提升】智能编程助手不是万能的

在 PHP 开发工作（或其他编程工作）中，利用 CodeGeeX、通义灵码、文心快码等智能编程助手，可以显著提高工作效率。当我们正在编写一个复杂的算法时，突然遇到了一个难以解决的问题，智能编程助手就会像一个随时在线的编程伙伴，提供代码补全、错误检测等功能及代码优化建议。

然而，在我们得益于这些先进技术的同时，必须牢记：智能编程助手并非万能的。尽管它们在某些任务中表现出色，但仍然无法拥有人类的直觉、创造力和深入理解用户需求的能力。

举个例子，智能编程助手可以迅速识别并修复代码中的语法错误，但在面对设计缺陷或逻辑错误时，它们可能就显得力不从心，这是因为这些错误往往涉及更深层次的程序设计和业务逻辑，需要开发者运用自己的专业知识和经验来进行判断和解决。

因此，我们应该把智能编程助手看作提升工作效率的工具，而不是替代我们思考的"大脑"。在编程的道路上，不断学习和实践，提升自己的专业素养和独立思考能力，才是我们最终的目标。

1.3 PHP 的简单语法

语法是所有程序设计语言的基石，它定义了如何构建和组织代码。在涉足 PHP 的广阔天地之前，掌握其基本的使用规范至关重要，如 PHP 的标记方式、注释方式，以及数据输出方式等。这些基础内容不仅能为初学者学习后续复杂项目打下坚实的基础，还能够帮助开发者更加高效地编写代码。

1.3.1 PHP 的标记方式

PHP 7.0 提供了两种标记方式，即标准标记和短标记，以适应不同开发者的需求和偏好。

1. 标准标记

标准标记以<?php 开始，并以?>结束，示例代码如下。这是 PHP 编程中应用广泛的标记风格。这种风格以其卓越的兼容性和清晰的语法而备受推崇，使得代码易于阅读和维护。标准标记在所有 PHP 开发环境中都是可用的，无须额外配置。

```
<?php
echo 'Hello, PHP!';
?>
```

在编写纯 PHP 文件（即文件中不包含 HTML 或其他非 PHP 代码）时，建议将起始标记<?php 放置在文件的开端，这样做可以避免在执行结果中引入不必要的空白字符，从而确保代码的整洁性。此外，如果文件末尾没有紧跟其他内容，结束标记?>是可以省略的，这有助于预防因意外插入空格或换行符而导致潜在问题。

2. 短标记

短标记以<?开始，并以?>结束，示例代码如下。它提供了一种更为简洁的代码标记方式，旨在减少代码的冗余。然而，在使用短标记之前，必须确保在 PHP 的配置文件（php.ini）中将 short_open_tag 选项设置为 On，这是因为短标记的可用性取决于服务器的配置，如果服务器禁用了这一选项，短标记将无法正常工作。

```
<? echo 'Hello, PHP!'; ?>
```

> **注意** 尽管短标记在某些情况下可能看起来更为简洁，但如果 PHP 脚本中包含 XML 语句，则应避免使用它们，原因是短标记的起始符号<?可能与 XML 的处理指令发生冲突，导致解析错误或发生不可预测的行为。因此，在涉及 XML 处理的 PHP 脚本中，坚持使用标准标记是更为稳妥的做法。

综上所述，虽然 PHP 7.0 支持两种标记方式，但标准标记因其较好的兼容性和清晰的语法结构而被视为首选。在开发过程中，开发者应根据项目需求和编码规范来选择合适的标记方式，并确保代码的可读性和可维护性。

1.3.2　PHP 的注释方式

在 PHP 中，注释扮演着至关重要的角色，它们为代码提供了解释和说明，使得开发者能够更轻松地理解代码的含义，从而显著提高代码的可读性。值得一提的是，注释在程序执行过程中是不会被处理的，也就是说，它们不会对程序的执行结果产生任何影响。

PHP 中的注释可以分为两种类型：单行注释和多行注释。

1. 单行注释

使用//来标记单行注释。这种注释方式简洁明了，被广泛应用于各种 PHP 项目中，例如：

```
echo 'Hello, PHP!'; // 单行注释
```

另外，虽然也可以使用#来标记单行注释，但这种方式在 PHP 中并不常见，因此建议优先使用//。

2. 多行注释

使用/* */来包围多行注释。这种注释方式适用于需要对代码块或复杂逻辑进行详细说明的场景，例如：

```
/*
这是一个多行注释的示例，
可以跨越多行来进行详细的注释说明，
有助于其他开发者更好地理解代码逻辑。
*/
echo 'Hello, PHP!';
```

> **注意**　虽然多行注释中可以嵌套单行注释（使用//），但绝不能嵌套另一个多行注释（即不能在/* */内部再次使用/* */），这会导致语法错误。

合理使用这两种注释方式，开发者可以编写出更加清晰、易于维护的 PHP 代码。同时，也建议开发者在编写代码时养成良好的注释习惯，以便日后回顾代码或与他人协作时能够更快地理解代码结构和逻辑。

1.3.3　PHP 的数据输出方式

在 PHP 编程中，有多种方式可实现数据到网页或终端控制台的输出。这些方式灵活多变，可以满足开发者在各种场景下的输出需求。

1. echo 语句

echo 语句提供一种语言结构，用于输出字符串。它使用起来非常便捷，可以连续输出多个字符串，甚至能够自动将非字符串型的数据（如布尔值、数字）转换成字符串形式进行输出，例如：

```
echo '长风破浪会有时，', '直挂云帆济沧海。';  // 输出"长风破浪会有时，直挂云帆济沧海。"
echo '张华的年龄是' . 20;                 // 输出"张华的年龄是20"
```

补充：上述代码中的"，"表示多个字符串依次输出，"."（点）是字符串连接运算符，后者将在1.3.4 节介绍。

> **注意**　如果想直接输出数组或对象，echo 语句不是最佳选择，因为它不能很好地格式化这些数据，这时可以选择使用 print_r()函数或 var_dump()函数。

微课

PHP 的注释方式

编程技巧

智能注释实战技巧

2. print 语句

print 语句和 echo 语句功能相近，但它每次只能输出一个数据项。例如：

```
print '一日之计在于晨!'; // 输出"一日之计在于晨!"
```

尽管 print 在某些情况下更为简洁，但由于其限制，通常开发者更偏好使用 echo 语句。

3. print_r()函数

print_r()函数非常有用，它可以输出包括字符串、数组等在内的任意类型数据，并且以一种可读的形式展示数据，这对于调试数据结构非常有帮助，例如：

```
print_r('hello'); // 输出 hello
print_r($array);  // 输出数组内容
```

4. var_dump()函数

var_dump()函数是开发者进行调试的利器，它不仅可以显示数据的内容，还能提供关于数据类型的详细信息，包括字符串的长度、数组元素的个数和类型等，例如：

```
var_dump(2); // 输出 int(2)
var_dump('PHP','C 语言'); // 分别输出每个字符串的类型（string）、长度和内容，输出: string(3) "PHP"
string(6) "C 语言"
```

使用这些不同的数据输出方式，PHP 开发者能够更轻松地理解和处理数据。

1.3.4　字符串连接运算符

在 PHP 中，.（点）是一个功能强大的字符串连接运算符，它的主要作用是将两个或多个字符串紧密地连接成一个全新的字符串。这个运算符在处理文本数据和构建字符串消息时非常有用。

例如，先定义一个字符串变量$a，将其赋值为"Hello "，随后利用.运算符，可以轻松地将"World!"这个字符串附加到$a 尾部，从而创建一个新的字符串"Hello World!"。具体示例代码如下。

```
$a = "Hello ";
echo $a . "World!"; // 输出 Hello World!
```

此外，.运算符还展示了一个非常实用的特性，即它能够自动处理非字符串型的数据。在连接操作中遇到非字符串型的数据，如数字或布尔值时，PHP 会智能地将这些数据转换成它们的字符串表示形式，以确保连接顺利进行。例如，下面的代码片段演示了如何将一个字符串与一个数字连接起来。

```
echo 'result 的值是' . 4; // 输出"result 的值是 4"
```

在这个例子中，数字 4 被自动转换成字符串"4"，以便与前面的字符串'result 的值是'无缝连接。这种自动转换类型的能力大大简化了字符串连接的操作，使得开发者能够更灵活地处理各种类型的数据。

1.3.5　换行符的使用

在 PHP 中，根据输出环境的不同，换行效果的实现方式也会有所差异。以下是在不同情境下实现换行的几种方式。

微课

换行符的使用

1. 在 Web 浏览器中实现换行

当使用 PHP 生成 HTML 内容并在 Web 浏览器中展示时，可以利用 HTML 的换行标记
来插入换行，这是因为浏览器会将 HTML 内容解析为富文本，并识别
作为换行指令，例如：

```
echo "青年兴则国家兴，青年强则国家强。<br>";
echo "作为新一代的青年人，我们应当肩负起时代赋予的重任，努力学习 PHP 等程序设计语言，为推动国家的科技发展贡献自己的力量。"; // 在浏览器中将会分两行显示
```

在浏览器中执行这段代码后，会显示出两行文本。

2. 在开发环境或终端中实现换行

如果在开发过程中使用的是命令行界面、集成开发环境的控制台输出，或是通过某些插件（如 Code Runner）同步查看代码执行结果，那么应该使用转义字符\n 来插入换行。在这些环境中，文本通常被视为纯文本，不能解析 HTML 标记，例如：

```
echo "青年兴则国家兴，青年强则国家强。\n";
echo "作为新一代的青年人，我们应当肩负起时代赋予的重任，努力学习 PHP 等程序设计语言，为推动国家的科技发展贡献自己的力量。"; // 在开发环境或终端中将会分两行显示
```

在开发环境或终端中执行这段代码后，同样会显示出两行文本。

注意
- 在编写 PHP 代码时，需确保根据实际的输出环境选择适当的换行方式。
- 另外，还有一些特殊的输出函数，如 nl2br()，它可以将文本中的转义字符（\n）转换为 HTML 的换行标记（
），这在处理用户输入或从文本文件中读取内容时特别有用。

【能力进阶】PHP 编程书写规范

编程书写规范是确保代码的质量、可读性和可维护性的重要准则。在 PHP 开发中，遵循一致的编程书写规范至关重要，它不仅能够提升团队协作效率，还能减少错误和降低维护成本。

1. 缩进

使用 4 个空格作为缩进标准，避免使用制表符（Tab）。

2. 花括号

应该始终使用花括号包围代码块，即使代码块只有一行。花括号的开始应该在代码块声明的同一行；花括号的结束应该在新的一行，与代码块声明的缩进层级相同。

3. 运算符

运算符两侧应该有空格，以提高可读性（如$a = $b + $c; ）。一元运算符（如!、++、--）应该与操作数紧密相连，两者间不需要空格。

项目分析

本项目从搭建与配置 PHP 开发环境开始，逐步引导读者熟悉并掌握 PHP 的基本语法结构。在此过程中，读者将通过创建 PHP 文件、编写简单的 PHP 程序，体验从构思到代码实现的全过程。

项目实施

任务 1-1 搭建 PHP 开发环境

本任务旨在搭建一个稳定、高效的 PHP 开发环境，为后续的 PHP 学习和项目开发提供有力的支持，具体步骤如下。

1. 选择合适的操作系统

根据个人喜好和熟悉程度，选择一个合适的操作系统，如 Windows、Linux 等。

2. 搭建集成开发环境

为了简化开发流程，推荐安装集成开发环境，它通常包含 Web 服务器、PHP 解释器和 MySQL。在 1.2.2 节中，我们已经学习了如何安装和配置这样的环境。安装完成后，可以看到一个类似于图 1-2 所示的界面，这标志着 PHP 开发环境已经搭建成功。

注意
- 务必从官方网站或可信赖的来源下载和安装软件，以防范潜在的安全风险。
- 在配置过程中，建议仔细阅读并遵循官方提供的文档和教程，以确保开发环境既稳定又安全。

3. 安装 PHP 开发工具

选择一个合适的 PHP 开发工具是提升开发效率的关键。1.2.3 和 1.2.4 小节介绍了 Visual Studio Code，并展示了其主界面（见图 1-4），同时，Visual Studio Code 以其强大的功能和较好的扩展性受到广泛好评，因此本任务推荐使用 Visual Studio Code。

4. 配置 Visual Studio Code

为了提升开发体验，建议在 Visual Studio Code 中安装以下插件：中文语言扩展插件（以便更好地理解和使用软件界面）、Code Runner 插件（用于快速运行代码片段）及 PHP Server 插件（用于在本地搭建 PHP 服务器环境）。这些插件将大大提高开发效率和便利性。

5. 集成开发环境的配置

在当前阶段，如果不进行数据库操作，可以暂时不启动 phpStudy 等集成开发环境。可以利用 Visual Studio Code 中的 PHP Server 插件来替代传统的 Web 服务器，这样，我们仅需依赖 phpStudy 提供的 PHP 解释器，就能轻松地进行 PHP 代码的开发和调试。这种轻量级的配置方式不仅节省了系统资源，还使得开发过程更加灵活和高效。

任务 1-2　创建 PHP 文件

（1）在 Web 服务器的根目录下创建一个新的文件夹，将其命名为 my_first_project。

（2）在该文件夹中创建一个新的 PHP 文件，将其命名为 index.php，如图 1-8 所示。

图 1-8　创建 PHP 文件

任务 1-3　编写 PHP 代码

在 index.php 文件中输入如下代码。

```php
<?php
echo "<h1>项目 1 启程探索 PHP 世界——PHP 编程入门</h1>";
echo "<p>通过本项目的实践环节，每一位读者都能坚定地迈出探索 PHP 世界的第一步。这不仅是一次基础知识的学习，更是一次编程思维的锻炼和能力的提升。</p>";
echo "<p>通过本课程，读者将掌握 PHP 的基础知识，包括变量、数据类型、运算符、控制结构、函数、数组、字符串等；同时，读者还将掌握 PHP 的进阶知识，包括面向对象程序设计、异常处理、文件操作、数据库操作等。</p>";
?>
```

要在浏览器中查看代码执行结果，可以在编辑器中右击文件，并选择 PHP Server:Serve project 来启动内置的服务器。一旦服务器启动，就可以在 Web 浏览器中查看代码的执行结果，如图 1-9 所示（此后，文中涉及在浏览器中查看页面运行结果的操作均采用此方法，简写为"启动内置服务器，页面运行结果如图所示或者在浏览器中打开文件"）。

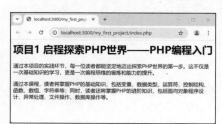

图 1-9　在 Web 浏览器中查看结果

如果想在终端或控制台中快速查看代码的执行结果，而不是在浏览器中查看，可以移除 HTML 标记并稍做修改，代码如下。

```php
<?php
echo "项目 1 启程探索 PHP 世界——PHP 编程入门\n";
echo "通过本项目的实践环节，每一位读者都能坚定地迈出探索 PHP 世界的第一步。这不仅是一次基础知识的学习，更是一次编程思维的锻炼和能力的提升。\n";
echo "通过本课程，读者将掌握 PHP 的基础知识，包括变量、数据类型、运算符、控制结构、函数、数组、字符串等；同时，读者还将掌握 PHP 的进阶知识，包括面向对象程序设计、异常处理、文件操作、数据库操作等。";
?>
```

要运行这段修改后的代码，可以单击编辑器右上角的 Run Code 按钮，或右击文件并选择 Run Code 命令，或使用默认的组合键（通常是 Ctrl+Alt+N）。运行结果将在终端或控制台中显示，如图 1-10 所示。

如果终端中出现乱码，需要配置环境变量，确保将 phpStudy 中的 PHP 解释器文件路径添加到系统环境变量中，如图 1-11 所示。

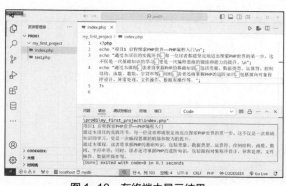

图 1-10　在终端中显示结果

图 1-11　配置环境变量

通过对本项目的系统学习和实践锻炼，相信每位读者都将打下坚实的基础，为后续深入学习和应用 PHP，乃至成长为一名卓越的 PHP 开发者提供有力的帮助。

项目实训——输出个人信息

【实训目的】

练习 PHP 开发环境的搭建与配置，熟悉 PHP 的基本语法，并能够编写简单的 PHP 程序。

【实训内容】

实现图 1-12 所示的效果。

【具体要求】

在网页上输出个人信息，具体要求如下。

① 创建 PHP 文件（如 test.php）。

② 编写代码，使用输出语句输出个人信息（包括姓名、年龄、性别、爱好、专业等）。

③ 每项信息单独占一行，确保清晰易读。

④ 在浏览器中访问 PHP 文件。

图 1-12　显示个人信息

项目小结

本项目通过启程探索 PHP 世界，帮助读者掌握 PHP 开发环境的搭建与配置，熟悉 PHP 的简单语法，并学会编写简单的 PHP 程序等。项目 1 知识点如图 1-13 所示。

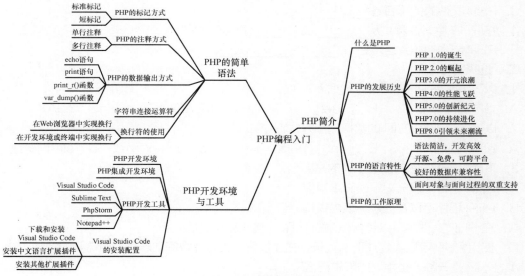

图 1-13　项目 1 知识点

应用安全拓展

PHP 安全技术简介

PHP 是一种应用广泛的服务器端脚本语言，它在互联网发展中扮演着重要的角色，当然也涉及网络安全方面。PHP 主要用于 Web 开发，但自身存在一定的网络安全风险。一些常见的 PHP 安全问题包括结构查询语言（Structure Query Language，SQL）注入、跨站脚本攻击（Cross-Site Scripting，XSS）等，可能会导致应用程序被黑客攻击，造成数据泄露等严重后果。

为了解决这些问题，网络安全专业人士开发了许多 PHP 安全技术。一种常见的技术是输入过滤，包括对参数进行类型转换、使用 trim()函数去除字符串左右两端的空白字符、使用 intval()函数将字符串转换为整型数据等。此外，对用户名和密码进行加密和处理、使用参数化查询和预编译语句、安全的文件上传和处理、安全的会话管理、安全的跨站脚本攻击防护等也是重要的防御策略。

同时，为了避免 PHP 注入问题，网络安全专家建议采用更安全的编程实现方式，如利用静态分析工具进行自动化检测、避免使用需要管理员权限的数据库连接等。此外，对于 Web 渗透测试，学习后端语言如 PHP，了解简单的代码编写方法、GET 和 POST 请求、Cookie、HTTP Headers 等知识也是十分必要的。

总之，PHP 在网络安全中起着重要的作用，既可能成为被攻击的目标，又可以成为防御的利器。掌握好 PHP 的安全技术和策略对于保护 Web 应用程序的安全至关重要。同时，随着网络安全的发展，PHP 的安全技术也在不断进步，以应对新的网络威胁。

巩固练习

一、填空题

1. PHP 的英文全称是＿＿＿＿＿＿＿。
2. PHP 是一种＿＿＿＿＿＿＿＿＿。
3. PHP 文件的扩展名是＿＿＿＿＿＿＿。
4. 在 PHP 中，注释是从＿＿＿＿或＿＿＿＿符号开始的。
5. PHP 脚本的开头通常是＿＿＿＿＿＿＿＿＿＿＿。

二、选择题

1. 以下哪个是 PHP 的官方数据库？（　　　）
A. GD 库　　　　　　　B. jQuery　　　　　　　C. MySQL　　　　　　D. AJAX
2. 以下哪个不是 PHP 的数据输出方式？（　　　）
A. echo 语句　　　　　B. print_r()函数　　　　C. var_dump()函数　　D. alert()函数
3. 下面关于 PHP 的说法正确的是哪个？（　　　）
A. PHP 是一种服务器端的脚本语言
B. PHP 程序可以在任意环境中执行
C. 在 PHP 文件中可以包含任意的 HTML 代码和样式的应用
D. 使用 PHP 可以实现注册、登录、在线投票、访客计数等动态页面中需要的各种功能
4. PHP 是一种什么类型的脚本语言？（　　　）
A. 编译型　　　　　　　B. 解释型　　　　　　　C. 二进制型　　　　　　D. 机器语言型

三、判断题

1. PHP 是一种客户端脚本语言。（　　　）
2. PHP 的发展历史可以追溯到 20 世纪 90 年代初。（　　　）
3. PHP 代码可以在服务器端执行。（　　　）
4. 在 PHP 中，变量需要声明数据类型。（　　　）
5. PHP 的数据输出方式包括直接输出和文件输出等。（　　　）

项目2
智能BMI计算与健身运动推荐系统——语法基础

情境导入

为了更科学地辅助同学们选择适合自己的运动方式，张华萌生了一个想法：研发一款智能 BMI 计算与健身运动推荐系统。他了解到，要实现这一目标不仅需要掌握 BMI（身体质量指数）的计算方法，还需要熟练运用 PHP 的基础知识。在深入研究 BMI 计算公式的同时，张华也开始逐步学习 PHP 的变量、数据类型等核心知识，熟练运用这些知识是构建稳定、高效的 PHP 应用的基础。

张华明白，只有全面掌握了 PHP 的标识符、关键字、变量、常量及丰富的数据类型和运算符等，才能顺利开发出这款智能系统。他期待着这款系统能够自动为同学们计算出 BMI，并根据每个人的身体状况，智能推荐合适的健身运动，这将为同学们提供科学的健身指导，帮助大家更合理地制订运动计划，享受更健康的生活。

学习目标

知识目标	■ 理解标识符与关键字的区别和用法； ■ 掌握变量的声明和使用方法、常量的概念和声明方式； ■ 理解不同类型的表达式及其在 PHP 中的应用； ■ 掌握 PHP 中的基本数据类型（整型、浮点型、布尔型、字符串型、数组、对象、资源等）； ■ 掌握各种运算符的用法和优先级。
能力目标	■ 能够正确使用标识符和关键字编写 PHP 代码； ■ 能够声明和使用变量进行数据存储和操作、声明和使用常量表示不变化的数据； ■ 能够运用不同类型的表达式进行计算和逻辑判断； ■ 能够熟练使用 PHP 的基本数据类型进行数据处理； ■ 能够运用各种运算符进行数学计算和逻辑判断。
素养目标	■ 培养良好的编程习惯，如使用有意义的标识符和注释； ■ 提高解决问题的能力，能够根据实际情况选择合适的数据类型和运算符； ■ 培养逻辑思维能力，能够编写结构清晰、逻辑性强的 PHP 代码。

知识储备

对于所有致力于网站开发和服务器端编程的开发者而言，夯实 PHP 语法基础是成功的关键。只有熟练掌握和运用基本语法，开发者才能够编写出结构清晰、执行高效且易于维护的 PHP 代码，为提高项目的稳定性和可扩展性奠定坚实基础。

2.1 变量和常量

在 PHP 编程中，常使用标识符来标记和识别代码中的各种元素，如变量名、函数名等，它们是我们编写易于理解和管理的代码的关键。关键字构成了 PHP 的核心，它们定义了语言的基本结构和功能，为编写代码提供了必要的规则和指导。

2.1.1 标识符

在 PHP 中，经常需要定义一些符号来代表程序中的实体，如变量名、函数名、类名等，这些符号被称为标识符。

微课

标识符

为了确保代码的清晰和一致性，在命名标识符时需要遵循以下规则。

（1）标识符以字母、下画线开头，中间仅可由字母、数字、下画线组成。

（2）标识符用作变量名时，区分大小写。

以下几个实例可以帮助我们理解这些规则。

- test 是一个完全合法的标识符。
- _test 同样是一个合法的标识符，以下画线开头是可以的。
- test_1 也是一个合法的标识符，因为它没有以数字开头。

然而，有些尝试可能会违反规则，具体如下。

- 1_test 是非法的，因为标识符不能以数字开头。
- 123 同样是非法的，原因与上述相同。
- test 123 是非法的，因为标识符中不能包含空格。
- test* 也是非法的，因为*（星号）不在允许的字符集内。

2.1.2 关键字

关键字是 PHP 中已经定义好并赋予特殊含义的标识符，也称作保留字。需要注意，关键字不能作为常量、函数名或类名等使用，表 2-1 所示为 PHP 中常见的关键字。

表 2-1 PHP 中常见的关键字

__halt_compiler()	abstract	and	array()	as
break	callable	case	catch	class
clone	const	continue	declare	default
die()	do	echo	else	elseif

续表

empty()	enddeclare	endfor	endforeach	endif
endswitch	endwhile	eval()	exit()	extends
final	finally	fn	for	foreach
function	global	goto	if	implements
include	include_once	instanceof	insteadof	interface
isset()	list()	match	namespace	new
or	print	private	protected	public
readonly	require	require_once	return	static
switch	throw	trait	try	unset()
use	var	while	xor	yield

注意 使用这些关键字时，必须确保不将它们用作其他类型的标识符，以免引发语法错误或导致程序运行时的混乱。

2.1.3 变量

变量，顾名思义，就是其值可以变化的量。在编程中，变量发挥着存储和表示数据的重要作用，它们就像计算机内存中的小容器，用于暂时保存需要处理的数据。当在编写程序时，如果需要重复使用某个值，或者这个值既长又复杂，就可以将这个值赋给一个变量，这样，只需通过变量名就能轻松访问或更改其中存储的数据。

变量不仅为数据操作提供了方便的存储容器，还是我们与内存中的数据进行交互的桥梁。

1. 变量的命名

变量的命名遵循之前提到的标识符命名规则，但有一些特定的要点需要强调。

（1）在 PHP 中，所有变量名都必须以美元符号（$）开头，这是 PHP 变量命名的一个独特之处。例如，$score、$name 都是合法的变量名。

（2）除必须以美元符号开头外，变量的其余部分必须遵循标识符的命名规则。这意味着变量名可以包含字母、数字、下画线，但不能以数字开头，也不能包含空格或其他非法字符。

（3）与标识符一样，PHP 中的变量名也是区分大小写的。因此，$Score 和$score 会被视为两个不同的变量。

（4）变量名不能使用 PHP 中的关键字。因为关键字在 PHP 中有特定的含义和用途。

通过遵循这些规则，能够确保变量名的合法性和一致性，从而编写出更加清晰、易于维护的 PHP 代码。

2. 变量的赋值

在 PHP 中，通过 3 种方式为变量赋值：直接赋值、传值赋值和引用赋值。

（1）直接赋值

直接赋值是指将一个具体的值赋给某个变量，其基本语法格式是"$变量名=值"，例如：

```
$name = 'Jack';   // 将字符串 'Jack' 赋给变量$name
```

微课

变量的赋值

```
$age = 20;              // 将数字 20 赋给变量$age
```

这里，$name 指向字符串'Jack'在内存中的位置，$age 指向数字 20 的位置，具体如图 2-1 所示。

（2）传值赋值

传值赋值意味着将一个变量的值复制到另一个变量中，例如：

```
$x = 20;
$y = $x;                // 将$x 的值复制到$y 中
echo $x;                // 输出 20
echo $y;                // 输出 20
```

在这个例子中，$x 和$y 都指向数字 20，但是它们各自独立，改变$y 的值不会影响$x 的值，具体如图 2-2 所示。

（3）引用赋值

引用赋值是指在 PHP 中，通过在一个变量前添加&符号来创建一个引用，该引用指向另一个已存在的变量。这意味着通过引用赋值的两个变量实际上共享同一个数据存储空间。因此，当改变其中一个变量的值时，另一个变量的值也会随之改变。例如：

```
$m = 20;
$n = &$m;               // $n 引用了$m
echo $n;                // 输出 20
$m = 200;
echo $n;                // 输出 200，因为$n 引用的是$m 的值，所以$m 的变化会反映在$n 上
```

在这个例子中，$m 和$n 均指向数字 20，具体如图 2-3 所示。

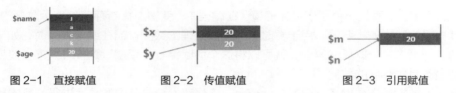

图 2-1　直接赋值　　　　　图 2-2　传值赋值　　　　　图 2-3　引用赋值

通过这种方式，我们可以实现多个变量之间的数据同步更新。这在某些编程场景中非常有用，如当需要在多个地方同时更新同一个数据时。

3. 变量的分类

变量在代码中的可访问范围称为变量的作用域。根据作用域的不同，可将变量分为局部变量和全局变量。

（1）局部变量

微课

变量的分类

局部变量具有局限性，其作用域通常限制在特定的程序区域。局部变量是定义在函数内部、主程序或全局代码块（如循环、条件语句等）、其他局部作用域（控制结构如 try-catch 块、with 语句等）内的变量，它们仅在其被声明的区域内有效。换句话说，局部变量对于其声明区域之外的代码是不可访问的。

（2）全局变量

全局变量的作用域涵盖整个程序，这意味着它们可以在程序的任何部分被访问，包括在用户定义的代码块（如函数、类等）内部。然而，需要注意的是，如果在代码块内部定义了与全局变量同名的局部变量，那么在该代码块内部访问时会优先使用局部变量，此时全局变量会被局部变量覆盖。如果需要在代码块内部显示访问被覆盖的全局变量，通常需要使用特定的方法或关键字（这在后续章节 4.2.4 中会详细介绍）。

4. 可变变量

为了方便在开发时动态地改变一个变量的名称，PHP 提供了一种特殊的变量——可变变量。通过可变变量，可以将一个变量的值作为该变量的名称。

可变变量的实现需要在一个变量前多加一个$符号，其语法格式如下。

```php
$a = 'say';
$say = 'Hello';
$Hello = 'Lihua';
echo '$a 的值: ',$a;
echo '<br>';
echo '$$a 的值: ',$$a;
echo '<br>';
echo '$$$a 的值: ',$$$a;
echo '<br>';
```

$$a 表示将$a 的值作为变量名，即$say。以上代码的执行结果如图 2-4 所示。

图 2-4　可变变量

【案例实践 2-1】输出商品信息

假设要开发一个简单的商品管理系统，需要定义 4 个变量分别用于存放商品名称、商品价格、商品厂家和商品数量，并输出这些变量的值。编写 2-1.php 文件，实现商品信息的定义和输出，代码如下。

```php
<?php
$itemName = '鼠标';
$itemPrice = '49.9元';
$itemProducer = '罗技';
$itemCount = '82 个';
echo '<h3>商品信息</h3>';
echo '商品名称: ' . $itemName . '<br>';
echo '商品价格: ' . $itemPrice . '<br>';
echo '商品厂家: ' . $itemProducer . '<br>';
echo '商品数量: ' . $itemCount . '<br>';
?>
```

启动内置服务器，在浏览器中打开 2-1.php 文件，具体运行结果如图 2-5 所示。

图 2-5　输出商品信息

【能力进阶】编程命名规范

（1）变量名

对于变量，应该使用小驼峰命名法（camelCase），且首字母小写（例如：$userName）。避免使用下画线作为变量名的一部分，除个别特殊情况（如$_POST、$_GET 等超全局变量）外。

（2）常量名

常量名应该全部大写，使用下画线分隔单词（例如：MAX_FILE_SIZE）。

（3）函数名

对于函数，应该使用小驼峰命名法，且首字母小写。函数名应该是动词或动词短语，用于描述函数的功能（例如：calculateSum()）。

（4）数组名

数组名应该遵循与变量名相同的命名规范。如果是关联数组，建议使用有意义的键名。

（5）类名

对于类，应该使用大驼峰命名法（PascalCase），且类名必须是名词（例如：UserController）。避免使用下画线作为类名的一部分。

（6）类文件名

类文件名应该与类名命名规范保持一致，使用大驼峰命名法。类文件的扩展名应该是.php（例如：UserController.php）。类文件应该存放在合理的目录结构中，以便组织和管理。

（7）与数据库相关的命名

数据库表名应该全部小写并以下画线分隔单词（例如：user_info），数据库列名也应该遵循相同的命名规范。在 SQL 中，使用别名时应该保持一致性，并遵循上述命名规范。

此外，还有一些其他的编程规范建议。

- 使用有意义的变量名和函数名，避免使用无意义的名称（如$a、$b 等）。
- 注释应该清晰明了，应解释代码的目的和功能，而不是描述代码本身。
- 避免使用过长的函数名和类名，保持代码的简洁和模块化。
- 遵循面向对象程序设计原则，以提高代码的可扩展性和可维护性。

2.1.4 常量

常量是在程序运行过程中其值始终保持不变的数据。一旦为常量分配了值，就不能再修改或重新定义它。在 PHP 中，通常使用大写字母对常量进行命名，以区分常量与变量。常量可以是自定义的，也可以是 PHP 预定义的。

1. 自定义常量

自定义常量的命名遵循标识符的命名规范，习惯上使用大写字母定义常量名称。自定义常量的定义方法有两种,分别是使用 define()函数和 const 关键字定义。

微课

自定义常量

（1）define()函数

define()函数可以用来同时定义常量的名称、常量的值，并设置常量名是否区分大小写，其语法格式如下。

```
define($name, $value[, $case_insensitive])
```

具体参数说明如下。

$name：表示常量的名称。

$value：表示常量的值，只能是标量数据类型，如布尔型、整型、浮点型、字符串型等。

$case_insensitive：表示常量名是否区分大小写，默认值为 false，即区分大小写。

具体应用如下。

```
define('PI',3.1415926);
define('NAME', '张华');
echo PI;   // 输出 3.1415926
echo NAME; // 输出"张华"
```

（2）const 关键字

在 PHP 中，还可以使用 const 关键字来定义常量，这种方法更为简洁，语法格式如下。

```
const R = 6;
echo 'R的值为',R;  // 输出 R 的值为 6
// PHP 7.0 支持利用表达式对常量进行赋值
const D = 2 * R;
echo 'D=',D;  // 输出 D=12
```

2. 预定义常量

预定义常量也称作魔术常量。PHP 提供了大量的预定义常量，但其中很多常量只有加载对应的扩展库之后才能使用。预定义常量的使用方法和自定义常量的相同，但往往不区分大小写。表 2-2 所示是 PHP 中常用的预定义常量。

表 2-2　PHP 中常用的预定义常量

常量名	功能
__FILE__	获取 PHP 文件的完整路径
__LINE__	获取 PHP 文件中当前代码的行号
__FUNCTION__	获取所在函数的名称
__CLASS__	获取所在类的名称
PHP_VERSION	获取当前 PHP 的版本信息
PHP_OS	获取当前 PHP 开发环境的操作系统类型

注意　__FILE__、__LINE__等预定义常量中的__是指两条下画线。

【案例实践 2-2】输出商品折扣信息

假设要开发一个简单的商品管理系统，已经定义了一些商品变量用于存放商品信息，根据需求，商品信息中需要添加一些表示商品折扣信息的常量（如商品状态、折扣百分比）。结合 2-1.php，编写 2-2.php 文件，实现商品折扣信息的定义和输出，代码如下。

```php
<?php
// 输出商品信息同案例实践 2-1
define('ITEM_AVAILABLE', '正在打折');       // 定义一个商品状态常量
define('DISCOUNT_PERCENTAGE', 10);          // 定义一个折扣百分比常量
// 告知消费者
echo '<h3>商品折扣信息</h3>';
echo "商品状态: " . ITEM_AVAILABLE . "<br>";
echo "商品折扣为原价的百分之" . DISCOUNT_PERCENTAGE . "<br>";
```

```
// 尝试修改常量值（这将导致错误）
// define('DISCOUNT_PERCENTAGE', 20); // 这行代码会导致严重错误
?>
```

运行结果如图 2-6 所示。

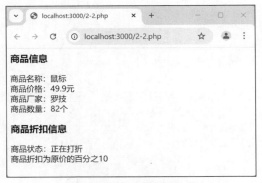

图 2-6 输出商品折扣信息

2.2 标量数据类型

微课

标量数据类型

在程序开发中，往往需要对数据进行操作，每个数据都有其对应的数据类型。PHP 是一种弱类型语言，这意味着在定义变量时，不需要显式声明其数据类型，PHP 会根据赋予变量的值来判断其数据类型。

PHP 支持的数据类型可以分为 3 类，分别为标量数据类型、复合数据类型和特殊数据类型，如图 2-7 所示。下面具体介绍标量数据类型的用法，其他数据类型会在后文介绍。

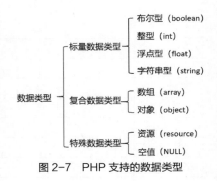

图 2-7 PHP 支持的数据类型

2.2.1 布尔型

在 PHP 中，布尔型（boolean）是一种基本的数据类型，通常用于逻辑计算。布尔型数据只有两个值，用于表示事物的真（true）或假（false），true 和 false 不区分大小写。要定义布尔型数据，只需要将 true 或 false 赋给变量即可。

```
$var1 = true;      // 将 true 赋给变量$var1
$var2 = false;     // 将 false 赋给变量$var2
```

布尔型变量常作为表达式的结果用于流程控制，示例代码如下。

```
$var1 = true;      // 将 true 赋给变量$var1
$var2 = false;     // 将 false 赋给变量$var2
if($var1 == true){
    echo '$var1 为真<br>';
}
if($var2){
    echo '$var2 为真<br>';
}
```

运行结果如图 2-8 所示。

图 2-8　布尔型变量用于流程控制的运行结果

 注意　在某些特殊情况下，其他类型的数据也可以表示布尔值。例如，可以使用 0 表示布尔值 false，使用 1 表示布尔值 true。

2.2.2　整型

整型用于表示整数，它可以表示为八进制数、十进制数、十六进制数或二进制数，并且在数值前可以添加+或-符号，以区分正整数和负整数。具体来说，如果是八进制数，就在数值前加 0；如果是十六进制数，则在数值前加 0x；如果是二进制数，则在数值前加 0b。定义整型数据的示例代码如下。

```
$num1 = 0;            // 定义十进制整型数据 0
$num2 = 123;          // 定义十进制整型数据 123
$num3 = -123;         // 定义十进制整型数据-123
$num4 = 0b1111011;    // 定义二进制整型数据（等于十进制数 123）
$num5 = 0173;         // 定义八进制整型数据（等于十进制数 123）
$num6 = 0x7D;         // 定义十六进制整型数据（等于十进制数 123）
```

在 32 位系统中，整型数据的取值范围是-2147483648～2147483647；在 64 位系统中，整型数据的取值范围是-9223372036854775808~9223372036854775807。当整型数据的值大于系统的取值范围时，将被自动转换成浮点型数据。

2.2.3　浮点型

浮点型用于表示小数，也称为浮点数、双精度数或实数。浮点型数据的有效位数是 14 位，有效位数是指从最左边第一个不为 0 的数开始，直到末尾数的个数，不包括小数点。浮点型数据有两种表示格式，分别是标准格式和科学记数法格式。使用标准格式定义浮点型数据的示例代码如下。

```
$pi = 3.1415;
$r = 2.5;
```

当浮点型的位数较多时，推荐使用科学记数法简化其书写形式。科学记数法把一个数表示成 a 与 10 的 n 次幂相乘的形式，在 PHP 中，10 的幂通常表示为 E。使用科学记数法格式定义浮点型数据的示例代码如下。

```
$a = 4.567E-2; // 定义浮点型数据 0.04567
$b = 5.678E-4; // 定义浮点型数据 0.0005678
```

2.2.4　字符串型

字符串由数字、字母和符号组成，是连续的字符序列。在 PHP 中可以使用单引号、双引号、heredoc 结构和 nowdoc 结构定义字符串。

（1）单引号

字符串的简单定义方式就是使用单引号将字符串引起来。如果字符串中包含双引号，可以直接使用单引号进行定义，但若字符串中包含单引号，则需要将字符串中的单引号用转义符\转义后定义和输出，示例代码如下。

```
$str1 = '山重水复疑无路，柳暗花明又一村。';    // 使用单引号定义字符串
$str2 = '张华说："只要功夫深，铁杵磨成针！"';  // 单引号中使用双引号
$str3 = 'He said,"I\'m fond of PHP.".';  // 对单引号进行转义
```

使用单引号定义字符串时，不能解析字符串中的变量，示例代码如下。

```
$name = '小明';
echo '$name 的值为',$name;
```

运行结果如图 2-9 所示，可见由单引号引起的变量 $name 在输出时不会被解析为变量的值，而是原样输出。

（2）双引号

也可以使用双引号定义字符串。使用双引号将字符串引起来，如果字符串中也包含双引号，需要将字符串中的双引号用转义符\转义后定义和输出，示例代码如下。

图 2-9　使用单引号定义字符串的运行结果

```
$str1 = "路漫漫其修远兮，吾将上下而求索。";    // 使用双引号定义字符串
$str2 = "要想生活过得去，就得学会\"放下\"。";  // 对双引号进行转义
$str3 = "He said,\"I'm fond of PHP.\".";  // 对双引号进行转义
```

在双引号字符串中，可以使用多种转义字符来插入特殊字符。转义字符及其功能描述如表 2-3 所示。

表 2-3　转义字符及其功能描述

转义字符	功能描述
\n	换行符（ASCII 字符集中的 LF）
\r	回车符（ASCII 字符集中的 CR）
\t	水平制表符（ASCII 字符集中的 HT）
\v	垂直制表符（ASCII 字符集中的 VT）
\e	Escape（ASCII 字符集中的 ESC）
\f	换页符（ASCII 字符集中的 FF）
\\	反斜线
\$	美元符
\"	双引号
\NNN	用八进制符号表示的字符（N 表示一个 0~7 的数字）
\xNN	用十六进制符号表示的字符（N 表示一个 0~9、A~F 的字符）

注意　如果使用\转义其他字符，反斜线本身也会被显示出来。

区别于单引号，使用双引号定义字符串时，字符串中的变量会被解析，会显示变量的值，示例代码如下。

```
$motivation = "坚持不懈";
$goal = "梦想成真";
```

```
// 使用双引号定字字符串，其中的变量会被解析
echo "只要我们$motivation，终将$goal。"; // 输出"只要我们坚持不懈，终将梦想成真。"
// 使用单引号定字字符串，其中的变量不会被解析
echo '只要我们$motivation，终将$goal。'; // 输出"只要我们$motivation，终将$goal。"
```

从上面的例子可以发现，当双引号引起来的字符串包含变量时，由于变量会被解析，但是 $motivation 这个变量会和后面的逗号合在一起作为变量名，故而可能会出现变量与字符串混淆的问题。为了让 PHP 更好地识别和解析变量，常使用{}将双引号中的变量括起来，{}中的内容会被识别成具体的变量，示例代码如下。

```
// 使用双引号定字字符串，其中的变量会被解析
echo "只要我们{$motivation}，终将{$goal}。"; // 输出"只要我们坚持不懈，终将梦想成真。"
```

（3）heredoc 结构

在构建包含变量和 HTML 标签的复杂字符串时，heredoc 结构尤为有用，其语法格式如下。

```
<<<开始标识符
字符串内容
结束标识符;
```

具体参数说明如下。

<<<：定界符（PHP 4 之后支持），表示 heredoc 结构的开始，为固定用法。

开始标识符：自定义的一个标识符，用于强调字符串的开始。

结束标识符：与开始标识符名称相同，用于强调字符串的结束。

> **注意** 结束标识符所在的行不能包含除分号和换行符外的任何其他字符，这意味着该标识符不能被缩进，而且分号之前和之后都不能有任何空格或制表符。

在前面的例子中，我们尝试输出以下代码。

```
$str3 = "He said,\"I'm fond of PHP.\".";
```

这时不管外层使用单引号还是双引号，都需要进行转义，如果使用 heredoc 结构会更加方便，具体代码如下。

```
$str1 = <<<EOT
He said,"I'm fond of PHP.".
EOT;
echo $str1;
$goal = "顶峰";
$journey = "旅途";
$str2 = <<<EOT
<ul>
    <li>山高人为峰，只要肯攀登，{$goal}就在前方。</li>
    <li>每一步都是{$journey}，每一步都离成功更近一点。</li>
</ul>
EOT;
echo $str2;
```

在上面的代码中，$str1 定义了一个 heredoc 结构的字符串，不需要拼接字符串，不需要考虑转义；$str2 定义了第二个 heredoc 结构的字符串，添加了 HTML 标签和变量，这里变量会被解析出来，运行结果如图 2-10 所示。

（4）nowdoc 结构

使用 nowdoc 结构定义字符串的语法格式与使用 heredoc 结构定义的相似，区别是开始标识符必须由单引号引起来，语

图 2-10 使用 heredoc 结构定义字符串的运行结果

法格式如下。

```
<<<'开始标识符'
字符串内容;
结束标识符;
```

参考 heredoc 结构中的例子，为开始标识符 EOT 添加上单引号就变成了 nowdoc 结构，具体代码如下。

```
$str1 = <<<'EOT'
He said,"I'm fond of PHP.".
EOT;
echo $str1;
$goal = "顶峰";
$journey = "旅途";
$str2 = <<<'EOT'
<ul>
    <li>山高人为峰，只要肯攀登，{$goal}就在前方。</li>
    <li>每一步都是{$journey}，每一步都离成功更近一点。</li>
</ul>
EOT;
echo $str2;
```

运行结果如图 2-11 所示。

对比图 2-10 和图 2-11 可以看出，nowdoc 结构中的变量不会被解析，输出时会被原样输出。

（5）字符串结构比较

我们已经了解了 4 种定义字符串的方式，它们之间的主要差异如下所述。

图 2-11　使用 nowdoc 结构定义字符串的运行结果

- 使用双引号或 heredoc 结构来定义字符串时，其中的变量将会被自动解析。这种方式在处理需要嵌入或包含变量值的字符串时非常有用。
- 使用单引号或 nowdoc 结构定义字符串，字符串中的变量不会被解析。这种方式在处理静态字符串或不需要解析变量的场景中更为高效。
- 在单引号定义的字符串内，仅有单引号（'）和反斜线（\）需要经转义处理，这使得其处理方式相对简洁。
- 双引号定义的字符串支持更为丰富的转义字符，为开发者提供了更大的灵活性和便利性。

需要特别注意的是，使用 heredoc 结构和 nowdoc 结构时，必须确保结束标识符独占一行，并且其后不得跟随任何其他字符（分号和换行符除外）。同时，开始和结束标识符必须严格一致，且不得包含缩进或空格。

总结来说，这些是 PHP 中定义和使用字符串的基本方法。开发者应根据具体需求和上下文，灵活选择最合适的字符串定义方式。

2.2.5　数据类型的检测

在 PHP 中，为了确保数据的准确性和程序的稳定性，经常需要对数据进行类型检测。PHP 提供了一系列函数，用于检测数据的类型。这些函数能够判断一个变量是否属于特定的数据类型，如布尔型、整型、浮点型、字符串型等。表 2-4 所示为常用的数据类型检测函数。使用这些函数时，将需要检测的变量作为参数传入，函数会返回一个布尔值，指示变量是否属于指定的类型。

表 2-4　常用的数据类型检测函数

函数	功能描述	示例
is_bool()	检测变量是否属于布尔型	is_bool($a)
is_int()	检测变量是否属于整型	is_int($a)
is_float()	检测变量是否属于浮点型	is_float($a)
is_string()	检测变量是否属于字符串型	is_string($a)
is_null()	检测变量是否是空值	is_null($a)
is_array()	检测变量是否是数组	is_array($a)
is_object()	检测变量是否是对象	is_object($a)
is_resource()	检测变量是否为资源	is_resource($a)
is_numeric()	检测变量是否为数字或由数字组成的字符串	is_numeric($a)

上述函数的参数为需要检测的数据，函数的返回值为布尔型，如果返回 true，则表示数据类型符合要求，如果返回 false，则表示数据类型不符合要求，具体示例代码如下。

```
var_dump(is_bool('1'));         // 输出 bool(false)
var_dump(is_string('海不辞水, 故能成其大; 山不辞土石, 故能成其高.'));     // 输出 bool(true)
var_dump(is_float('123'));      // 输出 bool(false)
var_dump(is_int(123));          // 输出 bool(true)
```

2.3　运算符

运算符是指能够完成一系列计算操作的符号（如+、-、*、/等），通常将被计算的数称为操作数。例如，"1+2"这个式子中，1 和 2 就是操作数，而+就是运算符。

2.3.1　运算符的分类

按照操作数的个数可以将运算符分为单目运算符（只有 1 个操作数）、双目运算符（有 2 个操作数）和三目运算符（有 3 个操作数）。

1. 单目运算符

单目运算符只有 1 个操作数，常见的单目运算符有++、--等，示例如下。

```
$x++; // $x 自增 1
$y--; // $y 自减 1
```

微课

运算符的分类

2. 双目运算符

双目运算符有 2 个操作数。双目运算符是较常用的，下面的例子都用到了双目运算符。

```
$sum = $x + $y;          // 加法
$difference = $x - $y;   // 减法
$product = $x * $y;      // 乘法
$quotient = $x / $y;     // 除法
```

3. 三目运算符

三目运算符又称为三元运算符，唯一的一个三目运算符是条件运算符，用于实现简单的条件判断，根据条件表达式的结果执行不同的表达式。三目运算符的语法格式如下。

```
<条件表达式> ? <表达式 1> : <表达式 2>
```

在该语法格式中，需要先判断条件表达式的结果是否为真，如果结果为真，则返回表达式 1 的执行结果；如果结果为假，则返回表达式 2 的执行结果。示例代码如下。

```
$age = 19;
$result = $age>=18 ? '成年' : '未成年';
echo $result;        // 输出"成年"
```

此外，三目运算符还有一种简写形式，当表达式 1 与条件表达式相同时，可以省略表达式 1。

```
<条件表达式> ? : <表达式 2>
```

假设有一个变量$user，它可能包含用户的名字，也可能为空。如果$user 有值，输出用户的名字，否则$user 为空，输出'Guest'。以下是使用三目运算符的标准格式和简写格式的对比。

```
$user = 'Alice';
// 标准格式
echo $user ? $user : 'Guest';        //输出'Alice'
// 简写格式
echo $user ? : 'Guest';
```

在上述示例代码中，如果$user 被赋值为空串，则标准格式和简写格式的代码执行结果都会是"Guest"。

【能力进阶】三目运算符嵌套

在 PHP 中，可以在一个三目运算符的条件表达式中嵌套另一个三目运算符。这种嵌套使得在单个表达式中能够执行更复杂的条件逻辑。例如，为了找出 3 个数中的最大值，可以这样写。

```
$a = 10;
$b = 5;
$c = 2;
$result = ($a > $b) ? (($a > $c) ? $a : $c) : (($b > $c) ? $b : $c);
echo "它们中的最大值为: " .$result; // 输出"它们中的最大值为: 10"
```

在这个例子中，首先比较$a 和$b。如果$a 大于$b，接着比较$a 和$c，选择两者中的较大值；如果$a 不大于$b，则比较$b 和$c，选择其中的较大值。运行结果如图 2-12 所示。

图 2-12　三目运算符嵌套的运行结果

在三目运算符的嵌套中，原语法格式中的表达式 1、表达式 2 都可以由内层的三目运算符代替，在程序运行中，首先计算外层的条件表达式是否满足要求，如果满足，则计算表达式 1 对应的三目运算符的值并返回，如果不满足，则计算表达式 2 对应的三目运算符的值并返回。

除按照操作数的数量分类外，运算符还可以根据功能划分为算术运算符、赋值运算符、比较运算符和逻辑运算符等。

2.3.2　算术运算符

算术运算符是简单、常用的运算符，主要用来处理算术运算操作。PHP 中常用的算术运算符如表 2-5 所示。

表 2-5　PHP 中常用的算术运算符

算术运算符	说明
+	加法运算符，对运算符左右两边的值做相加操作
–	减法运算符，对运算符左右两边的值做相减操作
*	乘法运算符，对运算符左右两边的值做相乘操作
/	除法运算符，对运算符左右两边的值做相除操作
%	取模运算符，对运算符左右两边的值做取模操作
**	幂运算符，对运算符左右两边的值做幂运算

> **注意**　（1）在使用算术运算符时，需要注意运算的优先级和结合性。PHP 中的算术运算顺序遵循数学中的基本运算规则，即"先乘除后加减"，同时通过使用括号可以显式改变运算的默认优先级，确保运算按照预期的顺序执行。
>
> （2）除法运算的结果类型取决于操作数的类型。如果两个操作数中至少有一个是浮点数，那么结果通常也是浮点数。特别地，当操作数都是整数时，除法运算的结果会根据实际结果来决定类型；如果结果能够整除（即没有余数），则返回整数；如果不能整除，则返回浮点数表示的结果。
>
> （3）取模运算符在操作前会将其操作数转换为整数（舍弃小数部分），并且结果的符号与被除数的符号相同。

下面是一些使用算术运算符的示例。

```php
// 加法运算符示例
$sum = 5 + 10;               // 结果为 15
echo $sum . '<br>';          // 输出 15
// 减法运算符示例
$difference = 5 - 10;        // 结果为 -5
echo $difference . '<br>';   // 输出 -5
// 取模运算符示例
echo 12 % 5;                 // 输出 2，因为 12 除以 5 余 2
// 幂运算符示例
echo 2 ** 3;                 // 输出 8，因为 2 的 3 次方等于 8
```

【案例实践 2-3】计算商品折扣价格

假设要开发一个商品管理系统，并且已经定义了商品的原价和折扣率，接下来要计算商品的折扣价格，并将结果展示给消费者。结合之前的案例实践，我们已经在 2-1.php 和 2-2.php 中定义了商品信息和折扣率。现在在 2-3.php 中计算折扣价格。

```php
<?php
// 输出商品信息同案例实践 2-1
// 输出商品折扣信息同案例实践 2-2
// $itemPrice 已经在前面的代码中定义并被赋值为"商品价格"
// DISCOUNT_PERCENTAGE 已经在前面的代码中定义并被赋值的折扣率常量，值为 10

// 将商品价格转换为浮点数以确保计算的准确性
$itemPrice = (float) $itemPrice;
// 计算折扣价格：原价乘以折扣率除以 100
$itemDiscountPrice = $itemPrice * (DISCOUNT_PERCENTAGE / 100);
```

```
// 展示折扣价格给消费者
echo "<b>商品折扣价格为{$itemDiscountPrice}元</b><br>";
?>
```

显示结果如图 2-13 所示。

图 2-13　计算商品折扣价格

2.3.3　赋值运算符

　　赋值运算符在编程中起着至关重要的作用，它们用于将数据值赋给变量。基本的赋值运算符是=，但它并不表示数学上的等于关系，而是将右边的值或表达式结果赋给左边的变量。

微课

赋值运算符

　　赋值运算可以分为两种类型：简单赋值运算和复合赋值运算。简单赋值运算就是直接使用=将右边的值赋给左边的变量。而复合赋值运算更加复杂一些，它在赋值的过程中还涉及其他的运算操作。PHP 中常用的赋值运算符如表 2-6 所示。

表 2-6　PHP 中常用的赋值运算符

赋值运算符	说明
=	赋值，将运算符右边的值赋给左边的变量
+=	加并赋值，将运算符左边的变量值加上右边的值后赋给左边的变量
-=	减并赋值，将运算符左边的变量值减去右边的值后赋给左边的变量
*=	乘并赋值，将运算符左边的变量值乘以右边的值后赋给左边的变量
/=	除并赋值，将运算符左边的变量值除以右边的值后赋给左边的变量
%=	取模并赋值，将运算符左边的变量值对右边的值取模后赋给左边的变量
**=	幂运算并赋值，将运算符左边的变量值与右边的值做幂运算后赋给左边的变量
.=	连接并赋值，将运算符左边的变量值与右边的值连接后赋给左边的变量

　　在 PHP 中，可以使用=同时对多个变量进行赋值，这种赋值语句的执行顺序是从右至左，例如：

```
$a = $b = $c = 1;  // 3 个变量都被赋值为 1
```

　　复合赋值运算符如+=、-=、*=、/=、%=、**=和.=，在使用时，会先对左边的变量与右边的值执行对应的算术运算或字符串连接操作，然后将运算结果重新赋给左边的变量。下面是一些具体的例子。

```
// 加并赋值（+=）
$a = 2;
$b = 3;
```

```
$a += $b; // 等同于 $a = $a + $b;
echo $a . '<br>'; // 输出 5
echo $b . '<br>'; // 输出 3，因为$b 的值没有改变
// 按照同样的方式，可以尝试其他复合赋值运算符
......
// 连接并赋值（.=）
$c = 'Hello';
$d = 'World';
$c .= $d;            // 等同于 $c = $c . $d;
echo $c . '<br>'; // 输出 HelloWorld
echo $d . '<br>'; // 输出 World，$d 的值保持不变
```

需要注意的是，在这些复合赋值运算中，变量$a 的值会更新，而其他参与运算的变量（如$b）的值保持不变。

2.3.4 比较运算符

比较运算符用于对两个变量或两个表达式进行比较，其结果返回一个布尔型的值 true 或 false。PHP 中常用的比较运算符如表 2-7 所示。

表 2-7 PHP 中常用的比较运算符

比较运算符	说明
==	比较左右两个变量或表达式的值是否相等
===	比较左右两个变量或表达式是否全相等（值和类型都相等）
!=	比较左右两个变量或表达式的值是否不相等
<>	比较左右两个变量或表达式的值是否不相等
!==	比较左右两个变量或表达式是否不全相等
>	比较左边的变量或表达式是否大于右边的变量或表达式
>=	比较左边的变量或表达式是否大于等于右边的变量或表达式
<	比较左边的变量或表达式是否小于右边的变量或表达式
<=	比较左边的变量或表达式是否小于等于右边的变量或表达式

在 PHP 中，不同类型的值之间也可以进行比较。这时，PHP 会自动进行类型转换以完成比较。例如，当整数和字符串进行比较时，字符串会被自动转换成整数以完成比较。如果比较的是两个数字字符串，PHP 会将它们都视为整数来进行比较。下面是一些使用比较运算符的示例。

```
$a = 2;
$b = 3;
// 使用==判断$a 和$b 的值是否相等
var_dump($a == $b);     // 输出 bool(false)，因为 2 不等于 3
var_dump($a == 2);      // 输出 bool(true)，因为 2 等于 2

// 使用===判断$a 和$b 的值和类型是否都完全相同
var_dump($a === $b);    // 输出 bool(false)，因为值不相等
var_dump($a === 2);     // 输出 bool(true)，因为值和类型都相同

// 使用!=判断$a 和$b 的值是否不相等
var_dump($a != $b);     // 输出 bool(true)，因为 2 不等于 3
var_dump($a != 2);      // 输出 bool(false)，因为 2 等于 2
```

```
// 使用!==判断$a 和$b 的值和类型是否不全相等
var_dump($a !== $b);    // 输出 bool(true)，因为值不相等
// 由于$a 和$b 都是整型，但值不相等，所以结果为 true

// 使用>判断$a 是否大于$b
var_dump($a > $b);      // 输出 bool(false)，因为 2 不大于 3
var_dump($a > 1);       // 输出 bool(true)，因为 2 大于 1
```

2.3.5 逻辑运算符

逻辑运算符用于逻辑判断，其返回值与比较运算符的一致，为布尔型。PHP 中常用的逻辑运算符如表 2-8 所示。

表 2-8　PHP 中常用的逻辑运算符

逻辑运算符	说明
&&	与运算符，若运算符左右两边都为 true，则结果为 true
||	或运算符，若运算符左右两边至少一个为 true，则结果为 true
!	非运算符，若运算符右边为 true，则结果为 false
xor	异或运算符，运算符左右两边一个为 true，一个为 false，则结果为 true
and	与运算符，与&&相同，但优先级较低
or	或运算符，与||相同，但优先级较低

注意　当使用 && 或 and 连接两个表达式时，如果左边表达式的值为 false，那么右边表达式不会被执行；当使用 || 或 or 连接两个表达式时，如果左边表达式的值为 true，那么右边表达式不会执行。

逻辑运算符往往连接两个表达式或变量，示例代码如下。

```
$a = 2;
$b = 0;
// 与运算符示例
var_dump($a && $b);     // 输出 bool(false)，因为$b 为 0，被视为 false
var_dump($a and $b);    // 输出 bool(false)

// 或运算符示例
var_dump($a || $b);     // 输出 bool(true)，因为$a 为 2，被视为 true
var_dump($a or $b);     // 输出 bool(true)

// 非运算符示例
var_dump(!$a);          // 输出 bool(false)，因为$a 不为 0，被视为 true，取反后为 false
var_dump(!$b);          // 输出 bool(true)，因为$b 为 0，被视为 false，取反后为 true

// 异或运算符示例
var_dump($a xor $b);    // 输出 bool(true)，因为$a 和$b 的布尔值不同
```

在 PHP 编程中，逻辑运算符经常与流程控制语句（如 if 语句、while 语句等）结合使用，用于构建复杂的条件判断结构。此外，需要注意的是，在逻辑运算中，某些值会被自动转换为 false，这些值包括空值（null）、0、false、空字符串（" "）、空数组（array()）及空对象（new stdClass()）等。在编写条件表达式时，应充分考虑这些值的转换规则。

2.3.6　运算符的优先级

PHP 拥有众多运算符，当在一个表达式中使用多个运算符时，为了保证计算的正确性，必须遵循一定的运算顺序，这就是常说的运算符优先级。运算符的优先级由它们之间的关联性决定。表 2-9 所示为 PHP 中运算符的优先级。

表 2-9　PHP 中运算符的优先级

优先级	结合方向	运算符
1	左到右	( )
2	左到右	[ ]
3	—	++、--
4	—	(int)、(float)、(string)、(array)、(object)
5	左到右	*、/、%
6	左到右	+、-
7	左到右	<<、>>
8	—	<、<=、>、>=
9	—	==、!=、===、!==
10	左到右	&&
11	左到右	||
12	左到右	? :
13	左到右	+=、-=、/=、*=、.=
14	左到右	and
15	左到右	xor
16	左到右	or

在此表中，位于同一行的运算符享有相同的优先级。要改变运算的优先级，可以使用圆括号() 来提升括号内部运算符的优先级。在处理包含多个运算符的复杂表达式时，推荐使用圆括号，这样可以降低逻辑错误的风险。

下面通过案例实践来进一步理解运算符的应用。

【案例实践 2-4】计算商品盈利

假设要开发一个简单的商品管理系统，已经定义了商品信息和商品折扣信息，需要根据商品的进价，判断该商品以当前折扣出售能否盈利。结合之前的案例实践，我们已经在 2-1.php、2-2.php、2-3.php 中定义了商品信息、折扣率及折扣价格等，现在在 2-4.php 中计算商品盈利。

```php
<?php
// 输出商品信息同案例实践 2-1
// 输出商品折扣信息同案例实践 2-2
// 输出商品折扣价格同案例实践 2-3
// 判断商品是否有盈利
$itemCostPrice = 16.8;          //商品进价
```

```
$itemProfit = $itemDiscountPrice - $itemCostPrice;
$result = $itemProfit > 0 ? "该商品以该折扣价格出售有盈利" : "该商品以该折扣价格出售无盈利";
echo "<b>{$result}</b>";
?>
```

运行结果如图 2-14 所示。

图 2-14   计算商品盈利

2.4 表达式

在 PHP 中，表达式是操作数和运算符组成的式子，是编程的基础组件，它们能够执行特定的操作并产生一个结果。这些操作可以是非常简单的算术运算，也可以是复杂的逻辑判断或函数调用。表达式的结果根据其内容和上下文，可能是一个具体的数值、一个对象，或者是一个布尔值。下面简单介绍两种常见的表达式及表达式的应用。

微课

表达式

1. 赋值表达式

赋值表达式不但用于为变量分配一个值，而且它本身也作为一个表达式存在，其结果为赋值运算符右边式子的值，例如：

```
$a = 2;
```

在上述代码中，$a = 2 就是一个赋值表达式，它不仅将 2 赋给变量$a，而且该表达式的值也是 2。

很多初学者经常混淆赋值运算符=和比较运算符==，示例如下。

```
$a = 2;
// 检查 $a 是否等于 2，并给出相应的提示信息
$result = ($a = 2) ? "变量 a 等于 2" : "变量 a 不等于 2";
echo $result;
```

在这个例子中，条件表达式（$a = 2）实际上是一个赋值表达式，它将 2 赋给$a 并返回 2（在 PHP 中，非零值被视为 true），因此条件为真，输出"变量 a 等于 2"。

然而，这并不是我们想要的比较操作。为了比较$a 是否等于 2，应该使用比较运算符==。

```
$result = ($a == 2) ? "变量 a 等于 2" : "变量 a 不等于 2";
```

2. 比较表达式

比较表达式用于比较两个值，并返回一个布尔值，表示这两个值是否满足特定的比较条件，例如：

```
$b = 2;
$isEqual = ($b == 2); // 这是一个比较表达式，判断$b 是否等于 2
```

在这个例子中，($b == 2)是一个比较表达式，其结果是一个布尔值，如果$b 确实等于 2，那么结果为 true，否则为 false。

3. 表达式的灵活应用

表达式具有灵活性和多样性，在 PHP 编程中灵活应用表达式，可以实现更加丰富和强大的功能。以下是一些表达式的使用示例。

```php
$a = 1;                  // 赋值表达式，将整数 1 赋给变量$a
$b = 2;                  // 赋值表达式，将整数 2 赋给变量$b
echo $a = 1;             // 输出赋值表达式$a = 1 的结果，即 1
echo $b + 4;             // 输出算术表达式$b + 4 的结果，即 6
echo 5, 6;               // 输出两个表达式 5 和 6 的值，这里会先输出 5，然后输出 6
$isEqual = ($a == $b);  // 比较表达式，判断$a 和$b 是否相等，并将结果存储在$isEqual 中
if ($isEqual) {
    echo "a equals b";
} else {
    echo "a does not equal b";
}
// 由于$a 是 1，$b 是 2，所以输出 a does not equal b
```

通过上述示例，我们可以看到表达式的多样性和实用性。它们不仅用于基础的赋值和算术运算，还用于控制程序流程，如条件判断和循环。掌握表达式的使用方法是成为一名优秀的 PHP 程序员的基础。

在 PHP 项目化程序设计中，灵活运用各类表达式能够大大提高代码的效率和可读性，从而实现复杂功能的快速开发。

2.5 数据类型的转换

在 PHP 中，当运算涉及不同数据类型的数据时，为了确保操作的正确性，经常需要将数据类型进行统一。这就涉及数据类型的转换。数据类型转换主要分为自动类型转换和强制类型转换。

2.5.1 自动类型转换

自动类型转换又称为隐式类型转换，是指当参与运算的两个数据的类型不同时，PHP 会自动将其转换成相同类型的数据再进行与运算。常见的自动类型转换有以下 3 种。

微课

数据类型转换——
自动类型转换

1. 自动转换成布尔型

标量数据类型（整型数据、浮点型数据、字符串数据）在需要时可以被自动转换成布尔型数据。具体来说，整型数据 0、浮点型数据 0.0、空字符串和字符串'0'都会被转换成布尔型数据 false，其他任何数据则会被转换成布尔型数据 true。当使用比较运算符"=="进行比较时，如果两侧的数据类型不同，其中一侧是布尔型数据，那么另一侧会被自动转换成布尔型数据以进行比较。示例代码如下。

```php
var_dump(0 == false);      // 输出 bool(true)，因为整型数据 0 被自动转换为布尔型数据 false
var_dump('0' == false);    // 输出 bool(true)，字符串'0'也被视为 false
var_dump(0.0 == false);    // 输出 bool(true)，因为浮点型数据 0.0 被自动转换为布尔型数据 false
var_dump('' == false);     // 输出 bool(true)，空字符串被转换为 false
var_dump(2 == false);      // 输出 bool(false)，非零整数被视为 true
var_dump('Hello' == false);// 输出 bool(false)，非空非零字符串被视为 true
```

这里==是比较运算符，用于判断两个值是否相等。当比较运算符两侧数据类型不同时，若一侧的数据类型是布尔型，那么另一侧的数据类型会被自动转换成布尔型。

2. 自动转换成整型

在标量数据类型中，浮点型自动转换成整型时，会向下取整；布尔型转换成整型时，布尔值 false 会转换成整型数据 0，布尔值 true 则会转换成整型数据 1；字符串型转换成整型时，若字符串以数字开头，则转换成整型的对应数值。示例代码如下。

```
var_dump(true + 1);        // 输出 int(2)
var_dump(false + 1);       // 输出 int(1)
var_dump('Hello' + 1);     // 输出 int(1)，因为'Hello'被转换为 0
```

这里+是算术运算符，计算两个值的和。

3. 自动转换成字符串型

整型和浮点型转换成字符串型时，会直接将数字转换成字符串形式；布尔型转换成字符串型时，布尔值 false 会转换成空字符串，布尔值 true 会转换成字符串"1"。示例代码如下。

```
echo 'false 被转换成字符串后: ' . false;    // 输出 false 被转换成字符串后:
echo 'true 被转换成字符串后: ' . true;      // 输出 true 被转换成字符串后: 1
var_dump(1 . 'Hello');                      // 输出 string(6) "1Hello"
var_dump(1.23 . 'Hello');                   // 输出 string(9) "1.23Hello"
```

2.5.2 强制类型转换

强制类型转换也称为显式类型转换，是指将一种数据类型转换成另一种需要的数据类型，不需要考虑自动类型转换的情况。这种转换通常使用特定的类型转换运算符来实现。常见的类型转换运算符及其对应的转换类型如表 2-10 所示。

微课

数据类型转换——
强制类型转换

表 2-10　常见的类型转换运算符及其对应的转换类型

转换运算	转换类型
(boolean)或(bool)	将数据类型强制转换成布尔型
(integer)或(int)	将数据类型强制转换成整型
(float)或(double)或(real)	将数据类型强制转换成浮点型
(string)	将数据类型强制转换成字符串型
(array)	将数据类型强制转换成数组
(object)	将数据类型强制转换成对象

在进行布尔型的强制转换时，null、0 和未赋值的变量或数组会被转换成 false，其他被转换成 true，示例代码如下。

```
// 布尔型强制转换
var_dump((bool)0);          // 输出 bool(false)
var_dump((bool)3.14);       // 输出 bool(true)
var_dump((bool)'Hello');    // 输出 bool(true)
```

在进行整型的强制转换时，应遵循以下转换规则。

- 布尔值 false 转换成 0，true 转换成 1。
- 浮点型数据的小数部分被舍去，保留整数部分。
- 字符串如果以数字开头，则截取到非数字位，如果数字中含有小数点，则截取到小数点前，否则转换为 0。

示例代码如下。

```
// 整型强制转换
var_dump((int)false);        // 输出 int(0)
var_dump((int)true);         // 输出 int(1)
var_dump((int)3.14);         // 输出 int(3)
var_dump((int)'123Hello');   // 输出 int(123)，截取到第一个非数字字符前
var_dump((int)'Hello');      // 输出 int(0)
```

在进行浮点型的强制转换时，应遵循以下转换规则。

- 布尔值 false 转换成 0，true 转换成 1。
- 浮点型数据的小数部分被舍去，保留整数部分。
- 字符串如果以数字开头，则截取到非数字位，如果数字中含有小数点，则截取到小数点前，否则转换为 0。

示例代码如下。

```
// 浮点型强制转换（通常不需要显式转换，因为 PHP 会自动处理浮点数的运算）
var_dump((float)false);        // 输出 float(0)
var_dump((float)true);         // 输出 float(1)
var_dump((float)'3.14');       // 输出 float(3.14)
// 字符串如果以数字开头，会转换到该数字部分结束，否则转换为 0
var_dump((float)'123.45abc');  // 输出 float(123.45)
var_dump((float)'abc');        // 输出 float(0)
```

项目分析

BMI 即身体质量指数（Body Mass Index），是评估一个人体重是否正常的一个指数，通常用来评估成人及儿童是否体重过轻、正常、过重。BMI 是通过体重（kg）除以身高（m）的平方来计算的，公式为：

$$BMI = 体重（kg）/(身高（m）)^2$$

要实现 BMI 的计算，需要编写代码完成以下功能：学生的基本信息被保留并显示在页面上；根据 BMI 的计算公式，计算学生的 BMI；根据 BMI，分析当前学生的体重属于过轻、正常还是过重，并推荐合适的体育健身运动。经过分析，我们可以使用变量、常量、运算符和表达式等基本语法来实现 BMI 计算器。

项目实施

任务 2-1　计算 BMI

通过学生的体重（kg）和身高（m），使用 BMI 计算公式计算 BMI，并显示计算结果。

实现步骤：设计一个页面，显示当前的学生信息；使用 BMI 计算公式计算 BMI；将计算结果显示到页面上。

指定学生信息（王小明，22 岁，网络 1 班，1.80m，88kg），编写 pro02-1.php 文件实现学生 BMI 的计算，主要代码如下。

```php
<?php
```

```php
// 定义学生基本信息
$name = '王小明';
$age = 22;
$className = '网络1班';
$height = 1.80;      // 单位: 米
$weight = 88;        // 单位: kg

// 输出学生信息
echo "姓名: {$name}<br>";
echo "年龄: {$age}岁<br>";
echo "班级: {$className}<br>";
echo "身高: {$height}m<br>";
echo "体重: {$weight}kg<br>";

// 计算 BMI
$bmi = $weight / pow($height, 2); // 使用pow()函数进行幂运算，提高代码的可读性

// 输出 BMI
echo "计算得到学生的 BMI: {$bmi}<br>";
?>
```

实现效果如图 2-15 所示。

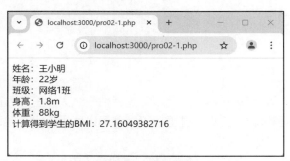

图 2-15　计算 BMI

任务 2-2　实现健身运动推荐

　　根据计算得到的 BMI，使用三目运算符判断学生体重是否过轻或过重；根据判断结果，推荐合适的体育健身运动。

　　实现步骤：根据 BMI 的范围判断学生的体重状况（过轻、正常、过重）；根据学生的体重状况，提供相应的运动建议；将判断结果和建议显示到页面上。

　　在 pro02-1.php 的基础上编写 pro02-2.php，实现健身运动推荐，代码如下。

```php
<?php
// 定义学生基本信息（同上）
// 计算 BMI（同上）
// 输出学生信息和 BMI（同上）

// 判断学生体重状况并推荐健身运动
$result = $bmi >= 18.5 && $bmi <= 25 ? "体重正常，适当运动即可" : ($bmi < 18.5 ? "体重过轻，
需要进行增肌类健身运动" : "体重过重，建议进行减脂类有氧运动");
echo $result;
?>
```

实现效果如图 2-16 所示。

图 2-16　实现健身运动推荐

项目实训——图书信息的定义及管理

【实训目的】

练习编写 PHP 程序的基本操作，实现图书信息的定义及管理，同时计算图书的折旧和净值，并将全部信息显示出来。

【实训内容】

实现图 2-17、图 2-18 所示的效果。

图 2-17　图书简介信息页面

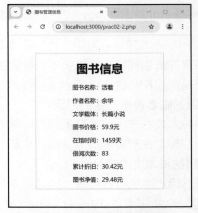

图 2-18　图书管理信息页面

【具体要求】

图书信息的定义及管理，具体要求如下。

① 显示图书的各项信息，包括图书名称、作者名称、文学载体、馆藏数量等，保证变量数据类型的准确性。

② 计算图书净值（图书价格减去累计折旧），保证数据计算的准确性。

项目小结

本项目通过实现智能 BMI 计算与健身运动推荐系统，帮助读者认识了 PHP 的语法基础和概念，如标识符和关键字、常量和变量、数据类型、运算符和表达式等。项目 2 知识点如图 2-19 所示。

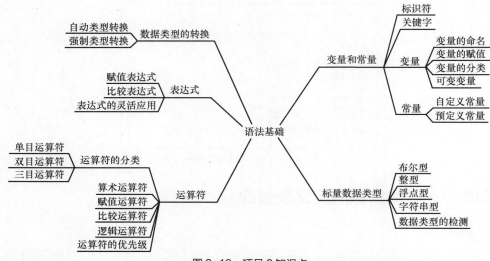

图 2-19　项目 2 知识点

应用安全拓展

防范跨站脚本攻击

在 PHP 动态网站开发中，执行脚本是常用的功能之一。然而攻击者可以在受害者浏览的网页中注入恶意的脚本代码，当该脚本在受害者的浏览器中执行时，会窃取用户的会话 token、登录凭证，甚至劫持用户会话，进行恶意操作，这就是跨站脚本攻击。

1. 跨站脚本攻击产生的原因

跨站脚本攻击产生的主要原因是网站对用户提交的数据过滤不严格，导致攻击者能够插入恶意脚本。这些脚本在受害者的浏览器中执行，从而窃取信息、劫持会话或进行其他恶意活动。

2. 跨站脚本攻击的分类

根据恶意脚本执行的位置，跨站脚本攻击可以分为以下几类。

存储型跨站脚本攻击（Persistent XSS）：恶意脚本被永久存储在目标服务器中，如数据库、消息论坛、访客留言板等。当用户访问这些含有恶意脚本的内容时，脚本会在用户的浏览器中执行。

反射型跨站脚本攻击（Reflected XSS）：恶意脚本并不存储在目标服务器中，而是通过 HTTP 响应直接反馈给用户的浏览器。这种情况通常发生在攻击者控制 URL 或者通过邮件、聊天室等途径诱导用户访问恶意链接时。

基于 DOM 的跨站脚本攻击（DOM-Based XSS）：恶意脚本利用 DOM 实现，不涉及服务器的响应。攻击者通过操纵 DOM 来注入恶意脚本，这种攻击通常发生在客户端 JavaScript 处理数据时。

3. 跨站脚本攻击的防范措施

（1）输入验证：对用户输入的内容进行严格的验证，确保输入内容符合预期格式，过滤或转义特殊字符。

（2）输出编码：对输出内容进行编码，确保任何在 HTML、JavaScript 或其他上下文中插入的特殊字符都被适当转义。

（3）使用 HTTP 响应头：设置 Content-Security-Policy（内容安全策略）头，限制资源加载和上下文执行；设置 X-Content-Type-Options 为 nosniff，阻止浏览器尝试猜测和解释非正确声明的内容类型。

（4）使用安全的编程实践方法：避免使用 document.write 或 innerHTML 来操作 DOM，这些方法容易受到基于 DOM 的跨站脚本攻击；利用现代框架和库提供的自动转义功能，通常会自动处理输入内容和输出内容的转义。

使用输入验证防范反射型跨站脚本攻击页面的示例代码如下。

```php
<?php
header ("X-XSS-Protection: 0");
// 判断输入是否为空值
if( array_key_exists( "name", $_GET ) && $_GET[ 'name' ] != NULL ) {
    // 获取输入并过滤
    $name = preg_replace( '/<(.*)s(.*)c(.*)r(.*)i(.*)p(.*)t/i', '', $_GET[ 'name' ] );
    // 返回结果
    $html .= "<pre>Hello {$name}</pre>";
}
?>
```

在上述代码中，判断接收的值不为空后，使用 str_replace()函数完成对<script>标签的过滤。

使用 token 防范反射型跨站脚本攻击页面的示例代码如下。

```php
<?php
// 判断输入是否为空值
if( array_key_exists( "name", $_GET ) && $_GET[ 'name' ] != NULL ) {
    // 校验 token 值
    checkToken( $_REQUEST[ 'user_token' ], $_SESSION[ 'session_token' ], 'index.php' );
    // 获取输入
    $name = htmlspecialchars( $_GET[ 'name' ] );
    // 返回结果
    $html .= "<pre>Hello {$name}</pre>";
}
// 生成 token 值
generateSessionToken();
?>
```

在上述代码中，首先验证用户输入的内容，使用 htmlspecialchars()函数把预定义的字符转换为 HTML 实体（HTML 标签实体化），防止浏览器将其视为 HTML 元素。

其中，checkToken()函数的定义可参考如下代码。

```php
function checkToken($user_token, $session_token, $expected_return) {
    if($user_token === $session_token) {
        return $expected_return;
    } else {
        return false;
    }
}
```

该函数的作用是检查用户传入的 user_token 和服务器存储的 session_token 是否相等，以此来验证用户的身份。其中，user_token 和 session_token 是分别存储在用户请求中和服务器会话中的令牌，用于防止 CSRF（Cross-site request forgery，跨站请求伪造）攻击；index.php 则是当验证失败时将要跳转到的页面。

这里，预定义字符包括&（和）、"（双引号）、'（单引号）、<（小于号）、>（大于号）等。

巩固练习

一、填空题

1. PHP 中的布尔型数据是由两个值组成的，分别是_____和_____。
2. 整型数据在 PHP 中可以是_____或_____。
3. 布尔型数据只有两个值，用于表示事物的_____或_____。
4. 在 PHP 中可以使用_____函数将整型数据转换为字符串型数据。
5. 在 PHP 中可以使用_____函数将整型数据转换为浮点型数据。

二、选择题

1. 下面哪个不是 PHP 的数据类型？（　　）
A. int   B. float   C. bool   D. char
2. PHP 中定义变量的语法格式是（　　）。
A. var a = 5;   B. $a = 10;   C. int b = 6;   D. var $a = 12;
3. 在 PHP 中使用单引号和双引号定义字符串的区别是（　　）。
A. 在单引号中解析变量   B. 在双引号中嵌套双引号不需要使用转义符
C. 单引号可以解析转义字符   D. 使用双引号可以解析变量
4. 在 PHP 中如何输出反斜线？（　　）
A. \n   B. \r   C. \t   D. \\
5. 关于全等运算符===的说法正确的是（　　）。
A. 只有两个变量的数据类型相同时才能比较
B. 两个变量数据类型不同时，将其转换为数据类型相同的变量再比较
C. 字符串和数值之间不能使用全等运算符进行比较
D. 只有当两个变量的值和数据类型都相同时，结果才为 true

三、判断题

1. PHP 中的布尔型数据只有两个值：true 和 false。（　　）
2. 在 PHP 中连接两个字符串的符号是+。（　　）
3. 每条语句结尾都要加;来表示语句结束。（　　）
4. 在 PHP 中使用变量之前需要定义变量类型。（　　）
5. 在 PHP 中，==的意思是"等于"。（　　）

项目3
汇率计算器——流程控制

情境导入

在探索全球经济一体化发展的过程中，同学们对世界各地的货币体系产生了浓厚的兴趣。为了帮助大家更清晰地理解各种货币的换算关系，张华决定开发一个汇率计算器。他深入钻研了不同的汇率制度，但如何将这些知识转化为实际的程序代码，对他来说是一个新的挑战。

李老师告诉他，要想实现不同货币的换算，必须熟练掌握 PHP 的流程控制。PHP 中的流程控制对于编写高效、可维护且易理解的代码至关重要。流程控制语句允许根据特定条件执行不同的代码块，从而使程序能够进行决策和控制执行流程。

通过逐步深入学习 PHP 的流程控制，包括顺序结构、分支结构、循环结构、异常处理和文件包含语句等的运用，张华将能够顺利地开发汇率计算程序，从而帮助同学们了解不同的货币换算关系。

学习目标

知识目标	■ 理解 PHP 中的顺序结构及其在程序中的执行顺序； ■ 学习分支结构，包括单分支结构、双分支结构、多分支结构，以及它们的嵌套使用； ■ 掌握循环结构，包括 for 循环结构、while 循环结构和 do-while 循环结构； ■ 理解异常处理的基本概念，学习在 PHP 中使用 try-catch 块来捕获和处理异常； ■ 掌握文件包含语句，包括 include 语句和 require 语句。
能力目标	■ 能够正确使用 PHP 中的顺序结构编写程序，确保代码按照预期执行； ■ 能够编写分支结构，根据不同条件执行不同的代码块； ■ 能够使用循环结构，在程序中实现重复执行特定代码的功能； ■ 能够运用异常处理机制，捕获和处理程序运行中的异常情况； ■ 能够正确使用文件包含技巧，合理地在项目中使用 include 语句和 require 语句，提高代码的可维护性。
素养目标	■ 培养良好的编程习惯，能够编写结构清晰、易读易懂的代码； ■ 提升逻辑思维能力，能够合理设计程序的流程控制结构； ■ 增强问题解决能力，能够针对程序中的异常情况编写合适的异常处理代码； ■ 强化安全意识，了解在文件包含过程中可能出现的安全风险，并采取相应措施预防。

知识储备

PHP 中的流程控制语句是开发者实现程序逻辑的关键，流程控制语句允许根据不同的条件执行不同的代码块，从而实现复杂的功能。在程序逻辑中，流程控制语句的重要性体现在它们能够提升代码的可读性与可维护性，优化程序性能，并使程序能够灵活应对各种情况和错误。熟练运用这些流程控制语句，开发者能够编写出结构良好、效率高且易于维护的 PHP 代码。

3.1 流程控制简述

微课
流程控制简述

流程控制是编程中的核心概念，它决定了代码的执行顺序和逻辑。通过流程控制，开发者能够管理代码的执行顺序，实现程序在不同条件下的灵活响应。

流程控制结构可以分为 3 种基本类型：顺序结构、分支结构和循环结构。前文使用到的大多数结构都属于顺序结构，这是编程中非常直观、基础的结构。在顺序结构中，程序会严格按照代码的顺序，一行接一行地执行，不遗漏任何一句指令。这种有条不紊的执行方式为程序的稳定运行奠定了坚实基础，其流程如图 3-1 所示。

然而，仅仅依靠顺序结构是远远不够的。为了满足更复杂的编程需求，还需要引入分支结构和循环结构。分支结构让程序能够根据特定条件选择性地执行不同的代码块，而循环结构则允许某段代码在满足一定条件时反复执行。

只有深入理解和掌握这 3 种基本流程控制结构，才能够编写出既高效又功能强大的 PHP 代码。接下来我们通过实例探讨这些结构的实际应用，加深理解并提升编程技能。

图 3-1 顺序结构流程

3.2 分支结构

分支结构又称为选择结构、条件结构，是一种重要的流程控制结构，它允许程序根据特定条件选择不同的执行路径。这种结构在处理需要根据不同情况做出不同响应的场景非常有用。常见的分支结构有单分支结构（if 语句）、双分支结构（if...else 语句）和多分支结构（if...elseif...else 语句和 switch 语句）3 种。下面分别对这 3 种分支结构进行讲解。

3.2.1 单分支结构

微课
分支结构—单分支结构

if 语句是单分支结构的基础，它允许程序在满足某个条件时执行特定的代码块，其基本语法格式如下。

```
if (条件表达式) {
    子语句块
}
```

其中，条件表达式的结果是布尔型的值，只有 true 和 false 两个可能；由{}括起来的子语句块代表的是代码片段，可以是任意的代码。如果条件为 true，则执行子语句块内的代码，否则跳过该子语句块。在该结构中，子语句块有两种结果，即要么被执行，要么被跳过。单分支结构流程如图 3-2 所示。

例如，下面的代码可根据年龄判断是否成年，并输出相应的信息。

```
$age = 22;
if ($age >= 18){
    echo '该同学已成年';
}
```

在这个例子中，因为$age 的值是 22，大于 18，所以条件为真，程序会输出"该同学已成年"。运行结果如图 3-3 所示。

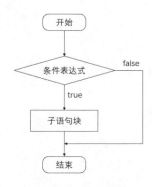

图 3-2　单分支结构流程

图 3-3　if 语句的运行结果

注意

在实际编程中，应确保条件表达式的逻辑清晰且能够正确表示为布尔值。

在编写程序的过程中，可以使用多个单分支结构，进行不同语句的输出控制，如比较两个数的大小，示例代码如下。

```
$a = 10;
$b = 20;
if ($a > $b){
    echo '$a 大于$b';
}
if ($a < $b){
    echo '$a 小于$b';
}
if ($a == $b){
    echo '$a 等于$b';
}
```

在上面的代码中，$a 的值为 10，$b 的值为 20，只有第二个单分支结构的条件表达式为真，执行其子语句块，其他单分支结构的子语句块不会被执行，运行结果如图 3-4 所示。

此外，当 if 语句的子语句块中只有一条语句时，{}可以省略。故上面的示例代码也可以简写为以下代码。

图 3-4　连续使用 if 语句的运行结果

```
$a = 10;
$b = 20;
if ($a > $b)  echo '$a 大于$b';
if ($a < $b)  echo '$a 小于$b';
if ($a == $b)  echo '$a 等于$b';
```

3.2.2 双分支结构

if...else 语句实现双分支结构，它提供了两种可能的执行路径：如果条件为真，则执行 if 语句后{}内的代码（子语句块 1）；如果条件为假，则执行 else 语句后{}内的代码（子语句块 2）。其基本语法格式如下。

微课

分支结构—双分支结构

```
if (条件表达式) {
    子语句块 1
}else{
    子语句块 2
}
```

使用 if...else 语句可以确保无论条件为真还是为假，都有相应的代码块被执行。这种结构在需要根据条件进行两种不同的操作时非常有用。在此结构中，子语句块 1 和子语句块 2 有一个被执行，对应的另一个将被跳过，流程如图 3-5 所示。

对于 3.2.1 节中判断是否成年的程序，可以使用双分支结构进行优化，示例代码如下。

```
$age = 17;
if ($age >= 18){
    echo '该同学已成年';
}else{
    echo '该同学未成年';
}
```

在上述代码中，$age 的值是 17，计算得到条件表达式的结果为 false，所以 if 后面{}内的代码不被执行，else 后面{}内的代码被执行，输出"该同学未成年"。运行结果如图 3-6 所示。

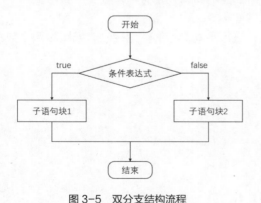

图 3-5 双分支结构流程

图 3-6 if...else 语句的运行结果

3.2.3 分支结构的嵌套应用

在实际编程中，经常会面临需要根据多重条件进行判断的情况。这时，可以运用分支结构的嵌套来实现这些复杂的逻辑判断。为了更直观地理解这个概念，让我们看一个具体的例子。

假设有一个场景，某单位规定男职工 60 岁退休，女职工 55 岁退休，现在要判断一名 58 岁的女职工是否已经退休。这个判断过程实际上涉及两个条件：性别和年龄。先判断年龄还是性别？很明显，应先判断这名职工的性别，然后判断其是否满足对应的退休年龄要求，该分析过程如图 3-7 所示。

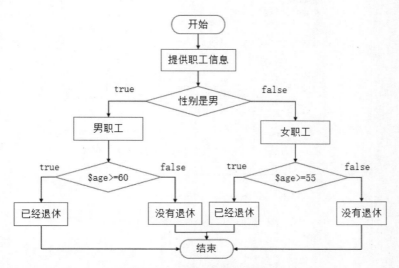

图 3-7　判断某职工是否退休的分析过程

在此例中，判断性别采用双分支结构实现，在各自的分支中又有一个判断年龄的双分支。要实现这个过程，需要在 if 语句的语句块和 else 语句的语句块中再使用 if...else 语句，即 if...else 语句嵌套另外一个完整的 if...else 语句，这就是分支结构嵌套，具体示例代码如下。

```
$age = 58;
$sex = '女';
if ($sex == '男') {
    if ($age >= 60) {
        echo '该男职工已退休';
    } else {
        echo '该男职工未退休';
    }
} else {
    if ($age >= 55) {
        echo '该女职工已退休';
    } else {
        echo '该女职工未退休';
    }
}
```

注意　在使用分支结构嵌套时，需要特别注意，默认情况下，else 与前面最近的 if 匹配，而不是通过缩进来匹配。为了保证合理的匹配关系，尽量使用花括号（{}）来确定语句的层次关系，否则会得到不一样的结构。

【案例实践 3-1】儿童旅行费折扣问题

旅行社为了吸引家庭客户，为不同年龄段的儿童提供了不同的旅行费折扣，规则是 5 岁以下免费，5～12 岁半价，12 岁以上全价。使用分支结构的嵌套来实现折扣计算，流程如图 3-8 所示。

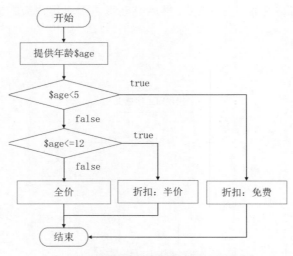

图 3-8　根据不同年龄提供不同折扣的流程

```
$age = 8;
$result = "";
if ($age < 5)
    $result = "免费";
else {
    if ($age <= 12)
        $result = "半价";
    else
        $result = "全价";
}
echo "根据年龄{$age}岁，该儿童可以享受{$result}的旅行
费折扣。";
```

运行结果如图 3-9 所示。

可以看出分支结构嵌套在解决实际问题中的灵活性
和实用性，它允许根据多个条件来执行不同的代码块，
从而实现复杂的逻辑判断。

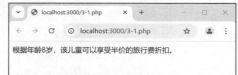

图 3-9　儿童旅行费折扣问题

3.2.4　多分支结构——if…elseif…else 语句

分支结构的嵌套层次超过两层就很容易出错。要解决这个问题，可以使用另一种分支结构——
多分支结构，可针对不同情况进行不同的处理。if…elseif…else 语句可实现多分支结构，当 if 语句
中指定的条件都不满足时，可以通过 elseif 语句指定另一个条件。其语法格式如下。

```
if (条件表达式 1) {
    // 执行语句块 1
} elseif (条件表达式 2) {
    // 执行语句块 2
} elseif (条件表达式 3) {
    // 执行语句块 3
}
// 可以根据需要继续添加更多的 elseif 条件
else {
    // 当前面的条件都不满足时，执行此语句块
}
```

微课

分支结构—多分
支结构

在这个结构中，程序会依次判断每个条件表达式，一旦找到第一个为真的条件，就执行相应的语句块，并跳过后续的所有条件判断。如果没有任何条件为真，则执行 else 部分的语句块。多分支结构流程如图 3-10 所示。这种结构使得代码更加清晰、易于理解和维护。

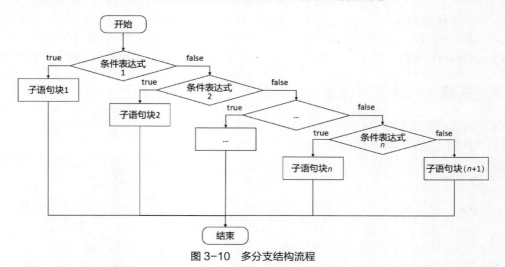

图 3-10　多分支结构流程

在案例实践 3-1 中，通过 if...else 语句的嵌套实现了旅行社为不同年龄的儿童提供不同的折扣，其与多分支结构的流程对比如图 3-11 所示，可见两种结构差别不大，都是每次判断不同的条件，然后根据结果输出。

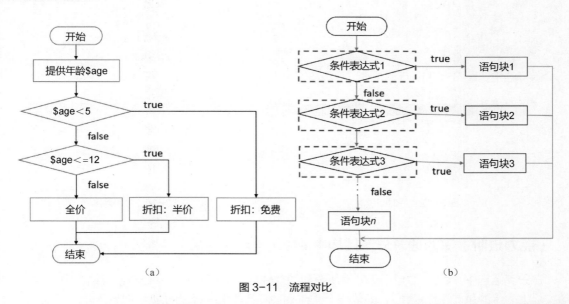

图 3-11　流程对比

接下来使用 if...elseif...else 语句改写案例实践 3-1 中的代码。在这个案例中，根据儿童的年龄来确定他们应该享受的旅行费折扣。

```
$age = 8;
$result = "";
if ($age < 5){
    $result = "免费";
```

```
}elseif ($age <= 12){
    $result = "半价";
}else{
    $result = "全价";
}
echo "根据年龄{$age}岁,该儿童可以享受{$discount}的旅行费折扣。";
```

这段代码通过多分支结构，更加直观地实现了根据儿童年龄给予不同折扣的计算。分支结构嵌套的每个分支结构中又有分支结构，很容易出错，故建议使用多分支结构来替换分支结构嵌套。

【案例实践 3-2】分时问候

本案例实践将通过 if...elseif...else 语句实现分时问候（具体技术细节可参考源代码文件 3-2.php），即根据不同的时间段显示不同的问候，如图 3-12 所示。

```php
<?php
$hour = date('H'); //获取当前整点时间
$message = "";
if ($hour < 6)
    $message = "真早啊！三更灯火五更鸡,正是男儿读书时。";
elseif ($hour < 9)
    $message = "早上好！一年之计在于春,一日之计在于晨。";
elseif ($hour < 12)
    $message = "上午好！长风破浪会有时,直挂云帆济沧海。加油！";
elseif ($hour < 18)
    $message = "下午好！及时当勉励,岁月不待人。";
elseif ($hour < 22)
    $message = "晚上好！有余力,则学文。业余充电！";
else
    $message = "深夜了要休息了！一张一弛,文武之道也。";
echo "现在是{$hour}点,{$message}";
?>
```

运行结果如图 3-13 所示。

时间段（小时）	显示的问候语
0—5	真早啊！三更灯火五更鸡，正是男儿读书时。
6—8	早上好！一年之际在于春，一天之际在于晨。
9—11	上午好！长风破浪会有时，直挂云帆济沧海。加油！
12—17	下午好！及时当勉励，岁月不待人。
18—21	晚上好！有余力，则学文。业余充电！
22—23	深夜了要休息了！一张一弛，文武之道也。

图 3-12　分时问候语

图 3-13　分时问候

【能力进阶】深入理解分支结构中 else 语句的含义

在分支结构中，else 语句用于处理所有前面条件都不满足的情况。在多分支结构中，elseif 语句实际上表示的是"否则如果"，即前一个 if 或 elseif 条件不满足时的条件判断语句。

表 3-1 描述的是如何对学生的考试成绩进行等级划分。

表 3-1　考试成绩等级划分

考试分数	成绩等级
大于等于 90 分且小于等于 100 分	优秀

续表

考试分数	成绩等级
大于等于 80 分且小于 90 分	良好
大于等于 70 分且小于 80 分	中等
大于等于 60 分且小于 70 分	及格
小于 60 分	不及格

根据表 3-1 中的描述，书写完整的条件表达式，使用多分支结构实现。

```
$score = 88;
$grade = "";
if ($score >= 90 && $score <= 100)
    $grade = "优秀";
elseif ($score >= 80 && $score < 90)
    $grade = "良好";
elseif ($score >= 70 && $score < 80)
    $grade = "中等";
elseif ($score >= 60 && $score < 70)
    $grade = "及格";
else // 成绩小于 60
    $grade = "不及格";
echo "{$score}分的成绩等级为：{$grade}。";
```

第一个条件表示需要满足$score >= 90 && $score <= 100，而在第二个条件中有了 else，这表示第二个条件用于处理第一个条件不满足的情况，那么$score < 90 就不需要出现了，由此可以将相应代码简化如下。

```
if ($score >= 90)
    $grade = "优秀";
elseif ($score >= 80)
    $grade = "良好";
elseif ($score >= 70)
    $grade = "中等";
elseif ($score >= 60)
    $grade = "及格";
else // 成绩小于 60
    $grade = "不及格";
echo "{$score}分的成绩等级为：{$grade}。";
```

但是这种写法有一个弊端，如果不按照顺序书写就会出错，如把 70 分和 80 分这两个条件调换一下，具体如图 3-14 所示，左边的程序显示的等级为“良好”，右边的程序显示的等级为“中等”。而对于完整的条件表达式来说，如图 3-15 所示，无论怎样调整顺序都不会影响结果。

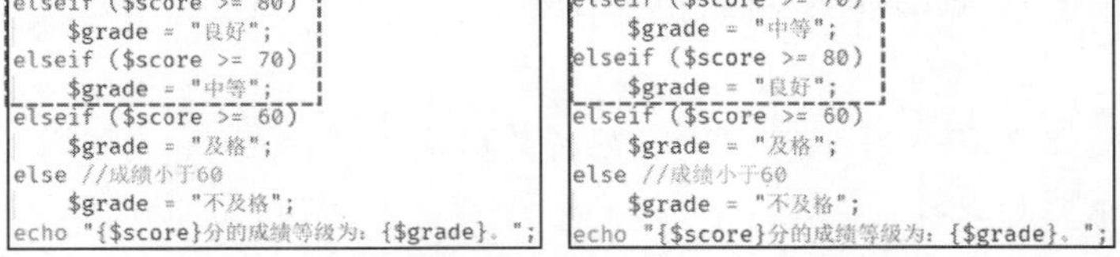

```
$score = 88;
$grade = "";
if ($score >= 90)
    $grade = "优秀";
elseif ($score >= 80)
    $grade = "良好";
elseif ($score >= 70)
    $grade = "中等";
elseif ($score >= 60)
    $grade = "及格";
else //成绩小于60
    $grade = "不及格";
echo "{$score}分的成绩等级为：{$grade}。";
```

```
$score = 88;
$grade = "";
if ($score >= 90)
    $grade = "优秀";
elseif ($score >= 70)
    $grade = "中等";
elseif ($score >= 80)
    $grade = "良好";
elseif ($score >= 60)
    $grade = "及格";
else //成绩小于60
    $grade = "不及格";
echo "{$score}分的成绩等级为：{$grade}。";
```

图 3-14　条件调换对比

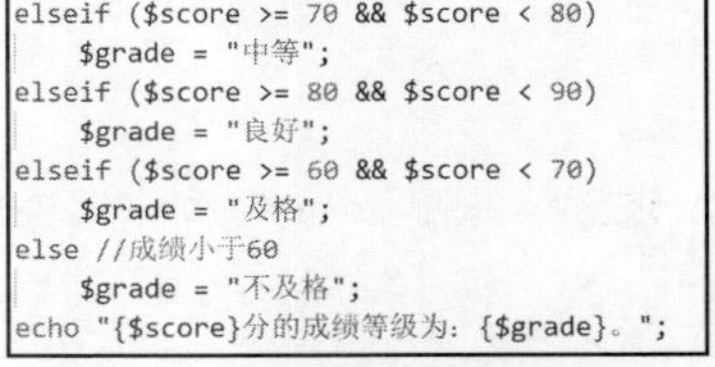

```
$score = 88;
$grade = "";
if ($score >= 90 && $score <= 100)
    $grade = "优秀";
elseif ($score >= 70 && $score < 80)
    $grade = "中等";
elseif ($score >= 80 && $score < 90)
    $grade = "良好";
elseif ($score >= 60 && $score < 70)
    $grade = "及格";
else //成绩小于60
    $grade = "不及格";
echo "{$score}分的成绩等级为：{$grade}。";
```

图 3-15　完整条件表达式对比

因此，在使用多分支结构时，务必注意条件的顺序和完整性，以确保逻辑的正确性。同时，合理使用 else 和 elseif 语句，我们可以编写出更加简洁、易读的代码。

3.2.5 多分支结构——switch 语句

在编程中，当需要处理多个条件时，如果仅使用 if 语句，代码可能会变得冗长和复杂。为了避免这种情况，可以使用 switch 语句，实现多分支结构，能够使代码更加清晰、易懂。

switch 语句允许根据一个表达式的值来选择不同的代码块执行，其基本结构如下。

```
switch (表达式) {
    case 值1:
        // 当表达式的值等于值 1 时执行的代码
        break;
    case 值2:
        // 当表达式的值等于值 2 时执行的代码
        break;
    ……// 可以有更多的 case 分支
    default:
        // 当没有任何 case 匹配时执行的代码
}
```

在这个结构中，程序首先计算表达式的值，然后与每个 case 后面的结果进行比较。如果找到匹配的 case，就执行该 case 下的代码，直到遇到 break 语句或者 switch 语句结束。如果没有任何 case 与表达式的值匹配，程序将执行 default 后面的代码块。switch 语句的多分支结构流程如图 3-16 所示。

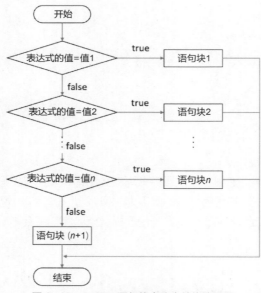

图 3-16　switch 语句的多分支结构流程图

> **注意**　每个 case 后面的代码块后通常会有一条 break 语句，它的作用是跳出 switch 语句，防止程序继续执行下一个 case 的代码块。

现在，考虑如何使用 switch 语句来实现案例实践 3-2 的分时问候，需要根据当前的整点时间来决定显示哪种问候语。先尝试直接在 switch 语句的 case 中使用范围判断（如$hour < 6），具体代码如下。

```
$hour = date('H'); //获取当前整点时间
$message = "";
switch ($hour) {
    case $hour < 6:
        $message = "真早啊！三更灯火五更鸡，正是男儿读书时。";
        break;
    case $hour < 9:
        $message = "早上好！一年之计在于春，一日之计在于晨。";
        break;
    case $hour < 12:
        $message = "上午好！长风破浪会有时，直挂云帆济沧海。加油！";
        break;
    ......
    default:
        $message = "深夜了要休息了！一张一弛，文武之道也。";
        break;
}
echo "现在是{$hour}点，{$message}";
```

在上述代码中，尝试在 case 语句中直接使用条件表达式（如$hour＜6）来进行范围判断，这并不是 switch 语句的典型或推荐用法。当$hour 的值为 0（即午夜零点）时，$hour＜6 的表达式结果为 true。但是，switch 语句并不是在比较$hour 的值（0）与 true，而是在寻找与$hour 的布尔值相匹配的 case 标签。由于没有匹配的标签来匹配$hour 的实际值（布尔值），所以$hour 为 0 时将直接跳转到 default 分支，导致显示"深夜了要休息了！一张一弛，文武之道也。"，这实际上并不符合"真早啊！三更灯火五更鸡，正是男儿读书时。"的预期问候语。

为了解决这个问题，我们可以采用一种更规范的方法。考虑到$hour 的取值范围是 0～23，且都是整数，可以列出所有可能的值，并为它们设置相应的问候语。这样做虽然看起来代码有些冗长，但结构清晰，易于理解。以下是简化的示例代码。

```
$hour = date('H'); // 获取当前整点时间
$message = "";
switch ($hour) {
    case 0:
        $message = "真早啊！三更灯火五更鸡，正是男儿读书时。";
        break;
    case 1:
        $message = "真早啊！三更灯火五更鸡，正是男儿读书时。";
        break;
    case 2:
        $message = "真早啊！三更灯火五更鸡，正是男儿读书时。";
        break;
    case 3:
        $message = "真早啊！三更灯火五更鸡，正是男儿读书时。";
        break;
    case 4:
        $message = "真早啊！三更灯火五更鸡，正是男儿读书时。";
        break;
    case 5:
        $message = "真早啊！三更灯火五更鸡，正是男儿读书时。";
        break;
    case 6:
        $message = "早上好！一年之计在于春，一日之计在于晨。";
        break;
    case 7:
        $message = "早上好！一年之计在于春，一日之计在于晨。";
```

```
        break;
    ……
}
echo "现在是{$hour}点，{$message}";
```

根据这个示例，可以将相邻的整点时间组合在一起，使用相同的问候语，从而减少代码的冗余。具体示例代码如下。

```
switch ($hour) {
    case 0:
    case 1:
    case 2:
    case 3:
    case 4:
    case 5:
        $message = "真早啊！三更灯火五更鸡，正是男儿读书时。";
        break;
    case 6:
    case 7:
    case 8:
        $message = "早上好！一年之计在于春，一日之计在于晨。";
        break;
    ……// 可以继续添加其他时间段的 case 分支
    default:
        $message = "深夜了要休息了！一张一弛，文武之道也。";
}
echo "现在是{$hour}点，{$message}";
```

这种方法既符合 switch 语句的规范用法，又能实现基于整点时间的问候功能。

【案例实践 3-3】课余活动反馈

本案例实践根据学生的课余活动给出积极向上的反馈，无论是参与运动、艺术活动还是参加志愿服务，都对学生有积极的影响。使用 switch 语句实现，具体代码如下。

```
<?php
$activity = "志愿服务"; // 学生的课余活动，如参与运动、艺术活动，参加志愿服务等
switch ($activity) {
    case "运动":
        echo "运动让你更健康，更有活力！";
        break;
    case "艺术":
        echo "艺术点亮你的生活，展现你的创造力！";
        break;
    case "志愿服务":
        echo "志愿服务，传递爱与温暖，你真棒！";
        break;
    default:
        echo "你的课余生活真多彩，继续保持哦！";
        break;
}
```

运行结果如图 3-17 所示。

总的来说，switch 语句与 if...elseif...else 语句都可以用来实现多分支结构。switch 语句更适合用来处理条件表达式的值为整数的情况，而 if...elseif...else 语句更适合用来处理条件表达式的值为数值范围的情况。在实际编程中，我们应根据具体需求来选择合适的语句。

图 3-17　课余活动反馈

3.2.6 switch 语句和 if 语句结合的结构

在实际编程中，我们有时需要结合使用 switch 语句和 if 语句来处理更复杂的条件逻辑。例如，可以在 if 语句中使用 switch 语句，或者在 switch 语句的某个 case 中使用 if 语句。

下面是一个结合使用 switch 语句和 if 语句的例子，它可以根据温度来判断并输出相应的信息。

```php
$temperature = 20;
if ($temperature >= 0 && $temperature <= 20) {
    switch ($temperature) {
        case 0:
            echo "温度是 0℃";
            break;
        case 10:
            echo "温度是 10℃";
            break;
        case 20:
            echo "温度是 20℃";
            break;
        default:
            echo "温度为 0~20℃";
    }
} else {
    echo "温度超出检测范围";
}
```

在上述程序中，$temperature 的值是 20，满足 if 语句的条件表达式，所以代码进入 if 语句的条件分支，并且在 switch 语句中找到了与 20 相匹配的 case。因此，它执行了 case 20 的子语句块，并输出"温度是 20℃"。如果没有匹配的 case，那么 default 分支会被执行。

3.3 循环结构

在日常编程任务中，经常需要反复执行某些操作，如对学生信息进行批量处理时，使用循环结构可以大大简化代码，避免冗余，提升执行效率。循环结构主要包括 4 个部分：初始化设置、循环条件、循环变量的更新（迭代），以及循环体本身。

在 PHP 中，循环结构主要有 3 类，分别是 for 循环结构、while 循环结构和 do...while 循环结构。

3.3.1 for 循环结构

for 循环结构是一种常用的循环控制结构，常用于事先已知循环次数的重复任务，其语法格式如下。

```
for(初始化表达式;循环条件表达式;迭代表达式) {
    循环体
}
```

其中，初始化表达式负责设置循环控制变量的初始值，循环条件表达式定义循环继续执行的条件，迭代表达式规定循环控制变量在每次迭代时的更新规则。

for 循环结构首先通过初始化表达式设定循环控制变量的初始值，随后，检查

微课

循环结构—for
循环结构

循环条件表达式以确定是否满足进入循环的条件，如果满足条件，则执行 for 循环包含的循环体，如果不满足条件，循环将被跳过，程序将继续执行后续的代码。在每次迭代之后，for 循环会执行迭代表达式来更新循环控制变量，然后返回到循环条件表达式，重新评估循环条件以决定是否继续执行循环，其流程如图 3-18 所示。

具体应用示例代码如下。

```php
for($i = 1;$i <= 10;$i++){
    echo $i.'<br>';
}
```

在上述代码中，变量$i 被初始化为 1。循环开始时，首先检查$i 的值是否满足小于或等于 10 的逻辑条件，如果该条件为真，即$i 的值满足条件，则执行循环体，输出$i 的值并换行，接着执行迭代表达式$i++，将$i 的值增加 1，随后再次评估$i 的值是否小于或等于 10，如果条件仍然为真，循环将继续执行，这个过程会一直重复，每次迭代后，$i 的值都会递增。当$i 的值增加到 11 时，11 不小于或等于 10，不再满足循环条件，所以循环结束，程序继续执行后续的代码。运行结果如图 3-19 所示。

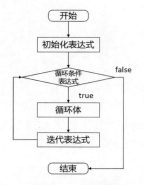

图 3-18　for 循环结构的流程

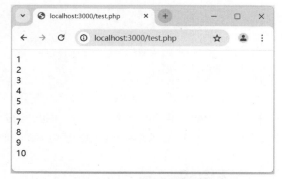

图 3-19　for 循环的运行结果

for 循环结构中圆括号内的每个表达式都可以为空，但必须保留分号分隔符。当每个表达式都为空时，表示该循环结构的循环条件永远满足，会进入无限循环的状态，此时如果要结束无限循环，可在循环体中用跳转语句进行控制。后续会对跳转语句进行讲解。

【案例实践 3-4】实现 1～10 的奇偶数判断

假设要开发一个简单的小学数学辅助系统，帮助小朋友们实现 1～10 的奇偶数判断，并输出判断结果。编写 3-4.php 文件，实现 1～10 的奇偶数判断并输出结果，代码如下。

```php
<?php
echo "快速判断 1～10 的奇偶数: <br>";
for ($i = 1; $i <= 10; $i++) {
    if ($i % 2 == 0)
        $result = "是偶数";
    else
        $result = "是奇数";
    echo $i . $result . "<br>";
}
?>
```

运行结果如图 3-20 所示。

图 3-20　实现 1~10 的奇偶数判断

3.3.2　while 循环结构

while 循环结构是 PHP 中常用的循环结构，可以根据循环条件来判断是否重复执行某一段代码，其语法格式如下。

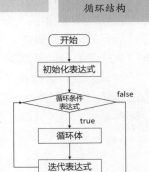

微课

循环结构—while
循环结构

```
初始化表达式;
while(循环条件表达式){
    循环体
    迭代表达式
}
```

while 循环在每次执行循环体之前先评估其循环条件。如果该条件为真（即条件成立），则执行一次循环体；如果该条件为假（即条件不成立），则循环结束。while 循环结构的流程如图 3-21 所示。

3.3.1 节中逐行输出数字 1~10 的程序可以使用 while 循环结构来实现，示例代码如下。

```
$i = 1;
while($i <= 10){
    echo $i.'<br>';
    $i++;
}
```

在上述代码中，首先通过初始化表达式定义变量$i 的值为 1，进入 while 循环后，首先判断$i 是否满足循环条件$i<=10，如果满足，则运行循环体，输出$i 的值，执行迭代表达式$i++；再次判断迭代后的$i 是否满足循环条件，如果满足，则继续执行循环，直至$i 的值为 11 时跳出循环。

图 3-21　while 循环结构的流程

如果循环条件始终满足，即条件永远为真，将导致无限循环，也称为"死循环"。在此情况下，必须通过某种方式改变循环条件，否则程序将永远循环，消耗资源而无法继续执行其他程序。如果循环条件始终不满足，即条件永远为假，则整个循环体一次也不会被执行。

3.3.3　do...while 循环结构

do...while 循环结构和 while 循环结构用法类似，同样根据循环条件判断是否执行循环体，其语法格式如下。

微课

循环结构—
do...while 循环
结构

```
初始化表达式;
do{
```

```
        循环体
        迭代表达式
    }while(循环条件表达式)
```

do...while 循环首先执行一遍循环体和迭代表达式，之后判断是否满足循环条件，如果满足，则执行循环体，直至不满足循环条件。该结构与 while 循环结构的区别就在于其在判断是否满足循环条件前，会先执行一遍循环体。do...while 循环结构的流程如图 3-22 所示。

3.3.1 节中逐行输出数字 1～10 的程序同样可以使用 do...while 循环结构来实现，示例代码如下。

```php
$i = 1;
do {
    echo $i . "<br>";
    $i++;
} while ($i <= 10);
```

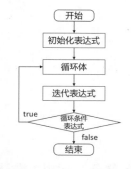

图 3-22　do...while 循环结构的流程

循环启动时，立即输出当前变量$i 的值，初始值为 1，紧接着将$i 增加 1。执行一次循环体后，循环会判断是否满足循环条件$i<=10，该条件满足，循环反复执行，每次迭代中$i 都会递增。当$i 达到 11 时，不再满足循环条件，循环终止。

【素养提升】有趣的 while 和 do...while 循环结构

在编程的世界中，循环结构扮演着至关重要的角色，可以自动执行重复的任务，从而大大提高程序运行的效率。其中，while 和 do...while 是两种重要的循环结构，分别体现了"先商量后行动"与"先斩后奏"的策略差异。

while 循环结构虽起初效率略低，但能确保行动在满足条件的前提下进行，更为稳妥；而 do...while 循环结构效率较高，但存在风险，即不满足条件时，前期准备工作可能白费。分别使用这两种循环结构的模拟请假流程对比如图 3-23 所示，建议采用"先商量后行动"的策略。

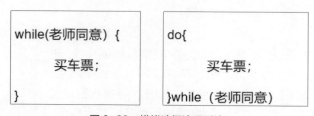

图 3-23　模拟请假流程对比

在编程中，选择 while 还是 do...while 循环需基于具体需求和场景，以平衡稳妥与效率。这两种循环结构不仅关乎编程技巧，还蕴含着生活智慧：追求效率的同时，确保满足前提条件，避免不必要的麻烦。在实践中应灵活运用这两种循环，深入理解其原理及应用，提升解决问题的能力和个人素养。

3.3.4　循环嵌套

循环嵌套是指在一个循环结构的循环体中再定义一个循环结构。循环结构都可以进行嵌套，并且它们之间可以互相嵌套。较为常见的循环嵌套是 for 循环嵌套，其语法格式如下。

```
for(初始化表达式;循环条件表达式;迭代表达式){
    for(初始化表达式;循环条件表达式;迭代表达式){
        循环体
    }
}
```

使用循环嵌套输出由*组成的三角形，示例代码如下。

```
for($i = 1;$i <= 5;$i++){          // 控制三角形的行数
    for($j = 1;$j <= $i;$j++){     // 控制每行输出的*的数量
        echo  "*";
    }
    echo  "<br>";
}
```

运行结果如图 3-24 所示。

图 3-24　循环打印输出三角形

在上面的代码中，外层循环设置变量$i 从 1 开始，每次循环增加 1，直到$i 的值大于 5，用于循环控制三角形的行数。内层循环嵌套在外层循环之中，变量$j 同样从 1 开始，每次循环增加 1，直到$j 的值等于$i。内层循环控制每一行输出的星号的数量。由于每一行的星号数量比上一行多一个，所以第一行输出 1 个星号，第二行输出 2 个星号，以此类推。当内层循环结束后，换行，以便开始输出下一行的星号。

【案例实践 3-5】实现九九乘法表的输出

假设要开发一个简单的小学数学辅助系统，帮助小朋友们实现九九乘法表的输出，即显示公式和计算结果。编写 3-5.php 文件，实现九九乘法表的循环输出，代码如下。

```
<body>
    <table border="1">
        <?php
        for ($i = 1;$i <= 9; $i++) {
            echo '<tr>'; // 开始新行
            for ($j = 1;$j <= $i;$j++) {
                echo '<td>' . $j . ' × ' .$i . ' = ' . ($j *$i) . '</td>';
            }
            echo '</tr>'; // 结束当前行
        }
        ?>
    </table>
</body>
```

运行结果如图 3-25 所示。

图 3-25　实现九九乘法表的输出

【素养提升】循环中的智慧：人生的重复与成长

在编程中，循环能自动化重复执行任务，高效解决问题。人生也是如此，充满循环。在循环中，我们要学会适应，不断调整自我以适应环境和挑战。循环教会我们坚持，为实现目标不断努力。更重要的是，重复是过程，成长是结果。每次经历都会塑造我们的个性和价值观，使我们更成熟、更睿智，成为更优秀的自己。

3.4　跳转语句

对于前文介绍的循环结构，当循环条件永远为真时，循环就会一直执行下去，形成"死循环"，此时可以利用跳转语句跳出循环。跳转语句用于实现循环执行过程中程序的跳转。PHP 中常用的跳转语句有 break 语句和 continue 语句。

3.4.1　break 语句

break 语句一般用于结束 for、while、do...while 等流程控制结构，当程序执行到 break 语句时，会立即结束当前的循环，示例代码如下。

```
$i = 1;
while($i <= 10){
    if($i == 3){
        break;
    }
    echo $i.'<br>';
    $i++;
}
```

在上述代码中，$i 的初始值为 1，当$i 满足条件$i<=10 时，循环将继续执行，当$i 值为 3 时，满足循环体中 if 语句的条件，进入子语句块，执行 break 语句。此时程序将立即跳出 while 循环，执行之后的代码。运行结果如图 3-26 所示。

图 3-26　break 语句的运行结果

3.4.2 continue 语句

continue 语句与 break 语句的适用范围相同，当程序执行到 continue 语句时，会立即结束本次循环，跳过剩余的代码，在满足循环条件时执行下一次循环。示例代码如下。

```
$i = 0;
while($i <= 10){
    $i++;
    if($i == 8){
        continue;
    }
    echo $i.'<br>';
}
```

在上述代码中，$i 的初始值为 0 ，当$i 满足条件$i<=10 时，循环将持续执行，输出$i 的值；当$i 在迭代过程中等于 8 时，进入 if 分支结构，执行 continue 语句，跳出本次循环。此时程序将继续判断$i 的值是否满足循环条件，满足时进行下一次循环，直至循环结束。运行结果如图 3-27 所示。

图 3-27　continue 语句的运行结果

3.5 异常处理

在编程中，我们难免会遇到各种预料之外的错误，此时，恰当的异常处理显得尤为重要。异常处理（又称为错误处理）为我们提供了一种机制，可以在程序出现错误时，进行及时、有效的应对。

异常处理不仅能帮助我们避免程序因为未知错误而返工，还能提高编程效率。当异常发生时，程序会保存当前的状态，并跳转到我们预先定义的异常处理器函数。根据具体情况，处理器可能会选择恢复保存的代码状态，或者终止脚本执行，甚至从代码的另一个位置继续执行脚本。

3.5.1 错误类型和级别

PHP 中常见的错误分为 4 类，分别是语法错误、运行错误、逻辑错误和环境错误。

（1）语法错误是因程序中的代码不符合语法规则而发生的错误，语法错误会阻止 PHP 脚本的运行。语法错误是常见的错误，PHP 会针对语法错误进行报错，错误信息为 Parse error。

例如，在 PHP 语句的结尾遗漏分号会产生语法错误，示例代码如下。

```
$name = '张三';
echo $name // 句末缺少分号
```

（2）运行错误是指程序运行时出现的错误。

（3）逻辑错误是指编写程序时的实现思路出现错误，因为它不会阻止运行 PHP 脚本，也不会显示具体的错误信息，所以很难被发现。

（4）环境错误是由 PHP 开发环境引起的错误，程序出现环境错误时，会出现明显的错误提示。

PHP 中的每种错误类型都对应不同的错误级别，这些级别通常用常量来表示。例如，E_ERROR 表示运行时的严重错误，会导致脚本停止运行；而 E_WARNING 只是给出警告信息，脚本不会停止运行。常见的错误级别如表 3-2 所示。

表 3-2　常见的错误级别

错误级别常量	值	说明
E_ERROR	1	运行时的错误，这类错误不可恢复，会导致 PHP 脚本停止运行
E_WARNING	2	运行时警告，仅给出提示信息，PHP 脚本不会停止运行
E_PARSE	4	编译时语法解析错误，表示代码存在语法错误，程序无法执行
E_NOTICE	8	运行时通知，表示 PHP 脚本中可能会表现为错误的情况
E_STRICT	2048	严格的语法检查，确保代码具有互用性和向前兼容性
E_DEPRECATED	8192	运行时通知，对未来版本中可能无法正常运行的代码给出警告
E_ALL	32767	表示所有的错误和警告信息（在 PHP 5.4 之前不包括 E_STRICT）

3.5.2　异常处理方式

PHP 中的异常处理允许在代码运行过程中遇到错误时进行特定的操作，而不是直接终止脚本的运行。在 PHP 中，异常处理主要通过 try、catch、throw、finally 等块或关键字来实现。

一个 try 块至少要有一个与之对应的 catch 块。定义多个 catch 块可以捕获不同的对象，PHP 会按这些 catch 块被定义的顺序运行，直到运行完最后一个为止，而在这些 catch 块内又可以抛出新的异常。

- try 块：将可能抛出异常的代码放在 try 块中，如果在这个块中的代码抛出了异常，则立即停止运行该块的剩余代码，并搜索匹配的 catch 块。
- catch 块：用于捕获并处理异常，它接收一个异常对象作为参数，可以指定捕获特定类型的异常，也可以不指定，捕获任何类型的异常。
- throw 关键字：用于手动抛出一个异常，可以抛出一个新的异常对象，或者使用 Exception 类的一个实例。
- finally 块：无论是否发生异常，finally 块中的代码都会运行，它通常用于运行清理工作，如关闭文件句柄或数据库连接。

也可以使用流程控制语句进行异常处理，示例代码如下。

```php
<?php
// 定义一个可能会抛出异常的函数
function riskyFunction($input) {
    if (strlen($input)>30) {
        throw new Exception("输入长度过长");
    } elseif (strlen($input) < 7) {
        throw new Exception("输入长度不足");
    } else {
        return "输入有效: $input";
```

```
        }
    }
    // 尝试调用有风险的函数
    $result = null;
    $attempts = 0;
    while ($attempts < 3) {
        $input = readline("请输入密码: ");
        if ($input === null) {
            echo "输入不能为空，请重新输入。\n";
        } else {
            try {
                $result = riskyFunction($input);
                break; // 如果成功，则退出循环
            } catch (Exception $e) {
                echo "错误: ", $e->getMessage(), "\n";
            }
        }
        $attempts++;
    }
    if ($result !== null) {
        echo "恭喜，密码验证成功: ", $result, "\n";
    } else {
        echo "密码错误次数过多，操作被禁止。\n";
    }
?>
```

在上述示例代码中，模拟了一个输入密码的过程。如果长度过长或者长度不足，riskyFunction()
函数可能会抛出异常，使用 try 块和 catch 块来处理这些潜在的异常。如果输入有效，则跳出循环
并输出成功消息；如果密码错误次数超过 3 次，则输出失败消息且操作会被禁止。

3.6 文件包含语句

在程序开发中，通常会将页面的公共代码提取出来，放到单独的文件中，然后使用 PHP 提供
的文件包含语句，将公共的文件包含进来，从而实现代码复用。文件包含语句包括 include 语句、
require 语句、include_once 语句和 require_once 语句。

3.6.1 include 语句和 require 语句

include 语句用于在当前脚本中包含另一个文件的内容。如果包含的文件存在并且可以成功加
载，include 语句返回 true；如果文件不存在或无法加载，则发出一个警告，并返回 false，这个警
告不会阻止脚本继续执行。include 语句的语法格式如下。

```
include '完整路径文件名';
```
或
```
include('完整路径文件名');
```

其中，完整路径文件名可以是被包含文件的绝对路径，也可以是被包含文件的相对路径。
具体应用如下，在 test.php 中编写如下代码，输出语句 Hello PHP!。

```
<?php
echo 'Hello PHP!';
?>
```

在同目录下的另一 PHP 文件 test_2.php 中，使用 include 语句引入 test.php，示例代码如下。

```php
<?php
include './test.php';
?>
```

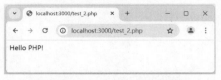

图 3-28　test_2.php 的运行结果

test_2.php 的运行结果如图 3-28 所示。

require 语句也用于在当前脚本中包含另一个文件的内容。与 include 语句不同，如果文件不存在或无法加载，require 语句会产生一个严重错误（E_COMPILE_ERROR），并且脚本会停止执行。require 语句的语法格式如下。

```php
require '完整路径文件名';
```

将 test_2.php 文件中的代码修改如下。

```php
<?php
require './test_3.php'; // 包含不存在的文件
?>
```

程序将因产生严重错误而终止执行。

> **注意**　当被包含文件的内容是可选的，或者在不同的环境中可能需要或不需要时，使用 include 语句进行文件包含；当被包含文件的内容是必要的，脚本的正常运行依赖于它的存在和正确性时，使用 require 语句进行文件包含。

3.6.2　include_once 语句和 require_once 语句

include_once 语句用于确保一个文件只被包含一次，即使在多次调用的情况下也是如此。如果文件成功包含，则 include_once 语句返回 true；如果文件不存在或无法包含，则产生一个警告（E_WARNING），但脚本会继续执行。其语法格式如下。

```php
include_once '完整路径文件名';
```

include_once 语句的优势在于它允许在脚本的任何位置使用，而无须担心文件是否已被包含，特别适用于包含类文件或配置文件，以避免重复定义错误。

require_once 语句也用于包含一个文件，且只包含一次。与 include_once 语句不同的是，如果文件不存在或无法包含，则 require_once 语句会产生一个严重错误（E_ERROR），并导致脚本停止执行。其语法格式如下。

```php
require_once '完整路径文件名';
```

require_once 语句的优势在于其严格的错误处理机制。如果文件包含失败，则脚本会立即停止执行，这有助于在脚本执行早期发现问题，特别适用于那些必须在脚本执行之前被读取和处理的必需文件。

下面来看一个示例。file1.php 具体代码如下。

```php
<?php
echo "这是文件 1 的内容。<br>";
// 包含一个文件
include 'file2.php';
echo "这是文件 1 的后续内容。<br>";
?>
```

file2.php 具体代码如下。

```php
<?php
$count = 1;
echo "这是第 $count 次包含 file2.php。<br>";
// 增加计数器的值
$count++;
?>
```

在 test.php 文件中使用 include 语句和 include_once 语句来包含 file1.php，具体代码如下。

```php
<?php
// 使用 include 语句包含 file1.php
include 'file1.php';
// 使用 include_once 语句再次包含 file1.php
include_once 'file1.php';
// 输出一个测试字符串
echo "包含操作已完成。";
?>
```

test.php 的运行结果如图 3-29 所示。

在这个例子中，include 语句可以多次包含同一个文件，而 include_once 语句确保了同一个文件只被包含一次。如果删除 file2.php，则 include 语句会生成一个警告，而 include_once 语句会生成一个错误。

图 3-29　test.php 的运行结果

项目分析

汇率，指的是两种货币相互交换的量的关系或比率，也可视为以一种货币表示的另一种货币的价格。汇率变动对各国进出口贸易有着直接的调节作用。

首先，编程实现根据指定的汇率将一种货币兑换成另一种货币的功能，即已知汇率和某货币的金额，将该货币的金额换算成另一种货币的金额，并显示换算结果。其次，编程实现根据指定的汇率将一种货币兑换成其他多种货币的功能，即已知汇率和某货币的金额，将该货币的金额换算成其他多种货币的金额，并显示换算结果。

项目实施

任务 3-1　一对一汇率计算

设计前端界面，显示当前汇率和货币金额；根据需要，选择不同的汇率进行计算；将计算结果显示到页面上。编写 pro03-1.php 文件实现一对一汇率的计算，主要代码如下。

```php
<?php
// 假设的汇率
$USD = 1.18;    // 假设当前货币是 EUR，汇率是 1 EUR = 1.18 USD
$JPY = 125.97;  // 假设当前货币是 EUR，汇率是 1 EUR = 125.97 JPY
$GBP = 0.91;    // 假设当前货币是 EUR，汇率是 1 EUR = 0.91 GBP
$CAD = 1.56;    // 假设当前货币是 EUR，汇率是 1 EUR = 1.56 CAD
$AUD = 1.41;    // 假设当前货币是 EUR，汇率是 1 EUR = 1.41 AUD
$CHF = 1.08;    // 假设当前货币是 EUR，汇率是 1 EUR = 1.08 CHF

// 用户输入的货币金额
$amount = 50;

// 用户选择的货币代码
$currencyCode = 'USD'; // 假设用户想将货币换成美元

// 计算兑换后的金额
switch($currencyCode){
    case 'USD':
        $calculatedAmount = $amount * $USD;
        echo "当前{$currencyCode}的汇率是{$USD}。<br>";
        break;
    case 'JPY':
        $calculatedAmount = $amount * $JPY;
        echo "当前{$currencyCode}的汇率是{$JPY}。<br>";
        break;
    case 'GBP':
        $calculatedAmount = $amount * $GBP;
        echo "当前{$currencyCode}的汇率是{$GBP}。<br>";
        break;
    case 'CAD':
        $calculatedAmount = $amount * $CAD;
        echo "当前{$currencyCode}的汇率是{$CAD}。<br>";
        break;
    case 'AUD':
        $calculatedAmount = $amount * $AUD;
        echo "当前{$currencyCode}的汇率是{$AUD}。<br>";
        break;
    default:
        $calculatedAmount = $amount * $CHF;
        echo "当前{$currencyCode}的汇率是{CHF}。<br>";
}
// 显示结果
echo "兑换 {$amount} EUR 成 {$currencyCode} 等于：{$calculatedAmount} <br>";
?>
```

运行效果如图 3-30 所示。

图 3-30　一对一汇率计算

任务 3-2　一对多汇率计算

设计前端界面，显示当前汇率和货币金额；循环选择不同的汇率进行计算；将计算结果显示到页面上。在 pro03-1.php 的基础上编写 pro03-2.php，实现一对多汇率计算，代码如下。

```php
<?php
// 定义汇率变量，表示将 1 EUR（欧元）兑换成其他货币的汇率
$rate1 = 1.18;          // 假设当前货币是 EUR，汇率是 1 EUR = 1.18 USD
$rate2 = 125.97;        // 假设当前货币是 EUR，汇率是 1 EUR = 125.97 JPY
$rate3 = 0.91;          // 假设当前货币是 EUR，汇率是 1 EUR = 0.91 GBP
$rate4 = 1.56;          // 假设当前货币是 EUR，汇率是 1 EUR = 1.56 CAD
$rate5 = 1.41;          // 假设当前货币是 EUR，汇率是 1 EUR = 1.41 AUD
$rate6 = 1.08;          // 假设当前货币是 EUR，汇率是 1 EUR = 1.08 CHF
// 定义货币代码变量，与汇率变量一一对应
$rate1_name = 'USD';    // 假设当前是货币 USD
$rate2_name = 'JPY';    // 假设当前货币是 JPY
$rate3_name = 'GBP';    // 假设当前货币是 GBP
$rate4_name = 'CAD';    // 假设当前货币是 CAD
$rate5_name = 'AUD';    // 假设当前货币是 AUD
$rate6_name = 'CHF';    // 假设当前货币是 CHF

// 用户输入的货币金额
$amount = 50;

// 计算兑换后的金额
for($i=1;$i<=6;$i++){
    $rate = 'rate'.$i;
    $calculatedAmount = $amount *  $$rate;
    $name = 'rate'.$i.'_name';
    echo "当前{$$name}的汇率是{$$rate}。<br>";
    echo "兑换 {$amount} EUR 成 {$$name} 等于: {$calculatedAmount} <br>";
}
?>
```

运行结果如图 3-31 所示。

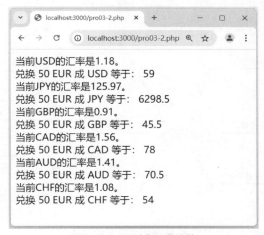

图 3-31　一对多汇率计算

项目实训——输出金字塔图形

【实训目的】

练习编写 PHP 程序，实现金字塔图形的输出。

【实训内容】

实现图 3-32 所示的金字塔图形效果。

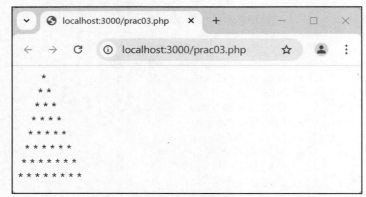

图 3-32　金字塔图形

【具体要求】

输出金字塔图形，具体要求如下。

① 每行*的数量与行数一致。

② *之间使用空格作为间隔。

③ 每行*前面的空格数=金字塔的总行数−当前所在行数。

项目小结

本项目通过开发汇率计算器，帮助读者认识了 PHP 的流程控制结构，如分支结构、循环结构、跳转语句、异常处理、文件包含语句等。项目 3 知识点如图 3-33 所示。

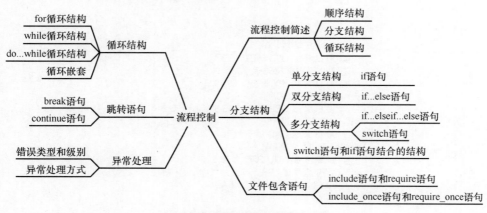

图 3-33　项目 3 知识点

应用安全拓展

防范文件包含漏洞

文件包含漏洞是一种常见的安全漏洞，一般出现在 Web 应用程序中。这种漏洞允许攻击者操纵应用程序，以包含或执行恶意文件，通常发生在应用程序未对用户输入进行严格验证，直接使用这些输入来确定包含文件路径的情况下。攻击者可以利用这种漏洞来访问敏感信息、劫持用户会话或执行恶意代码，从而对应用程序和用户造成严重威胁。

1. 文件包含漏洞的产生原因

文件包含漏洞的产生通常是由多个安全缺陷的组合造成的。首先，Web 应用程序可能未对用户输入的内容进行足够的验证，允许恶意用户插入特殊字符或代码，这些可能被解释为文件路径或执行代码，从而导致安全问题。

其次，使用不安全的文件包含语句，例如，若使用 PHP 中的 include 语句或 require 语句时，没有正确检查文件路径或阻止了对非预期文件的安全检查，就可能导致漏洞。此外，文件路径遍历也是一种常见的攻击方式，攻击者通过相对路径或../符号尝试访问位于包含目录之外的文件，甚至到达服务器根目录，从而包含或执行不受信任的文件。

再次，权限配置不当是另一个重要原因，Web 服务器或应用程序的文件权限设置不当可能导致攻击者上传的恶意文件被执行，或者敏感文件被未授权访问。

最后，第三方库或组件可能存在安全漏洞，在处理文件包含操作时被利用。

2. 文件包含漏洞攻击的分类

根据被包含文件的位置，可以将文件包含漏洞攻击分为以下两类。

（1）本地文件包含漏洞攻击：通过浏览器包含 Web 服务器中的文件，浏览器包含文件时没有进行严格的过滤，允许遍历目录的字符注入浏览器并执行。简单地说，就是被包含的文件在本地服务器中。

（2）远程文件包含漏洞攻击：在远程服务器中预先设置好脚本，然后攻击者利用该脚本包含一个远程的文件，这种漏洞的出现是因为浏览器对用户的输入内容没有进行检查，导致不同程度的信息泄露、拒绝服务攻击，甚至在目标服务器中执行代码。简单地说，就是被包含的文件在第三方服务器中。

3. 文件包含漏洞攻击的防范措施

（1）输入验证：必须严格验证所有用户输入的内容，确保其符合预期格式且不含恶意代码。采用白名单方法（仅允许预先批准或已知安全的输入内容通过）来筛选输入内容。例如，只允许特定的文件名或路径。同时，使用正则表达式等技术来过滤掉如../（目录遍历）或%00（空字符）等可能引发安全问题的字符序列，从而有效防范文件包含漏洞。

（2）使用安全的文件包含语句：在 PHP 等程序设计语言中，应尽量使用 include_once、require_once 等语句来包含文件，这些语句可以防止重复包含相同的文件，减少潜在的安全问题。

（3）文件路径处理：文件路径的处理，可以通过始终使用绝对路径和正确设置目录权限来实现。同时，应该限制对敏感目录的访问，确保只有被信任的用户和进程才能够访问这些目录。

（4）文件权限控制：合理配置文件的权限，确保只有被授权的用户和进程才能够读取、写入或执行文件。对于 Web 服务器中的文件，应遵循最小权限原则，避免赋予不必要的权限。

73

（5）配置文件安全：正确配置 Web 服务器和程序设计语言的配置文件，例如设置 open_basedir 来限制文件包含的目录，使用 safe_mode 来阻止执行不信任的代码。这些配置可以帮助限制攻击者的攻击面。

（6）定期更新和打补丁：定期更新操作系统、Web 服务器和应用程序等，以确保所有组件都应用了最新的安全补丁。这可以帮助修复已知的安全漏洞，防止攻击者利用这些漏洞进行攻击。

使用输入验证防范文件包含的示例代码如下。

```php
<?php
$file = $_GET[ 'page' ];
if (!fnmatch( "file*", $file ) && $file != "include.php" ) {
    echo "ERROR: File not found!";
    exit;
}
?>
```

在上述代码中，fnmatch() 函数用于根据指定的模式来匹配文件名或字符串，通过限制文件名来防止恶意文件包含，并且!fnmatch("file*", $file)使用了 fnmatch()函数来检查 page 参数，要求 page 参数的开头必须是 file，服务器才会去包含相应的文件。

使用白名单防范文件包含的示例代码如下。

```php
<?php
$file = $_GET[ 'page' ];
if( $file != "include.php" && $file != "file1.php" && $file != "file2.php" && $file !=
"file3.php" ) {
    echo "ERROR: File not found!";
    exit;
}
?>
```

在上述代码中，if($file != "include.php" && $file != "file1.php" && $file != "file2.php" && $file != "file3.php")实现了一个简单的白名单机制，它只允许$file 变量包含特定的文件名，只要白名单中的文件没有问题，即可避免文件包含漏洞。

巩固练习

一、填空题

1. 在 PHP 中，_____语句用于判断是否满足条件，并执行相应的代码块。
2. 在_____语句中，可以使用==来比较两个变量的值是否相等。
3. 想要在一个条件下执行多个代码块，可以使用_____语句。
4. _____语句可以用来重复执行一段代码，直到不再满足指定的条件为止。
5. PHP 中的_____语句可以用来跳出当前的循环结构。

二、选择题

1. 在 PHP 中，以下哪个关键字用于定义一个循环结构，且可以遍历一个范围内的值？（   ）

A. if   B. while   C. do...while   D. for

2. 下面哪个条件判断关键字用于检查变量是否为真（非零、非空、非假）？（   ）

A. if   B. elseif   C. else   D. switch

3. 在 PHP 中，想要执行一段代码，直到某个条件为假时停止，应该使用哪个关键字？（　　　）

A. if B. while C. do...while D. until

4. 在使用 for 循环结构时，哪个部分用于指定循环的结束条件？（　　　）

A. 初始化部分 B. 条件部分

C. 迭代部分 D. 以上都不是

5. PHP 中的 break 关键字用于跳出什么？（　　　）

A. 当前循环 B. 当前 switch 语句

C. 当前函数 D. 所有嵌套的循环

三、判断题

1. if 语句可以包含多个条件判断过程，使用 elseif 和 else 来分别处理不同的情况。（　　　）

2. while 循环结构在条件为真时执行代码，do...while 循环结构至少执行一次代码块。（　　　）

3. for 循环结构中的 3 个表达式都必须写明，否则循环将无法正确运行。（　　　）

4. break 关键字可以用来立即退出循环，即使尚未满足循环条件。（　　　）

5. 在 PHP 中，switch 语句允许根据不同的情况执行不同的代码块。（　　　）

项目4
学生成绩计算器
——PHP函数

情境导入

张华在日常学习中深刻感受到，为了更好地把握自身的学习状况，经常需要对各种成绩指标进行精细化计算，如计算平均分、评定成绩等级等。身为学习委员，他决定设计一个基于 PHP 的学生成绩计算器，以帮助同学们更高效、更直观地把握学习状况。通过这个计算器，同学们可以清晰地识别出自己的学习短板，从而制订出更为精准的学习计划。

为了实现这一目标，张华开始深入学习 PHP 函数的相关知识，他明白只有充分理解和掌握这些知识，才能设计出高效且实用的学生成绩计算器。他计划先深入理解函数的基本概念与分类，然后学习并掌握自定义函数的使用方法。通过这样的学习路径，张华希望能够尽快完成学生成绩计算器的设计，从而帮助同学们更好地把握自己的学习状况。

学习目标

知识目标	■ 理解函数在 PHP 编程中的作用和重要性； ■ 掌握 PHP 中函数的定义方法、调用方法及语法规则等； ■ 熟悉 PHP 中常见的预定义函数及其用途； ■ 了解函数的参数传递方式（引用传递）和作用域； ■ 掌握自定义函数的创建，包括函数的命名、参数的设置等。
能力目标	■ 能够正确使用 PHP 的预定义函数解决实际问题； ■ 能够处理函数调用过程中的错误； ■ 能够合理设计函数，提高代码的可读性和可维护性。
素养目标	■ 提升分析问题和设计函数的能力，通过函数简化复杂问题； ■ 增强利用函数优化代码结构和提高代码复用性的意识，养成良好的编程习惯，提升职业素养； ■ 培养主动学习、主动获取信息、自主探究程序设计语言奥秘的习惯。

知识储备

在软件开发过程中，开发者常常会遇到需要反复实现相同功能的情况，如计算平均分、累计总分等任务。这种重复的编码工作不仅增加了开发者的负担，还导致代码冗余，进而使得代码的后续维护变得异常复杂和耗时。为了解决这个问题，PHP 引入了函数，从而极大地提升了代码的可读性和可维护性。通过对本项目的深入剖析，读者将能够充分理解 PHP 函数的工作原理，并学会如何在实际开发中灵活运用它们。

4.1 初识函数

在编程世界中，函数是一种强大的工具，它允许将复杂或重复的代码块封装成一个独立的、可重用的单元。通过函数，可以提高代码的可读性、可维护性及重用性，从而大大提升编程效率。

4.1.1 函数的概念

在 PHP 中，函数就像技艺高超的工匠，每一个都拥有自己独一无二的姓名。它们不仅精通接收各式原材料（即输入参数）的技艺，还能依据独特的工艺流程（即函数内部的算法逻辑）进行精湛加工，最终呈现出令人赞叹的杰作（即返回值）。这一过程如图 4-1 所示，输入、加工、输出 3 个环节环环相扣，共同铸就了函数这一编程"奇迹"。

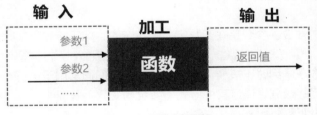

图 4-1　函数内部逻辑

以下是一个简单的例子，展示了 strtoupper()函数如何将输入的字符串转化为大写字符。

```
$str = 'hello world';
$upper = strtoupper($str);        // 调用 strtoupper()函数将$str 转换成大写
echo $upper;                      // 输出: HELLO WORLD
```

函数的价值不仅在于完成特定任务，更在于其能够将复杂逻辑和重复代码巧妙地封装起来。每当我们需要执行相似的操作时，只需使用函数，便可避免冗长代码的重复编写。这种高效的调用与重用机制，极大地提升了编程的便捷性，使代码更加简洁明了，从而显著提高开发效率。

4.1.2 函数的优势

函数具有诸多优势，具体表现在以下几个方面。

1. 代码重用性

函数能够将重复的代码块封装起来，实现"一次编写，多次调用"的效果。这不仅避免了代码的冗余，还极大地减少了重复编写的工作量。

2. 代码模块化

借助函数，复杂的代码可以被分解为更小、更易于管理的模块。这样的结构让代码更加清晰明了，便于理解和维护。

3. 提升可读性

为函数赋予描述性的名称，可以提高代码的自解释性，即可读性，使得其他开发者能够轻松理解代码的功能和逻辑。

4. 易于调试和测试

函数使得在代码出现问题时，我们能够更迅速地定位并修复代码。同时，每个函数都可以独立地进行测试，确保其功能的正确性。

通过学习，读者将深入掌握 PHP 函数的基本概念、定义方法及调用技巧等，并深刻体会到函数在编程中所展现的强大力量。

4.1.3 函数的分类

在深入了解函数的优势后，我们进一步探讨函数的分类，从而更好地理解和应用它们。在 PHP 中，函数可以根据不同的标准进行分类，主要包括以下几类。

1. 自定义函数和预定义函数

自定义函数是由开发者自己创建和定义的函数，用于实现特定的任务或逻辑，它们提供了极高的灵活性，允许开发者根据实际需求定制函数的功能和行为。

而预定义函数是 PHP 本身已经定义好的函数，开发者可以直接调用而无须重新定义。例如，strlen()、array_push() 等都是 PHP 的预定义函数。

2. 有参函数和无参函数

有参函数需要在调用时传递参数。参数是在函数定义中指定的，用于接收外部输入的值，以便在函数内部使用。例如，strtoupper($str) 就是一个有参函数，需要输入一个字符串作为参数。

与有参函数相反，无参函数在调用时不需要传递任何参数。它们通常用于执行一些不依赖于外部输入的操作，或者说它们所需的数据是通过其他方式（如全局变量）获取的。

3. 有返回值的函数和无返回值的函数

有返回值的函数在执行完特定任务后，会返回一个值给调用者。这个返回值可以是任何类型的数据，如字符串、数组等。例如，调用 strlen($str) 函数会返回一个表示字符串长度的整数。

在 PHP 中，如果一个函数没有明确的 return 语句，或者 return 语句后不跟任何值，那么该函数就是无返回值的函数。无返回值的函数执行完任务后不返回任何值，通常用于执行一些副作用操作，如在屏幕上显示内容、修改全局变量的值等。

综上所述，了解函数的分类有助于我们更深入地理解它们的特性和用途。在本项目中，我们将以自定义函数和预定义函数为基础，深入学习它们的定义、调用，以及在实际编程中的应用。

4.2 自定义函数

在编程中，自定义函数是开发者根据特定的需求创建的函数，它们不同于程序设计语言预定义的函数。自定义函数可以帮助我们更有效地组织和复用代码，从而提高开发的效率和代码的可维护性。

4.2.1 函数的定义

在 PHP 中，自定义函数的定义使用 function 关键字实现，function 后跟函数名和圆括号中的参数列表（如果有参数的话）。函数体位于花括号中，并包含可实现特定功能的代码。函数定义的语法格式大致如下。

微课

函数的定义

```
function functionName([parameter1, parameter2, ...])
{
    // 函数体内的代码
}
```

代码详细解释如下。

- function 是关键字，用于声明一个函数。
- functionName 是函数名，函数的命名规范与标识符的相同，且函数名是唯一的。
- parameter1, parameter2, ... 是函数的参数列表，它们是可选的。参数像占位符一样，在函数被调用时用来接收传递进来的值。
- [ ]中的参数可以根据实际需要设置或省略，在实际编写代码时不需要书写[ ]。
- {} 内部是函数体，包含当函数被调用时应该执行的代码。

下面定义了一个简单的函数，sayHello 是函数名，花括号内是函数体，输出 Hello World!。

```
function sayHello()
{
    echo "Hello World!";// 输出 Hello World!
}
```

【案例实践 4-1】使用函数创建表格

除了利用 HTML 直接创建表格结构，还可以通过 PHP 动态创建表格。在本案例中，我们将通过定义一个名为 createTable($row, $col)的函数，实现在浏览器中显示符合特定要求的表格。首先创建 4-1.php 文件，并搭建好基础的 HTML 页面结构，接下来在 HTML 文档的<body>部分插入以下 PHP 代码段（具体技术细节可参考源代码文件 4-1.php）。

```
<body>
    <table cellspacing="0" border="1" width="300" cellspacing="0">
    <?php
    function createTable($row, $col)
    {
        $str = "";
        for ($i = 1; $i <= $row; $i++) {    // 控制行数
            $str .= "<tr>";
            for ($j = 1; $j <= $col; $j++) // 控制列数
                $str .= "<td>*</td>";
            $str .= "</tr>";
        }
        $str .= "</table>";
        echo $str;
    }
    createTable(6, 4);
    ?>
</body>
```

启动内置服务器，在浏览器中打开 4-1.php 文件，具体如图 4-2 所示。

图 4-2　使用函数创建表格

通过这个函数，可以灵活创建指定行数和列数的表格。这不仅提高了代码的复用性，还使得表格的创建更加灵活和高效。

【素养提升】函数使用规范

在编程中，我们追求的不仅是功能的完美实现，更在于代码的可读性与可维护性。为了让代码更加流畅、易于理解，以下是一些建议。

1. 函数命名

- 对于函数，应该使用小驼峰命名法命名，即首字母小写，后续单词的首字母大写。
- 函数名应该是动词或动词短语，用于描述函数的功能（例如：sayHello()）。
- 函数命名须便于他人快速理解代码，提高可读性。

2. 编码规范

- 遵循一致的编码规范，如缩进、空格和换行的使用规则。
- 使用 // 添加注释，解释关键代码段的作用，为他人阅读和理解代码提供便利。

综上所述，在编写代码时，不仅要关注代码的功能实现，还要注重代码的可读性和可维护性。通过采用见名知意的函数命名、严格遵循编码规范及添加清晰必要的注释等做法，我们能够不断提升自己的编程素养，并增强团队协作能力。

4.2.2　函数的参数

在 PHP 中，函数的参数是用于传递数据给函数的重要机制。参数在函数定义时声明，并在函数调用时输入具体的值。这些参数可以是必需的，也可以是可选的，甚至可以通过引用传递，以便在函数内部修改其值。

1. 必需参数

必需参数是调用函数时必须提供的参数。如果在调用函数时没有提供这些参数，PHP 将发出一个警告。此外，如果函数试图使用未提供的参数，那么可能导致错误。

```php
function greet($name) {
    echo "Hello, $name!";
}
greet("Alice");    // 输出 Hello, Alice!
greet();           // 会发出警告，因为缺少必需的$name 参数
```

2. 可选参数

可选参数是在函数定义时指定了默认值的参数。如果在调用函数时没有提供这些参数的值，则会使用默认值。这提高了函数的灵活性，允许在不同的调用场景中使用不同的参数集。

```php
function greet($name, $greeting = "Hello") {
    echo "$greeting, $name!";
}
greet("Alice");          // 输出 Hello, Alice!
greet("Bob", "Hi");      // 输出 Hi, Bob!
```

> **注意**　设置默认值时，默认（可选）参数必须放在非默认（必需）参数右侧。

3. 可变数量的参数

PHP 还允许函数接收可变数量的参数。这通过使用特殊语法，即...（3 个点，也称为 splat 运算符）在函数定义中实现，表示该函数可以接收任意数量的参数，示例代码如下。

```php
function sum(...$numbers) {
    $total = 0;
    foreach ($numbers as $number) {
        $total += $number;
    }
    return $total;
}
echo sum(1, 2, 3, 4);  // 输出 10
echo sum(5, 10, 15);   // 输出 30
```

在这个例子中，sum() 函数使用 ...$numbers 来接收任意数量的参数，这些参数在函数体内被组装成一个数组 $numbers。然后函数通过 foreach 循环遍历这个数组，累加每个元素的值，并返回总和。

另外，如果不使用 ... 语法，PHP 还提供了 func_get_args() 函数来获取所有传递给函数的参数，示例代码如下。

```php
// 使用 func_get_args() 函数
function sumArgs() {
    $args = func_get_args();      // 获取所有传递给函数的参数
    $total = 0;
    foreach ($args as $arg) {
        $total += $arg;
    }
    return $total;
}
echo sumArgs(1, 2, 3, 4);          // 输出 10
```

在这个例子中，sumArgs()函数没有定义任何参数，但在函数体内调用了 func_get_args() 函数来获取所有传递给函数的参数，并将它们存储在 $args 数组中。然后函数同样通过 foreach 循环遍历这个数组，累加每个元素的值，并返回总和。

总结来说，...$numbers 语法提供了一种更简洁、更直观的方式来接收和处理可变数量的参数，而 func_get_args()函数则在不使用 ... 语法的情况下提供了相同的功能。在选择使用哪种方法时，应根据具体的 PHP 版本和代码需求来决定。

4. 引用传递

默认情况下，PHP 中的函数参数是通过值传递的，这意味着函数内部对参数的任何修改都不会影响到原始变量。但是，如果想在函数内部修改参数的值，并且希望这些修改能够反映到函数外部的原始变量上，就可以通过引用传递参数，在参数前面加上&符号来实现，示例代码如下。

```php
function increment(&$value) {
    $value++;
}
$x = 5;
increment($x);
echo $x; // 输出 6
```

在这个例子中，increment()函数通过引用接收一个参数，并在函数体内增加其值。因此，当函数执行完毕，原始变量$x 的值也增加了。

合理使用函数的参数，可以创建出灵活且可重用的函数，这些函数可以根据不同的输入内容产生不同的行为，是编写高质量、可维护代码的关键部分。

4.2.3 函数的调用

在 PHP 中，函数的调用是相当直观和简单的操作。以下是几种函数调用方式。

微课

直接调用

1. 直接调用

无论函数是否需要参数，都可以直接调用。调用函数时，只需使用函数名，并根据需要传递相应的参数。传递的参数会替换函数定义中的形式参数，并执行函数内部的代码。直接调用的一般语法格式如下。

```php
functionName($value1, $value2, ...);
```

在这个语法格式中：functionName 是指已经定义的函数名称；$value1, $value2, ... 是传递给函数的实际参数，这些参数的类型和数量需要与函数中定义的参数相匹配，除非在函数定义中使用了可选参数或可变数量的参数。

例如，定义一个无参函数 sayHello()来输出 Hello World!。

```php
function sayHello()
{
    echo "Hello World!";//输出 Hello World!
}
```

调用这个无参函数非常简单，只需要直接写出函数名并加上圆括号。

```php
sayHello(); // 输出 Hello World!
```

这里，sayHello() 函数不接收任何参数，并且每次被调用时都会输出相同的字符串 Hello World!。

如果为这个无参函数添加参数变成有参函数，使该函数能够输出任意字符，具体示例代码如下。

```php
function sayHello($str)
{
    echo $str; // 输出任意字符
}
```

在这个例子中，$str 是形式参数。当调用这个函数时，需要注意传递的参数类型、个数和顺序等与函数中定义的完全一致，例如：

```php
sayHello("Hello World!");
sayHello("PHP 是一门程序设计语言");
```

然而，函数名 sayHello 可能与其实际功能（输出任意字符串）不完全匹配，这可能会导致理解上的偏差。为了提高代码的可读性，我们应该尽量使用描述性强的函数名。例如，可以将上述函数重定义如下。

```php
function printString($str)
{
    echo $str; // 输出字符串
}
printString("&&&&&");
```

想要定义一个更通用的输出函数，如输出指定数量的特定符号的函数，可以这样定义。

```php
function printSymbol($num, $symbol)
{
    for ($i = 0; $i < $num; $i++) {
        echo $symbol;
    }
}
printSymbol(8, '&')   // 输出 &&&&&&&&
```

2. 赋值调用

当函数有返回值时，可以将返回值赋给一个变量。这种方式非常有用，因为它允许存储函数的执行结果，并在后续的代码中使用这个结果，形式如下。

微课

赋值调用

```
变量名=函数名([实参1, 实参2, …, 实参 n]);
```

下面用一个简单的例子来说明赋值调用。

```php
function addNumbers($a, $b) {
    return $a + $b;
}
// 赋值调用
$result = addNumbers(5, 10);
// 使用函数返回值
echo "The sum is: " . $result;  // 输出 The sum is: 15
```

在这个例子中，定义了一个名为 addNumbers()的函数，它接收两个参数$a 和$b，并返回它们的值之和。然后通过赋值调用的方式，将函数的返回值赋给变量$result。最后使用 echo 语句输出结果。

赋值调用适用于所有有返回值的函数。通过赋值调用，我们可以方便地捕获和使用函数的执行结果，从而构建更复杂、更灵活的逻辑程序。

3. 嵌套调用

嵌套调用指的是在一个函数内部调用另一个函数。当一个函数需要依赖另一个函数的执行结果来完成其任务时，就会使用到嵌套调用。嵌套调用不仅限于调用其他函数，还包括函数自身的递归调用。下面用一个简单的例子来说明嵌套调用。

```php
function outerFunction(){
    ……//
    $result = innerFunction($arg1, $arg2); //嵌套调用另一个函数
    ……//
}
function innerFunction($arg1, $arg2){
    ……//
    return $values;
}
outerFunction();
```

该函数的嵌套调用流程如图 4-3 所示。

嵌套调用适用于调用有返回值的函数，并将返回值赋给一个变量，以便在外部函数中使用。

innerFunction()函数

调用   返回

程序开始 →调用→ outerFunction()函数 →返回→ 程序结束

图 4-3　嵌套调用流程

递归调用是嵌套调用的特殊方式，即函数直接或间接地调用自身。递归常用于解决可以分解为更小相似问题的问题，如排序、树的遍历等。以下是一个递归调用的简单示例，用于计算阶乘。

```php
function factorial($n) {
    if ($n == 0 || $n == 1) {
        return 1;
    } else {
        // 递归调用: n 的阶乘是 n 乘以(n-1)的阶乘
        return $n * factorial($n - 1);
    }
}
// 使用递归函数计算 3 的阶乘
$result = factorial(3); // 结果为 6
echo $result;
```

在这个例子中，factorial()函数是一个递归函数，用于计算指定数字的阶乘。当$n 为 0 或 1 时，函数返回 1，作为递归的基本情况。对于其他值，该函数递归调用自身，将$n 减 1，直到达到 1。最后将递归调用的结果乘以$n，得到阶乘的结果。

【案例实践 4-2】精确判断特定年月的天数

为了准确计算某年某月的天数，将设计一个函数来实现这一功能。在此过程中，需要特别考虑闰年的情况，因为闰年的 2 月有 29 天，而非闰年的 2 月只有 28 天。为了提高代码的模块化水平和可读性，将采用嵌套调用的方式来处理这一特殊情况。通过这种方式，代码将更加清晰、易于理解和维护（具体技术细节可参考源代码文件 4-2.php）。

```php
<?php
$year = 2025;
$month = 2;
$result = $year . "年" . $month . "月有";
echo $result . daysOfMonth($year, $month) . "天";
function leap($year)
{
    $res = $year % 4 == 0 && $year % 100 != 0 || $year % 400 == 0;
    if ($res)
        return 1;
    else
        return 0;
}
function daysOfMonth($year, $month)
{
    switch ($month) {
        case 1:
        case 3:
        case 5:
        case 7:
        case 8:
        case 10:
        case 12:
            return 31;
        case 4:
        case 6:
        case 9:
        case 11:
            return 30;
```

```
        case 2:
            if (leap($year))
                return 29;
            else
                return 28;
    }
}
?>
```

单击编辑器右上角的 Run Code 按钮，或右击并选择 Run Code 命令，或使用默认的组合键
（通常是 Ctrl+Alt+N），运行结果将在终端或控制台中显示，如图 4-4 所示。

```
[Running] php "e:\教材\PHP项目化程序设计教程\教材辅助材料\源码
\pro04\4-2.php"
2025年2月有28天
```

图 4-4　精确判断特定年月的天数

4.2.4　变量的作用域

在 PHP 中，变量的作用域定义了变量在代码中的访问范围，主要涉及全局
作用域和局部作用域两种。

全局作用域涵盖在函数外部定义的所有变量，它们在整个脚本的任何位置都
是可访问的。相反，局部作用域特指在函数内部定义的变量，这类变量仅在函数
体内部可访问。当函数执行结束后，这些局部变量会被自动销毁，释放资源，示
例代码如下。

微课

变量的作用域

```
function add($num)
{
    $num++;      // 局部变量$num在函数内部增加
    return $num;
}
$a = 18;        // 全局变量
echo "局部变量的值: " . add($a) . "\n";
echo "全局变量的值: " . $a . "\n";
echo "局部变量的值: " . add($a) . "\n";
echo "全局变量的值: " . $a;
```

在此例中，add()函数内部的局部变量 $num 仅在函数执行期间发生变化，并不影响全局变量
$a。为避免混淆，应尽量避免局部变量和全局变量具有相同的名称。

若需要在函数内访问全局变量，可以通过使用 global 关键字或者 $GLOBALS 超全局变量数组
来实现。以下是示例代码，分别展示了这两种方法。

```
function test()
{
    $sum = 4;
    echo '局部变量$sum的值是' . $sum;
    echo "\n";
    global $sum;
    $sum++;
    echo '全局变量$sum的值是' . $sum;
    echo "\n";
    $GLOBALS['sum']++;
    echo '全局变量$sum的值是' . $GLOBALS['sum'];
```

```
    echo "\n";
    echo '全局变量$sum 的值是' . $sum;
    echo "\n";
}
$sum = 1;
test();
echo '全局变量$sum 的值是' . $sum;
```

合理运用自定义函数和变量的作用域，可以构建结构化、模块化的代码，从而提高代码的可读性、可维护性和可重用性。

【能力进阶】匿名函数

在 PHP 中，有时可能只需要一个临时的、简短的函数，而不需要为它定义一个具体的名称，这时，匿名函数（Anonymous Function）就派上了用场。

匿名函数也称为闭包（Closure）函数，是一种没有名称的函数，它允许我们定义一个可以调用的函数块，而不需要为它指定一个全局唯一的名称。匿名函数在很多场合都非常有用，特别是在需要传递函数作为参数的高阶函数中。

在 PHP 中，可以使用 function 关键字来创建匿名函数。而当匿名函数需要访问其外部作用域的变量时，可以使用 use 语句将这些变量引入匿名函数的作用域中。下面是一个简单的例子，展示了如何使用 function 关键字来创建匿名函数，以及如何使用 use 语句来引入外部变量。

```
$message = "Hello";
$greet = function($name) use ($message) {
    echo "$message $name!";
};
$greet('World');  // 输出 Hello World!
```

在这个例子中，我们创建了一个匿名函数，并将其赋值给变量$greet。然后可以通过调用这个变量来执行函数。

匿名函数的一个强大之处在于它们可以捕获并访问其定义时所在作用域中的变量，即使在其外部函数已经执行完毕时仍然有效。这种特性使得匿名函数在处理回调函数、事件处理程序及需要封装特定逻辑的场景中非常有用。

例如，假设有一个数组，希望对数组中的每个元素执行某个操作。在这种情况下，可以使用array_map()函数，并向其传递一个匿名函数作为回调函数，示例代码如下。

```
$numbers = [1, 2, 3, 4, 5];
// 使用 array_map()函数和匿名函数来计算每个数字的平方
$squared = array_map(function($num) {
    return $num * $num;
}, $numbers);
// 输出结果数组
print_r($squared);  // 输出[1, 4, 9, 16, 25]
```

在这个例子中定义了一个匿名函数，该匿名函数接收一个数字$num 作为参数，并返回该数字的平方。然后将这个匿名函数作为回调函数传递给 array_map()函数。array_map()函数会遍历$numbers 数组中的每个元素，将匿名函数应用到每个元素上，并返回一个新的数组$squared。新的数组$squared 包含了应用匿名函数后得到的结果，即每个原始数字的平方。

总的来说，匿名函数提供了一种灵活且强大的方式来定义和使用临时的、一次性的函数，而无须为它们指定全局唯一的名称，它们在 PHP 编程中扮演着重要的角色，特别是在处理回调函数和高阶函数时。掌握匿名函数的使用方法，可以编写出更加简洁、高效的 PHP 代码。

4.3 处理 GET 请求和预定义变量$_GET

微课

处理 GET 请求和
预定义变量
$_GET

在 Web 开发中，数据的传递和获取是至关重要的。当浏览器需要从服务器获取数据时，它通常会使用 GET 请求。GET 请求不仅用于加载网页内容，还常用于通过 URL 参数传递信息。接下来，我们来了解 GET 请求及如何在 PHP 中处理它们。

1. GET 请求的基本概念

GET 请求通常用于从服务器中检索信息。以下是发送 GET 请求的 3 种主要方式。

（1）当我们在浏览器地址栏中输入一个 URL 并按 Enter 键时，浏览器会向 Web 服务器发送一个 GET 请求。

（2）单击网页上的超链接时，也会发送 GET 请求。

（3）提交一个表单时，如果表单的 method 属性被设置为 GET，则同样会发送 GET 请求。

2. 预定义变量$_GET 在 PHP 中的应用

当浏览器通过 GET 请求发送数据时，这些数据通常附加在 URL 的查询字符串中。在 PHP 中，可以使用预定义的$_GET 超全局变量来访问这些数据。这个变量包含通过 GET 请求传递的所有参数及其对应的值。

例如，假设你的 PHP 脚本（如 example.php）需要通过 GET 请求接收一个名为 param 的参数，用户可以通过访问 example.php?param=value 来传递这个参数，在 example.php 脚本中，可以使用$_GET['param']来获取这个参数的值，如果是表单的话，这个 param 参数就是表单元素的 name 属性的值。

4.4 预定义函数

PHP 提供了大量的预定义函数，用于执行各种常见的任务。这些函数可以直接调用，不需要任何额外的库或类的支持。以下是一些常见的预定义函数。

4.4.1 变量函数

在 PHP 中，与变量处理相关的函数称为变量函数，这些函数允许检查、操作和获取变量的相关信息。表 4-1 所示为常用的变量函数。

表 4-1　常用的变量函数

函数	功能	函数	功能
empty()	检查一个变量是否为空	is_int()	检查变量是否为整数
gettype()	获取变量的类型	is_float()	检查变量是否为浮点数
settype()	设置变量的类型	is_string()	检查变量是否为字符串
isset()	检查变量是否已被设置并且非 NULL	is_array()	检查变量是否为数组
unset()	释放指定的变量，即销毁这个变量	is_object()	检查变量是否为对象

续表

函数	功能	函数	功能
print_r()	输出变量	is_resource()	检查变量是否为资源
var_dump()	输出变量的相关信息	is_null()	检查变量是否为 NULL
is_bool()	检查变量是否为布尔值		

1. empty()

当变量不存在、变量的值为 null、变量的值为零、变量的值为空字符串、变量的值为布尔值 false、变量的值为空数组时，empty()函数都会返回 true，示例代码如下。

```
$var = '';
if (empty($var)) {
    echo '变量为空。';
}
```

2. gettype()和 settype()

gettype()函数用于获取变量的类型，并返回一个表示类型的字符串，示例代码如下。

```
$var = 123;
echo gettype($var);    // 输出 integer
```

settype()函数用于设置变量的类型，可将变量设为另一个类型，示例代码如下。

```
$var = 123;
settype($var, "bool"); // 设置为布尔型
var_dump($var);        // 输出 bool(true)
```

3. isset()

isset()函数用于检查变量是否已被设置，并且非 null，如果变量已被设置，则 isset()函数返回 true，否则返回 false，示例代码如下。

```
$var = 'Hello';
if (isset($var)) {
    echo '变量已经被设置过';
}
```

4. unset()

unset()函数用于销毁指定的变量，示例代码如下。

```
$var = 'Hello';
unset($var);
echo isset($var) ? '变量被设置' : '变量未被设置'; // 输出"变量未被设置"
```

5. print_r()和 var_dump()

print_r()函数用于输出关于变量的易于理解的信息，示例代码如下。如果给出的是数组或对象，则以易于阅读的格式输出它们的结构和内容。

```
$var = array(1, 2, 3);
print_r($var); // 输出数组的内容
```

该函数在处理 PHP 中的变量时非常有用，特别是在程序调试和错误排查时，可以帮助了解变量的状态、类型和值等，从而更好地控制和操作这些变量。

var_dump()函数用于显示关于一个或多个表达式的结构和内容，包括表达式的类型和值，从而便于调试，示例代码如下。

```
$var = array(1, 2, 3);
var_dump($var); // 输出数组的结构和内容
```

6. is_bool()、 is_int()、is_float()、 is_string()

这些函数分别用于检查变量是否为标量数据类型中的布尔值、整数、浮点数、字符串。

微课

变量函数—print_r()和 var_dump()

7. is_array()和 is_object()

这两个函数分别用于检查变量是否为复合数据类型中的数组或对象。如果是，则返回 true，否则返回 false，示例代码如下。

```
$var = array(1, 2, 3);
if (is_array($var)) {
    echo '该变量是数组。';
}
```

8. is_resource()和 is_null()

这两个函数分别用于检查变量是否为特殊数据类型中的资源或 null。

【案例实践 4-3】数据验证与类型处理

编写 PHP 脚本，接收用户输入的数据，进行数据验证，并根据需要对数据类型进行转换。我们将利用自定义函数来检查和处理数据，创建一个简单的 HTML 表单，用户输入一个值，并将其提交给 PHP 脚本进行处理。HTML 文件的<body>部分代码如下（具体技术细节可参考源代码文件4-3.html）。

```
<body>
    <form action="4-3.php" method="post">
        <label for="user_input">请输入一个值:</label>
        <input type="text" id="user_input" name="user_input" required>
        <input type="submit" value="提交">
    </form>
</body>
```

在<form>标签的 action 属性中设置这个脚本，编写 PHP 脚本（4-3.php）来处理表单提交的数据。

```php
<?php
$userInput = $_GET['user_input'];
// 检查变量是否被设置且非空
if (isset($userInput) && !empty($userInput)) {
    // 输出原始数据类型和值
    echo "原始数据类型: " . gettype($userInput) . "<br>";
    echo "原始数据值: " . $userInput . "<br>";
    // 检查变量是否为数值类型，并尝试转换为整数
    if (is_numeric($userInput)) {
        $intValue = intval($userInput);
        echo "转换为整数后的值: " . $intValue . "<br>";
        settype($intValue, 'string'); // 将整数转换为字符串
        echo "转换为字符串后的数据类型: " . gettype($intValue) . "<br>";
        echo "转换为字符串后的值: " . $intValue . "<br>";
    } else {
        echo "输入的不是数字字符串。<br> ";
    }
    // 判断数据是否为数组（本例中用户输入的数据不会是数组，仅作为示例）
    if (is_array($userInput)) {
        echo "数据是数组。<br>";
        print_r($userInput); // 输出数组内容
    } else {
        echo "数据不是数组。<br>";
    }
    // 使用 var_dump()函数输出详细信息（包括数据类型和值）
    echo "使用 var_dump()函数输出变量信息: <br>";
    var_dump($userInput);
} else {
```

```
    echo "未接收到有效的用户输入数据。<br>";
}
// 最后可以选择清除该变量（如果需要）
unset($userInput);
if (!isset($userInput)) {
    echo "<br>用户输入的变量已被清除。";
}
?>
```

启动内置服务器，在浏览器中打开 4-3.html 文件，运行结果如图 4-5 所示，在该页面中输入数据，单击"提交"按钮，运行结果如图 4-6 所示。

图 4-5　数据验证与数据处理页面

图 4-6　数据验证与数据处理结果

4.4.2　数学函数

PHP 提供了一系列数学函数，用于执行各种数学运算。表 4-2 所示为常见的数学函数。

表 4-2　常见的数学函数

函数	功能
abs()	返回数字的绝对值
ceil()	向上取整
floor()	向下取整
round()	对浮点数进行四舍五入
sqrt()	返回数字的平方根
pow()	返回数的幂次方
max()	返回一组值中的最大值
min()	返回一组值中的最小值

示例代码如下。

```
echo abs(-10);          // 输出 10
echo ceil(3.14);        // 输出 4
echo floor(3.14);       // 输出 3
echo round(3.14159);    // 输出 3
echo sqrt(9);           // 输出 3
echo pow(2, 3);         // 输出 8
echo max(1, 3, 5, 6, 7); // 输出 7
echo min(1, 3, 5, 6, 7); // 输出 1
```

【案例实践 4-4】数学运算工具箱

创建一个简单的 PHP 脚本，允许用户输入一个数字，使用数学函数对其进行操作。这个脚本将通过表单获取用户输入的数字，并显示应用每个函数后的结果。

（1）HTML 文件的\<body\>部分代码如下（具体技术细节可参考源代码文件 4-4.html）。

```html
<body>
    <form action="4-4.php" method="post">
        <label for="user_input">请输入一个值:</label>
    </form>
</body>
```

（2）编写 PHP 脚本（4-4.php）来处理表单提交的数据。

```php
<?php
$number = $_GET['number'];
// abs()函数
$absValue = abs($number);
echo "<p>绝对值: " . $absValue . "</p>";
// ceil()函数
$ceilValue = ceil($number);
echo "<p>向上取整: " . $ceilValue . "</p>";
// floor()函数
$floorValue = floor($number);
echo "<p>向下取整: " . $floorValue . "</p>";
// round()函数
$roundValue = round($number);
echo "<p>四舍五入: " . $roundValue . "</p>";
// sqrt()函数
if ($number >= 0) {
    $sqrtValue = sqrt($number);
    echo "<p>平方根: " . $sqrtValue . "</p>";
} else {
    echo "<p>负数没有平方根。</p>";
}
// pow()函数
$powValue = pow($number, 2);
echo "<p>数字的平方: " . $powValue . "</p>";
// max() 和 min() 需要至少两个参数，这里使用数字与 0 比较作为示例
$maxValue = max($number, 0);
$minValue = min($number, 0);
echo "<p>最大值（与 0 比较）: " . $maxValue . "</p>";
echo "<p>最小值（与 0 比较）: " . $minValue . "</p>";
```

（3）启动内置服务器，在浏览器中打开 4-4.html 文件，运行结果如图 4-7 所示。

（4）在打开的页面中输入数字，如 3.5，单击"计算"按钮，运算结果如图 4-8 所示。

图 4-7　数学运算工具箱页面

图 4-8　运算结果

4.4.3　时间和日期函数

在 PHP 开发中经常会涉及对时间和日期的处理，如倒计时、显示用户登录时间等。PHP 提供了内置的时间和日期函数，以满足开发中的各种需求。表 4-3 所示为常用的时间和日期函数。

表 4-3　常用的时间和日期函数

函数	功能
time()	返回当前日期和时间的 UNIX 时间戳
mktime()	返回指定日期和时间的 UNIX 时间戳
strtotime()	将英文文本的日期和时间描述解析为 UNIX 时间戳
microtime()	获取当前 UNIX 时间戳和微秒数
date()	把时间戳格式化为可读性更好的日期和时间
gmdate()	格式化一个 GMT/UTC 日期/时间

 注意　UNIX 时间戳（UNIX Timestamp）定义了从格林尼治标准时间 1970 年 1 月 1 日 0 时 0 分 0 秒起至当前时间的秒数和从北京时间 1970 年 1 月 1 日 8 点起到当前的秒数，以 32 位整数表示。

1. time()

time()函数可返回当前日期和时间的 UNIX 时间戳，具体用法如下。

```
echo time(); // 输出 1616747150
```

这个结果 1616747150 就是 1970 年 1 月 1 日 0 时 0 分 0 秒起至执行本例代码时的秒数。

微课

时间和日期函数
——time()函数

2. mktime()

mktime()函数根据指定的日期和时间参数生成一个 UNIX 时间戳，语法格式如下。

```
mktime($hour, $minute, $second, $month, $day, $year);
```

以上参数分别表示小时、分钟、秒、月、日、年，具体用法如下。

```
echo mktime(0, 0, 0, 6, 1, 2024) ; // 返回 2024 年 6 月 10 日 0 时 0 分 0 秒 的 UNIX 时间戳
```

3. strtotime()

strtotime()函数将英文文本的日期和时间描述解析为 UNIX 时间戳，具体用法如下。

```
$datetime1 = "2023-09-25 10:30:00";
echo strtotime($datetime1);
$datetime2 = "next Monday";
echo strtotime($datetime2);
```

4. microtime()

microtime()函数返回当前 UNIX 时间戳和微秒数，语法格式如下。

```
microtime([$get_as_float]);
```

如果参数设置为 true，则该函数会返回一个浮点数，小数点前的部分表示秒数，小数点后的部分表示微秒数；如果不设置参数，则返回值的前面一段数字表示微秒数，后面一段数字表示秒数，具体用法如下。

```
echo microtime();           // 输出 0.35427800 1713150580
echo microtime(true);       // 输出 1713150596.2389
```

5. date()

直接输出整型的时间戳不便于用户识别具体时间和日期。为了将时间戳表示的时间更好地显示出来，可以使用 date()函数对时间戳进行格式化处理，语法格式如下。

```
string date ( string $format [, int $timestamp ] )
```

其中，第 1 个参数表示格式化日期和时间的样式，常用的字符如表 4-4 所示，第 2 个参数表示待格式化的时间戳，省略时表示格式化当前的时间戳，具体用法如下。

```
echo date('Y-m-d H:i:s 星期w', 1713150596);   // 输出"2024-04-15  11:09:56 星期一"
```

表 4-4　使用 date()函数格式化时间戳时常用的字符

分类	字符	说明
年	Y	以 4 位数字表示的完整年份，如 1998、2017
	y	以 2 位数字表示的年份，如 99、03
	L	表示是否为闰年，若是闰年则值为 1，否则值为 0
月	m	以数字表示的月份，有前导零，返回值为 01~12
	n	以数字表示的月份，无前导零，返回值为 1~12
	t	指定月份应有的天数，返回值为 28~31
	F	月份，以完整的文本格式表示，如 January、March
	M	以 3 个字母缩写表示的月份，如 Jan、Dec
日	d	月份中的第几天，有前导零，返回值为 01~31
	j	月份中的第几天，无前导零，返回值为 1~31
时间	g	小时，12 小时格式，无前导零，返回值为 1~12
	h	小时，12 小时格式，有前导零，返回值为 01~12
	G	小时，24 小时格式，无前导零，返回值为 0~23
	H	小时，24 小时格式，有前导零，返回值为 00~23
	i	有前导零的分钟数，返回值为 00~59
	s	有前导零的秒数，返回值为 00~59
星期	N	星期几，返回值为 1（表示星期一）~7（表示星期日）
	w	星期几，返回值为 0（表示星期日）~6（表示星期六）
	D	以 3 个字母缩写表示的星期，如 Mon、Sun
	l	星期几，以完整的文本格式表示，如 Sunday、Saturday

6. gmdate()

gmdate()函数的参数和用法与 date()函数的类似，但返回的是 GMT（Greenwich Mean Time，格林尼治标准时间）。

【案例实践 4-5】计算度过的时间

在本案例中，使用 PHP 的时间和日期函数（time()、strtotime()和 date()函数）计算一个人从出生到现在度过的时间。

（1）创建一个 HTML 表单，让用户输入自己的出生日期（具体技术细节可参考源代码文件 4-5.html）。

```html
<body>
    <form action="4-5.php" method="get">
        <label for="birthdate">请输入您的出生日期: </label>
        <input type="date" id="birthdate" name="birthdate" required>
        <input type="submit" value="计算">
    </form>
</body>
```

（2）根据用户输入的具体出生日期，如 2004-04-15，计算从那天起到现在的总天数、小时数、分钟数和秒数，编写 PHP 脚本（4-5.php）来处理表单提交的数据。

```php
<?php
$birthdate = $_GET['birthdate']; // 获取用户输入的出生日期
// 获取时间戳
$birthdate_timestamp = strtotime($birthdate);
$current_timestamp = time();
// 计算相差的秒数
$secondsPassed = $current_timestamp - $birthdate_timestamp;
// 计算总天数、小时数、分钟数和剩余的秒数
$days = floor($secondsPassed / (60 * 60 * 24));
$hours = $secondsPassed / 60 % 24;
$minutes = $secondsPassed / 60 % 60;
$seconds = $secondsPassed % 60;
// 输出结果
echo "从你出生到现在已经度过了{$days}天{$hours}小时{$minutes}分钟{$seconds}秒 ";
?>
```

（3）启动内置服务器，在浏览器中打开 4-5.html 文件，运行结果如图 4-9 所示。

（4）在打开的页面中单击"计算"按钮，运行结果如图 4-10 所示。

图 4-9　输入出生日期页面

图 4-10　结果页面

使用预定义函数，可以轻松执行各种常见的编程任务，而无须编写大量的底层代码。不过需注意，在使用这些函数时要确保传递给它们的参数是有效的，以避免潜在的错误或安全问题。

【素养提升】自主获取信息

在编程过程中，我们经常会遇到一些不熟悉的函数或方法，这时，如何自主获取信息，快速理解和掌握这些函数或方法就显得尤为重要。以下是一些建议，能够帮助我们在遇到不熟悉的 PHP 函数时，迅速找到相关信息并加以应用。

1. 猜测单词意思

当遇到不熟悉的函数时，可以尝试通过函数名来猜测其大致功能。

2. 在线查找 PHP 函数的使用方法

为了更准确地了解函数的使用方法，可以访问 PHP 的官方文档网站，在这个网站中可以找到所有 PHP 内置函数的详细说明和使用示例。

通过自主获取信息并实践应用，我们将逐渐积累编程经验和知识，提高编程素养。只有在遇到问题时勇于尝试和学习新事物，不断学习和实践，才能成为优秀的程序员。

项目分析

为构建学生成绩计算器，需要实现以下核心功能：首先，用户能够输入平时成绩和考试成绩，系统会对这两个成绩进行验证，确保其在合理的范围内（0~100 分）；其次，系统会根据预定的权重计算学生的加权总分，为用户提供即时的成绩反馈；最后，系统会根据加权总分评估学生的成绩等级，并给出相应的等级评价。

项目实施

任务 4-1　构建成绩输入与验证界面

设计一个简单的用户界面，允许用户输入平时成绩和考试成绩。编写 pro04.html 文件构建成绩输入与验证界面，主要代码如下。

```html
<body>
    <div>
        <h1>学生成绩计算器</h1>
        <form action="pro04.php" method="get">
            <p>请输入平时成绩（满分为 100 分）：
                <input type="text" name="aScore" id="">
            </p>
            <p>请输入考试成绩（满分为 100 分）：
                <input type="text" name="eScore" id="">
            </p>
            <p><input type="submit" value="计算"></p>
        </form>
    </div>
</body>
```

任务 4-2　计算加权总分

定义名为 calcWeightedTotal 的函数，用该函数接收平时成绩和考试成绩作为参数，根据预定的权重（平时成绩占 40%，考试成绩占 60%）计算加权后的平时成绩和考试成绩，将加权后的两个成绩相加，得到学生的加权总分，并返回该值。在 pro04.php 文件中编写自定义函数 calcWeightedTotal()，计算加权总分，代码如下。

```php
// 计算加权总分
function calcWeightedTotal($assignScore, $examScore)
{
    $wAssignScore = $assignScore * 0.4;
    $wExamScore = $examScore * 0.6;
```

```
    $weightedTotal = $wAssignScore + $wExamScore;
    return $weightedTotal;
}
```

任务 4-3　评估成绩等级

定义一个名为 evalGrade 的函数，用该函数接收加权总分作为参数，然后使用条件语句判断加权总分所属的成绩等级（如优秀、良好、中等、及格、不及格），并返回相应的成绩等级字符串。在 pro04.php 文件中编写评估成绩等级的函数，具体示例代码如下。

```php
// 评估成绩等级
function evalGrade($wTotal)
{
    if ($wTotal >= 90) return "优秀";
    elseif ($wTotal >= 80) return "良好";
    elseif ($wTotal >= 70) return "中等";
    elseif ($wTotal >= 60) return "及格";
    else return "不及格";
}
```

任务 4-4　计算学生成绩

获取用户提交的成绩，通过 PHP 代码验证输入的成绩是否在 0～100 的范围内。如果不在此范围内，则显示错误提示信息，并终止后续操作。最后应用写好的自定义函数显示加权总分和成绩等级。在 pro04.php 文件中计算学生成绩，具体示例代码如下。

```php
<?php
$aScore = $_GET['aScore'];  // 获取前端输入的平时成绩
$eScore = $_GET['eScore'];  // 获取前端输入的考试成绩
if ($aScore < 0 || $aScore > 100 || $eScore < 0 || $eScore > 100) {
    echo "分数必须为 0～100! ";
    exit;
}
$wTotal = calcWeightedTotal($aScore, $eScore);
echo "你的加权总分是{$wTotal}<br>";
$grade = evalGrade($wTotal);
echo "你的成绩等级是{$grade}<br>";
```

启动内置服务器，在浏览器中打开 pro04.html 文件，运行结果如图 4-11 所示。

在打开的页面中输入平时成绩和考试成绩，单击"计算"按钮，结果如图 4-12 所示。

图 4-11　学生成绩计算器页面

图 4-12　加权总分和成绩等级结果页面

当输入的平时成绩和考试成绩不符合要求时，会出现提示，如图 4-13 所示。

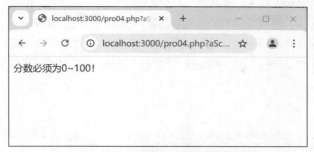

图 4-13　学生成绩输入有问题时的提示页面

> **注意**　在实际应用中，我们还需要考虑数据的安全性、完整性和准确性等。例如，可以对用户输入的内容进行更严格的验证和过滤，以防止恶意输入或无效数据的干扰。此外，还可以考虑将成绩数据保存到数据库中，以便进行更长期和全面的数据分析。

项目实训——日期差计算器

【实训目的】
理解和掌握 PHP 中的时间和日期函数。

【实训内容】
实现图 4-14、图 4-15 所示的效果。

图 4-14　日期差计算器页面

图 4-15　结果页面

【具体要求】
① 创建一个 HTML 表单，允许用户输入两个日期（年-月-日格式）。
② 使用 PHP 的时间和日期函数来计算两个日期之间的差。
③ 显示计算出的天数差。

项目小结

本项目通过构建学生成绩计算器，深入引导读者掌握 PHP 函数的基础知识与实际应用。首先，引入了函数的概念，并详细阐述了函数的优势、分类等，然后介绍了如何自定义函数，包括函数的命名、参数及函数体的设置。接着，探究了函数的调用方法，以及如何向函数传递参数，详细讲解了按值传递和按引用传递的区别与应用场景。此外，还介绍了如何使用 PHP 的预定义函数来辅助编程，提高代码的执行效率和可读性。通过本项目的实践，读者能够熟练掌握函数在 PHP 编程中的核心作用，为后续开发更复杂的应用程序打下坚实的基础。项目 4 知识点如图 4-16 所示。

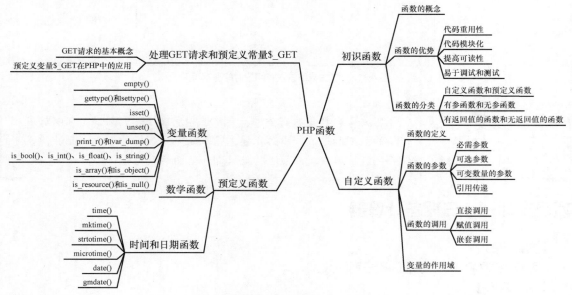

图 4-16　项目 4 知识点

应用安全拓展

禁用 PHP 危险函数

当涉及 PHP 应用安全时，禁用潜在的危险函数是至关重要的，可以预防安全漏洞和恶意攻击。以下提供一些建议及示例，帮助禁用具有风险的函数。

1. 禁用 eval()函数

eval()函数能够执行任意的 PHP 代码，因此它可能成为一个巨大的安全隐患。强烈建议禁用此函数，以避免潜在的代码注入风险，具体的禁用方法如下。

在 php.ini 配置文件中，将 disable_functions 设置为 eval。

```
disable_functions = eval
```

2. 禁用 system()函数和 exec()函数

system()函数和 exec()函数允许执行外部命令，这可能会引入安全风险，除非确有必要，否则应避免使用这些函数，具体的禁用方法如下。

在 php.ini 中，将 disable_functions 设置为包含 system 和 exec。

```
disable_functions = system,exec
```

3. 限制危险的文件操作函数

文件操作函数如 fopen()、file_get_contents()和 unlink()可能被用于非法访问或修改敏感文件，应严格审查这些函数的用法，并根据实际需求进行限制。相应的安全措施如下。

- 实施白名单策略，仅允许访问指定的文件或目录。
- 对所有文件操作进行权限检查和日志记录，确保只有经过授权的用户操作才能执行。

4. 避免使用不安全的加密函数

过时的或较弱的加密函数，如 md5() 和 sha1()，已不再被视为安全的加密函数。建议使用更安全的加密函数，如 hash_hmac()，或专用的密码散列函数，如 password_hash() 和 password_verify()。示例代码如下。

```
// 使用安全的密码散列函数来存储和验证用户密码
// 存储密码时
$hashedPassword = password_hash($password, PASSWORD_DEFAULT);
// 将$hashedPassword 保存到数据库或其他存储介质中
// 验证密码时
$isPasswordCorrect = password_verify($inputPassword, $hashedPassword);
if ($isPasswordCorrect) {
    // 密码验证通过，执行登录操作
} else {
    // 密码验证失败，拒绝登录请求
}
```

注意，禁用危险函数只是确保应用安全的一个方面。一个全面的安全策略应包括多层次的防护措施，如输入验证、访问控制、数据加密等。上述建议仅提供了基本的指导原则，具体实施可能因应用程序的需求和环境而异。

巩固练习

一、填空题

1. 在 PHP 中，如果需要函数返回一个值，应该使用＿＿＿＿＿＿语句。

2. 在 PHP 中，定义一个函数的关键字是＿＿＿＿＿＿。

3. 在 PHP 中，要调用一个名为 calculateSum 的函数，并将 5 和 10 作为参数传递，应该使用＿＿＿＿＿＿语句。

4. 在 PHP 中，＿＿＿＿＿＿函数用于获取当前时间和日期的 UNIX 时间戳。

5. 如果一个函数不需要任何参数，那么在定义该函数时，参数列表应为＿＿＿＿＿＿。

二、选择题

1. 关于 PHP 中的自定义函数，以下哪项说法是正确的？（　　　）

A. 函数名可以包含特殊字符，如$、#等

B. 函数名必须以字母或下画线开头

C. 可以与 PHP 内置函数同名

D. 函数定义中不需要指定返回类型

2. 在 PHP 中，以下哪个选项是定义函数时不需要的？（　　　）

A. 函数名   B. 参数列表

C. 返回值类型   D. 函数体

3. 在 PHP 中，如何正确调用一个名为 myFunction 的自定义函数，并传递两个参数$param1 和$param2？（　　　）

A. myFunction($param1, $param2)

B. call_function('myFunction', $param1, $param2)

C. function_call('myFunction', array($param1, $param2))

D. myFunction([$param1, $param2])

4. 以下哪个预定义函数可以用来检测一个变量是否已被设置并且不为空？（　　　）

A. isset()   B. empty()

C. defined()   D. array_key_exists()

5. 在 PHP 中，以下哪个函数可以用来获取当前日期的天数部分？（　　）

A. date()   B. time()

C. getdate()   D. strtotime()

三、判断题

1. 在 PHP 中，自定义函数可以与内置函数同名。（　　）

2. PHP 函数默认按值传递参数。（　　）

3. 使用 global 关键字可以在函数内部访问全局变量。（　　）

4. 在 PHP 中，函数的参数列表中的参数必须有默认值。（　　）

5. PHP 中的函数可以嵌套定义，即在一个函数内部定义另一个函数。（　　）

项目5
文本内容过滤器
——数据处理

情境导入

课堂上，张华正聚精会神地听着李老师的讲解。今天，他们讨论一个网络安全领域的重要话题——文本内容过滤器。

李老师缓缓开口道："在这个信息爆炸的时代，网络上充斥着各种信息和观点。为了保护用户免受不良信息的侵扰，我们需要借助技术手段进行过滤，而 PHP 的数据处理功能在这方面大有作为。"

张华好奇地问："那我们该如何利用 PHP 来实现这样的过滤器呢？"

李老师微笑着回答："首先，我们需要创建一个 PHP 数组，用于存储那些需要过滤的敏感词；然后，我们可以使用字符串处理函数来扫描用户提交的内容，检查是否包含这些敏感词，并采取相应的处理措施。"

看到张华对此非常感兴趣，李老师鼓励他深入学习 PHP 的数据处理功能，并尝试将这些知识应用于实践，如开发简单的文本内容过滤器。李老师相信这样的实践不仅能够加深张华对 PHP 数据处理的理解，还能提高他解决实际问题的能力，为未来的编程之路打下坚实的基础。同时，这也将帮助张华更加深入地了解网络安全的重要性，并提升他对不良信息的防范意识。

学习目标

知识目标	■ 掌握 PHP 中数组的基本概念、类型和创建方式等； ■ 熟悉 PHP 中字符串的输出、截取、查找、转换等基本操作； ■ 了解数组和字符串在 PHP 数据处理中的重要作用； ■ 掌握 PHP 中常用的数组函数和字符串操作函数及其使用场景。
能力目标	■ 能够根据实际需求，创建和操作一维数组和多维数组，并进行遍历； ■ 能够使用 PHP 中的字符串操作函数，对文本数据进行有效的处理； ■ 能够结合数组和字符串操作技术，实现数据的截取、转换和输出等操作； ■ 能够利用数组和字符串解决实际的 PHP 数据处理问题。
素养目标	■ 提升在 PHP 数据处理中运用数组和字符串的实践能力； ■ 培养细致、严谨的数据处理态度，确保数据的准确性和完整性； ■ 加强创新思维和解决问题的能力，能够灵活运用数组和字符串操作技巧优化数据处理流程。

知识储备

在软件开发过程中，数据处理是一项至关重要的任务。开发者经常需要处理大量的数据，如用户信息、订单数据等。为了简化数据处理流程，PHP 引入了数组和字符串，从而极大地提升了数据处理的效率和代码的简洁度。数组是一种非常灵活的数据类型，可以轻松存储和操作一组相关的数据。通过数组，开发者可以方便地访问、修改和遍历数据元素，而无须编写冗长的代码。字符串也是 PHP 中不可或缺的一部分，是软件开发中最常用的数据类型之一，用于存储文本信息。

通过深入剖析本项目，读者将能够充分理解利用 PHP 数组和字符串进行数据处理的原理，并学会如何在实际开发中灵活运用它们。掌握这些技能后，读者将大大提升数据处理能力，使代码更加简洁、高效和易于维护。

5.1 数组

5.1.1 初识数组

数组是一个可以在单个变量中存储多个值的数据结构。PHP 中的数组是一种特殊的数据结构，用于存储一系列的值（元素），这些值可以是任何类型的数据，包括整数、浮点数、字符串、布尔值、对象，甚至其他数组等。在 PHP 中，数组是非常灵活且功能强大的，因为它们可以动态扩大和缩小，并且用户可以轻松访问、修改和遍历其中的元素。

1. 数组的特点

在 PHP 中，数组允许使用整数或字符串作为键（key）来索引和关联对应的值（value）。这些键不仅唯一地标识了数组中的各个元素，还提供了便捷的方式来访问和修改这些元素。与值紧密相关联的键使得 PHP 数组在数据处理上展现出极高的灵活性和强大的功能。与高级编程语言中的数组相比，PHP 数组的独特性主要体现在以下几个方面。

微课

初识数组—数组
的特点

（1）键有多样性

在高级语言中，数组的键通常是从零开始、依次递增的整数。然而，在 PHP 中，键的选择更为灵活——它们可以是整数（不必连续）或字符串，同一个数组中甚至可以同时使用整数和字符串作为键。

（2）值有异构性

高级语言要求数组中所有元素的值必须为同一类型，PHP 允许在同一个数组中包含不同类型的值。这种异构性为数据存储和处理提供了极大的便利。

（3）长度动态变化

在高级语言中，数组通常是定长的，即在创建数组之前必须明确指定其长度，但 PHP 打破了这一限制，其数组长度是可变的。这意味着在创建数组时，无须预先确定其大小，数组可以根据需要动态扩大或缩小。

微课

初识数组—数组
的分类

2. 数组的分类

数组是一种非常灵活且功能强大的数据类型，可以从多个角度对其进行分类。

以下是 PHP 数组的分类。

（1）根据键的类型

根据键的类型，可以将数组分为索引数组和关联数组。

索引数组又称数值数组，是指键的数据类型为整型的数组。默认情况下，索引数组的键从 0 开始，并依次递增，也可以自己指定索引数组的键。例如：

```
$fruits = ["apple", "banana", "cherry"];
```

关联数组是指键的数据类型为字符串型或者整型的数组。通常情况下，关联数组的键和值之间有一定的业务逻辑关系，经常使用关联数组来存储具有逻辑关系的变量，例如：

```
$student = ["name" => "张华", "age" =>20, "city" => "山东潍坊"];
```

（2）根据数组的维度

根据数组的维度，可以将数组分为一维数组和多维数组。

一维数组中的每个元素都是单个值，而不是另一个数组。前面提到的索引数组和关联数组的例子都是一维数组。

多维数组中的元素可以是另一个数组，形成一个嵌套的结构，可以形成二维数组、三维数组，甚至更高维度的数组。例如，二维数组可以是这样的。

```
$students = [
    ["name" => "Alice", "age" => 20],
    ["name" => "Bob", "age" => 22]
];
```

在 PHP 中还可以定义三维数组、四维数组等多维数组。虽然 PHP 没有限制数组的维度，但是为了在实际应用中便于代码阅读和维护，推荐使用三维及以下的数组保存数据。

5.1.2 数组的创建和初始化

在 PHP 中，创建和初始化数组通常有多种方法。以下是创建和初始化数组的常用方法。

微课

使用 array()函数

1. 使用 array()函数

PHP 中的 array()函数可以用来创建一个新数组，并为其分配初始值，各个元素之间使用,分隔，例如：

```
$fruits = array("apple", "banana", "cherry"); // 创建索引数组
$student = array("name" => "张华", "age" => 20, "city" => "山东潍坊"); // 创建关联数组
```

2. 使用短数组定义

自 PHP 5.4.0 起，可以使用简洁的语法来创建数组，即使用方括号（[]）。

3. 通过指定键和值为数组元素赋值

可以在创建数组时直接指定每个元素的键和值，例如：

```
// 直接指定键和值来初始化索引数组
$fruits[0]="apple";
$fruits[1]="banana";
$fruits[2]="cherry";
// 直接指定键和值来初始化关联数组
$student['firstName'] = "张华";
$student['age'] =20;
$student['hometown'] = "山东潍坊";
```

> **注意** 　对于索引数组，数组的索引从 0 开始，通过"数组名[索引]"的方式访问其中的元素。对于关联数组，通过"数组名[键]"的方式访问其中的元素。
>
> 　　使用这种赋值的方式创建数组也可以理解为将单独的数组元素赋给变量。需要注意的是，使用赋值方式不能定义空数组。

4. 使用 range() 函数创建包含指定范围内元素的数组

使用 range() 函数可以快速创建一个包含指定范围内元素的数组。

```
$numbers = range(1, 5); // 结果是 [1, 2, 3, 4, 5]
$str = range("a", "z"); // 结果是包含 a~z 这 26 个英文字母的数组
```

微课

使用 range() 函数
创建包含指定范
围内元素的数组

5. 使用 array_fill() 函数创建具有指定值的数组

使用 array_fill() 函数创建一个具有特定数量的元素，且每个元素都具有相同值的数组，也就是说使用指定的值填充数组，例如：

```
// 创建一个包含 5 个元素的数组，每个元素的值都是'default'
$filledArray = array_fill(0, 5, 'default'); // 结果是 ['default', 'default',
'default', 'default', 'default']
```

6. 通过循环结构动态创建数组

使用循环结构（如 for、foreach、while 等）来动态创建数组，例如：

```
$dynamicArray = [];
for ($i = 1; $i <= 5; $i++) {
    $dynamicArray[] = $i * $i; // 将 1~5 的平方存入数组
}
```

微课

通过循环结构动
态创建数组

> **注意** 　（1）在创建 PHP 数组时，数组中元素的键通常是整数或字符串类型。
>
> 　　① 如果元素的键是 true 或 false，则 true 或 false 将被强制转换为整数 1 或 0。
>
> 　　② 自 PHP 8.1 版本起，若使用浮点数作为键，PHP 会先发出弃用警告（Deprecated: Implicit conversion），然后将该浮点数转换为整数（例如，浮点数 2.6 会被转换为整数 2）。
>
> 　　（2）创建数组时，如果数组中元素的键是一个看起来像整数的字符串（即字符串内容完全由数字组成，且没有前导零），PHP 会自动将这个字符串键转换为整数类型。

选择合适的方法创建和初始化数组后，可以进一步操作数组，如遍历、添加、删除、修改元素，或者使用内置函数对数组进行排序、搜索等操作。

5.1.3 数组的遍历

在 PHP 中，遍历数组是编程中的常规操作，它使我们能够逐一访问数组内的元素，并对这些元素进行相应的处理。以下列举了几种常用的数组遍历方法。

1. 使用 for 循环结构遍历数组

可以使用 for 循环结构来遍历数组中的每个元素。由于 for 循环结构的特性，它需要通过索引来逐个访问数组元素，因此这种方法特别适用于索引为连续整数的数组，包括普通的索引数组及部分索引连续的关联数组，例如：

```
// 使用 for 循环结构遍历普通索引数组
$fruits = array("apple", "banana", "cherry");
for ($i = 0; $i < count($fruits); $i++) {
```

微课

使用 for 循环结
构遍历数组

```
        echo $fruits[$i] . ",";
    }
    // 使用 for 循环结构遍历索引连续的关联数组
    $weeks = array(1 => 'Mon', 2 => 'Tue', 3 => 'Wed', 4 => 'Thu', 5 => 'Fri', 6 => 'Sat', 7
    => 'Sun');
    for ($i = 1; $i <= 7; $i++) {
        echo "{$i}: {$weeks[$i]} \n";
    }
```

2. 使用 foreach 循环结构遍历数组

PHP 常用 foreach 循环结构遍历数组,其优势在于它能够轻松遍历索引数组和关联数组,而无须关注数组的索引细节。foreach 循环结构主要有以下两种基本用法。

微课

使用 foreach 循环结构遍历数组

（1）foreach($array as $value)

当使用这种形式的 foreach 循环结构时，会遍历数组$array 中的每个元素，并将当前元素的值赋给变量$value，这种方法特别适用于只关心数组中元素的值而不关心其键的情况。

```
    // 使用 foreach 循环结构遍历索引数组
    $fruits = array('apple', 'banana', 'cherry');
    foreach ($fruits as $fruit) {
        echo $fruit . "\n";
    }
```

在这个例子中，$fruits 是一个索引数组。foreach 循环会依次将数组中的每个元素值（'apple'、'banana'、'cherry'）赋给变量$fruit，并输出它们。

```
    // 使用 foreach 循环结构遍历关联数组
    $weeks = array(1 => 'Mon', 2 => 'Tue', 3 => 'Wed', 4 => 'Thu', 5 => 'Fri', 6 => 'Sat', 7
    => 'Sun');
    foreach ($weeks as $week)
        echo $week . "\n";
```

在这个例子中，$weeks 是一个关联数组，使用 foreach 循环结构将数组中的每个元素值赋给$week 并输出。

（2）foreach($array as $key=>$value)

这种形式的 foreach 循环结构不仅提供对当前元素值的访问，还提供对当前元素键的访问。在每次迭代中，键被赋给变量$key，值被赋给变量$value。这种方法对于关联数组特别有用，因为它允许同时处理键和值。

```
    $student = array("name" => "张华", "age" => 20, "city" => "山东潍坊");
    foreach ($student as $key => $value) {
        echo "$key: $value\n";
    }
```

在这个例子中，$student 是一个关联数组。foreach 循环结构会依次遍历数组中的每个元素，将键（如"name"、"age"、"city"）赋给变量$key，将值（如"张华"、20、"山东潍坊"）赋给变量$value，并输出它们，这样就可以同时处理键和值，这在处理关联数组时非常有用。

在实际开发中，推荐使用 foreach 循环结构来遍历数组，因为它既简洁又易于理解。对于关联数组，同时遍历键和值是非常有用的，这样可以清晰地知道每个值对应的键是什么。

【案例实践 5-1】计算学生平均分

创建包含学生分数的关联数组$scores，其中，键为学生的名字，值为对应的分数，然后使用 foreach 循环结构遍历数组，将每个学生的分数累加到$totalScore 变量中，接下来通过学生人数 $studentCount 计算平均分$averageScore 并输出（具体技术细节可参考源代码文件 5-1.php）。

```php
<?php
// 创建一个包含学生分数的关联数组
$scores = array('Alice' => 85,'Bob' => 92,'Charlie' => 78,'David' => 90,'Eva' => 88);
// 初始化总分和人数
$totalScore = 0;
$studentCount = count($scores);
// 使用 foreach 循环结构遍历数组，计算总分
foreach ($scores as $score) {
    $totalScore += $score;
}
// 计算平均分
$averageScore = $totalScore / $studentCount;
echo "这几名学生的平均分: $averageScore\n";
```

运行结果如图 5-1 所示。

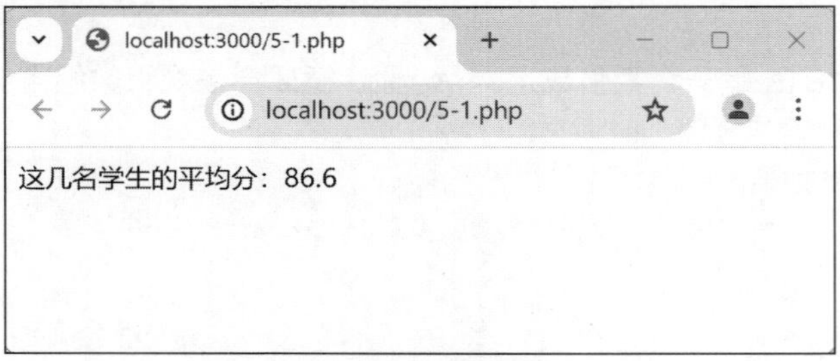

图 5-1 计算学生平均分

5.1.4 常用的数组函数

PHP 拥有丰富的数组函数，便于用户操作和处理数组，主要包括以下几类。

1. 快速创建数组函数

当需要快速生成具有特定规律的数组时，可使用 PHP 提供的一些非常有用的函数。表 5-1 所示为常用的快速创建数组函数及其功能描述。

表 5-1 常用的快速创建数组函数及其功能描述

函数	功能描述
range()	快速创建指定范围的数字数组或字符数组
array_fill()	将指定个数的值填充到新数组中
array_combine()	创建一个新数组，用一个数组的值作为新数组的键，用另一个数组的值作为新数组的值
array_pad()	以指定长度将一个值填充进数组

下面通过代码演示快速创建数组函数的方法。

```
// 使用 range()函数创建一个从 1~10 的数字数组
$numbers = range(1, 10);
echo "使用 range()函数创建的数组：\n";
print_r($numbers);

// 使用 array_fill()函数创建一个包含 5 个元素的数组，每个元素值为'default'
$filledArray = array_fill(0, 5, 'default');
echo "使用 array_fill()函数创建的数组：\n";
print_r($filledArray);

// 创建两个数组，一个用于设置键，一个用于设置值
$keys = array('a', 'b', 'c');
$values = array(1, 2, 3);

// 使用 array_combine()函数将以上两个数组合并为一个关联数组
$combinedArray = array_combine($keys, $values);
echo "使用 array_combine()函数创建的关联数组：\n";
print_r($combinedArray);

// 使用 array_pad()函数将数组填充到长度为 6，填充值为'padded'
$paddedArray = array_pad($values, 6, 'padded'); // 对$values 数字数组进行填充
echo "使用 array_pad()函数填充后的数组：\n";
print_r($paddedArray);
```

 注意　array_pad()函数在处理关联数组时会重置数组的键，因此在实际应用中，如果需要保持关联数组的键不变，不建议对关联数组使用 array_pad()函数。

2. 数组统计函数

PHP 提供了丰富的数组统计函数，这些函数能够帮助我们快速获取数组的统计信息，如元素数量、最大值、最小值、元素和、元素乘积及元素值出现次数等。表 5-2 所示为常用的数组统计函数及其功能描述。

表 5-2　常用的数组统计函数及其功能描述

函数	功能描述
count()	统计数组中所有元素的数量，该函数的别名函数为 sizeof()
max()	统计并计算数组元素的最大值
min()	统计并计算数组元素的最小值
array_sum()	统计并计算数组所有元素的和，返回整数或浮点数
array_product()	统计并计算数组所有元素的乘积，返回整数或浮点数
array_count_values()	统计并计算数组所有元素的值出现的次数

下面通过案例实践演示数组统计函数的使用方法。

【案例实践 5-2】获取学生分数的各种统计信息

创建包含学生分数的数组，使用各种数组统计函数来获取分数的统计信息，如分数总数、最高分、最低分、分数总和、分数平均值及分数出现次数（具体技术细节可参考源代码文件 5-2.php）。

```php
<?php
// 创建一个包含学生分数的数组
$scores = [85, 90, 78, 92, 88, 76, 95, 89];
// 使用count()函数统计分数总数
$numberOfScores = count($scores);
echo "分数总数: " . $numberOfScores . "<br>";
// 使用max()函数找出最高分
$highestScore = max($scores);
echo "最高分: " . $highestScore . "<br>";
// 使用min()函数找出最低分
$lowestScore = min($scores);
echo "最低分: " . $lowestScore . "<br>";
// 使用array_sum()函数计算分数总和
$totalScore = array_sum($scores);
echo "分数总和: " . $totalScore . "<br>";
// 计算分数平均值
$averageScore = $totalScore / $numberOfScores;
echo "分数平均值: " . $averageScore . "<br>";
// 使用array_count_values()函数统计每个分数出现的次数
$scoreCounts = array_count_values($scores);
echo "分数出现次数:<pre>";
print_r($scoreCounts);
echo "</pre>";
?>;
```

运行结果如图 5-2 所示。

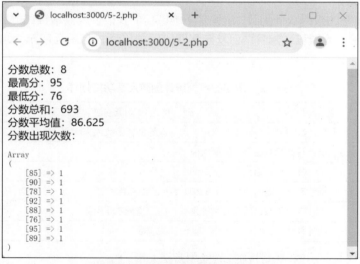

图 5-2　获取学生分数的各种统计信息

3. 数组指针函数

数组指针在 PHP 中是一个内部指针，它指向数组中的某个元素。默认情况下，这个指针指向数组的第一个元素。使用特定的数组指针函数，可以移动这个指针来访问数组中的不同元素。常用的数组指针函数及其功能描述如表 5-3 所示。

表 5-3　常用的数组指针函数及其功能描述

函数	功能描述
key()	返回数组当前指针所指元素的键
current()	返回数组当前指针所指元素的值
next()	移动数组当前指针，指向数组的下一个元素，并返回当前指针所指的元素值
prev()	移动数组当前指针，指向数组的上一个元素，并返回当前指针所指的元素值
end()	移动数组当前指针，指向数组的最后一个元素，并返回当前指针所指的元素值
reset()	移动数组当前指针，指向数组的第一个元素，并返回当前指针所指的元素值

下面通过案例实践演示数组指针函数的使用方法。

【案例实践 5-3】使用指针操作数组

首先定义关联数组 $fruits，然后使用 key()函数和 current()函数输出数组的初始指针位置。接着使用 next()、prev()、end()和 reset()等函数来移动指针，并使用 key()函数和 current()函数来输出移动后指针所指元素的键和值。这样就可以清楚地看到指针如何在数组中移动，以及如何使用这些数组指针函数来访问数组中的不同元素。示例代码如下（具体技术细节可参考源代码文件 5-3.php）。

```php
<?php
// 定义一个数组
$fruits = array("apple" => "苹果","banana" => "香蕉","cherry" => "樱桃","date" => "椰枣",
"elderberry" => "接骨木果" );
// 输出数组的初始指针位置
echo "数组的初始指针指向: ".key($fruits) . ' => ' . current($fruits) . "\n";
// 移动指针到下一个元素
next($fruits);
echo "移动指针到下一个元素后，指针指向: ".key($fruits) . ' => ' . current($fruits) . "\n";
// 移动指针到上一个元素
prev($fruits);
echo "移动指针到上一个元素后，指针指向: ".key($fruits) . ' => ' . current($fruits) . "\n";
// 移动指针到数组最后一个元素
end($fruits);
echo "移动指针到数组最后一个元素后，指针指向: ".key($fruits) . ' => ' . current($fruits) . "\n";
// 重置指针到数组第一个元素
reset($fruits);
echo "重置指针到数组第一个元素后，指针指向: ".key($fruits) . ' => ' . current($fruits) . "\n";
```

运行结果如图 5-3 所示。

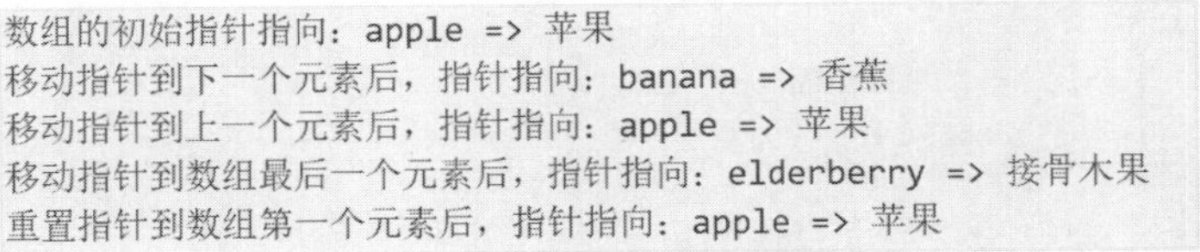

数组的初始指针指向: apple => 苹果
移动指针到下一个元素后，指针指向: banana => 香蕉
移动指针到上一个元素后，指针指向: apple => 苹果
移动指针到数组最后一个元素后，指针指向: elderberry => 接骨木果
重置指针到数组第一个元素后，指针指向: apple => 苹果

图 5-3　使用指针操作数组

4. 数组检索函数

数组检索函数用于在数组中查找特定的键、值或检查某个值是否存于数组中。这些函数在处理数组数据时非常有用，特别是当我们需要在大型数据集中快速检索信息时。表 5-4 所示为常用的数

组检索函数及其功能描述。

表 5-4　常用的数组检索函数及其功能描述

函数	功能描述
array_keys()	返回数组中所有的键，如果指定了搜索值，则返回该值对应的键
array_values()	返回数组中所有的值，并为新数组建立数字索引
in_array()	检查数组中是否存在某个值，可以指定严格类型检查
array_key_exists()	检查数组中是否存在指定的键
array_search()	在数组中搜索指定的值，并返回对应的键，可以指定严格类型检查
array_unique()	移除数组中重复的值，并返回新数组

下面通过代码演示数组检索函数的使用方法。

```php
// 创建一个包含学生信息的关联数组
$students = ['John' => ['id' => 1, 'grade' => 'A'],'Jane' => ['id' => 2, 'grade' => 'B'],
'Mike' => ['id' => 3, 'grade' => 'A'], 'Sarah' => ['id' => 4, 'grade' => 'C'],'David' => ['id'
=> 5, 'grade' => 'A']];
// 使用 array_keys() 函数获取所有学生的名字
$studentNames = array_keys($students);
echo "学生名单: " . implode(', ', $studentNames) . "\n";

// 使用 array_values() 函数获取所有学生的信息, 忽略键
$studentInfo = array_values($students);
print_r($studentInfo);
// 检查 'Jane' 是否在数组中
if (array_key_exists('Jane', $students)) {
    echo "Jane 在数组中\n";
} else {
    echo "Jane 不在数组中\n";
}
// 检查是否有学生的成绩是 'B'
if (in_array(['grade' => 'B'], $students)) {
    echo "有学生的成绩是 B\n";
} else {
    echo "没有学生的成绩是 B\n";
}
// 查找成绩为 'A' 的学生的名字
$gradeAStudents = array_keys(array_filter($students, function ($student) {
    return $student['grade'] === 'A';
}));
echo "成绩为 A 的学生: " . implode(', ', $gradeAStudents) . "\n";

// 移除重复的成绩, 并输出唯一的成绩列表
$uniqueGrades = array_unique(array_column($students, 'grade'));
echo "唯一的成绩列表: " . implode(', ', $uniqueGrades) . "\n";
// 使用 array_search() 查找特定学生 ID (例如, 查找 ID 为 3 的学生名字)
$searchId = 3;
$searchKey = array_search($searchId, array_column($students, 'id'));
if ($searchKey !== false) {
    $studentName = array_keys($students)[$searchKey];
    echo "ID 为 {$searchId} 的学生是: {$studentName}\n";
} else {
```

```
        echo "没有找到 ID 为{$searchId}的学生\n";
}
```

5. 元素排序函数

元素排序函数在 PHP 中用于对数组元素进行排序。通过这些函数可以按照不同的标准和顺序来排列数组中的元素。表 5-5 所示为常用的元素排序函数及其功能描述。

表 5-5　常用的元素排序函数及其功能描述

函数	功能描述
sort()	对数组元素进行升序排序，原数组的键会被重置为连续的整数
rsort()	对数组元素进行降序排序，原数组的键会被重置为连续的整数
asort()	对数组元素进行升序排序并保持索引关系
ksort()	根据键对数组元素进行升序排序
natsort()	使用自然排序算法对数组进行排序，保持索引关联，适用于字符串元素的排序
natcasesort( )	用自然排序算法对数组元素进行不区分大小写字母的排序
shuffle()	打乱数组元素顺序
array_reverse()	返回一个顺序相反的数组
array_multisort()	对多个数组或多维数组中的元素进行排序

下面通过代码演示元素排序函数的使用方法。

```php
// 创建一个包含学生分数的数组
$scores = ['Alice' => 85,'Bob' => 92,'Charlie' => 78,'David' => 88,'Eva' => 95];
// 使用 asort()函数按分数升序排序并保持索引关系
asort($scores);
echo "按分数升序排序（保持索引）: \n";
print_r($scores);
// 使用 arsort()函数（未在表 5-5 中列出，但与 rsort()函数类似）按分数降序排序并保持索引关系
arsort($scores);
echo "按分数降序排序（保持索引）: \n";
print_r($scores);
// 使用 ksort()函数按键升序排序
ksort($scores);
echo "按键升序排序: \n";
print_r($scores);
// 为了演示 shuffle()函数，先将数组还原为初始状态
$scores = [
    'Alice' => 85,
    'Bob' => 92,
    'Charlie' => 78,
    'David' => 88,
    'Eva' => 95
];
shuffle($scores);
echo "打乱数组元素顺序: \n";
print_r($scores);
// 使用 array_reverse()函数反转数组元素顺序
$reversedScores = array_reverse($scores, true); // 第二个参数为 true 时保持键关联
echo "反转数组元素顺序: \n";
print_r($reversedScores);
```

6. 元素操作函数

元素操作函数在 PHP 中用于对数组中的元素进行各种操作，如添加、删除、修改等。这些函数可以帮助我们灵活处理数组数据。表 5-6 所示为常用的元素操作函数及其功能描述。

表 5-6　常用的元素操作函数及其功能描述

函数	功能描述
array_push()	将一个或多个元素添加到数组末尾
array_unshift()	在数组开头插入一个或多个元素
array_shift()	弹出数组的第一个元素，并返回该元素的值。数组的键会被重新索引
array_pop()	弹出数组的最后一个元素
array_splice()	从数组中移除一个或多个元素，用新元素替代它们，并返回被移除的元素
array_slice()	从数组中取出一段，并返回一个新的数组
array_merge()	合并一个或多个数组
array_replace()	使用后面数组的值替换第一个数组的值

（1）array_push()函数和 array_unshift()函数

这两个函数都是用于添加数组元素的，但它们添加元素的位置不同。array_push()函数用于将一个或多个元素添加到数组的末尾，而 array_unshift()函数用于将一个或多个元素添加到数组的开头。下面是它们的具体示例。

```
$fruits = array("apple", "banana");
array_push($fruits, "orange", "grape");
print_r($fruits); // 输出 Array ( [0] => apple [1] => banana [2] => orange [3] => grape )
array_unshift($fruits, "pear", "kiwi");
print_r($fruits); // 输出 Array ( [0] => pear [1] => kiwi [2] => apple [3] => banana [4]
=> orange [5] => grape )
```

（2）array_shift()函数和 array_pop()函数

array_shift()函数用于删除数组的开头元素，并返回被删除的元素，从而缩短数组的长度，而 array_pop()函数用于从数组的末尾弹出并返回最后一个元素，同样缩短数组长度。示例代码如下。

```
$fruits = array("orange", "banana", "apple", "grape");
$firstFruit = array_shift($fruits);
echo $firstFruit; // 输出 orange
print_r($fruits); // 输出 Array ( [0] => banana [1] => apple )

$fruit = array_pop($fruits);
echo $fruit;        // 输出 grape
print_r($fruits); // 输出 Array ( [0] => orange [1] => banana [2] => apple )
```

（3）array_splice()函数和 array_slice()函数

array_splice()函数用于从数组中移除一个或多个元素，并用新元素替代它们（如果需要的话），同时，该函数会返回被移除的元素。这个函数既可以用于删除、插入，又可以用于替换数组中的元素。而 array_slice()函数用于从数组中取出一段，并返回这段数组的新数组，原数组不会被改变。这两个函数的示例代码如下。

```
// array_splice()函数示例
$fruits = array("apple", "banana", "cherry", "elderberry");
$removed = array_splice($fruits, 1, 2, array("blueberry", "blackberry"));
print_r($fruits);    // 输出替换后的数组 Array ( [0] => apple [1] => blueberry [2] => blackberry
```

```
[3] => elderberry )
  print_r($removed); // 输出被移除的元素 Array ( [0] => banana [1] => cherry )
  // array_slice()函数示例
  $fruits = array("apple", "banana", "cherry", "elderberry");
  $sliced = array_slice($fruits, 1, 3); // 从索引1开始，取出长度为3的子数组
  print_r($sliced); // 输出 Array ( [0] => banana [1] => cherry [2] => elderberry )
  // 注意，原数组 $fruits 保持不变
```

5.2 字符串

字符串在编程中占据着举足轻重的地位，因为它们是系统与用户交互、展示信息和处理文本数据的主要方式。在 PHP 中，字符串的操作同样灵活且功能强大，无论是简单的输出还是复杂的处理，通过字符串的操作都能轻松应对。接下来详细介绍 PHP 中常见的字符串操作。

5.2.1 字符串的输出

在 PHP 中，字符串的输出通常通过 echo 语句或 print 语句来实现。echo 语句比 print 语句操作速度稍微快一些，并且支持输出多个字符串，因此在实际开发中更常用。

示例代码如下。

```
$string = "Hello, World!";
echo $string; // 输出 Hello, World!
// 或者使用 print 语句
$string = "Hello, World!";
print $string; // 输出 Hello, World!
```

5.2.2 常用的字符串操作函数

在 PHP 中，字符串操作是常见的操作，无论是处理用户输入内容、生成动态内容，还是进行数据库交互，都离不开字符串操作。PHP 提供了一系列功能强大的字符串操作函数，这些函数涵盖从简单的查找到复杂的转换等各种需求。我们可以根据它们的主要功能对这些函数进行分类，以便理解和使用。

1. 截取函数

在处理字符串时，经常需要从原始字符串中提取出特定的部分，这时就需要用到截取函数。

（1）substr()函数

substr()函数用于返回字符串中的子字符串，其语法格式如下。

微课

截取函数

```
string substr(string $string, string $start,[int $length])
```

具体参数说明如下。

$string：表示待截取的字符串。

$start：规定开始截取的位置，如果是正数，则表示从字符串开始第 n 个位置截取；如果是负数，则表示从字符串结尾第 m 个位置开始向前截取，从 1 开始数。

$length：规定要返回的字符串长度，默认直到字符串的结尾，如果是正数，则表示截取的长度；如果是负数，则表示从截取后的字符串的结尾处去掉 m 个字符。

从字符串中截取一个子字符串，从$start 位置开始，长度为$length。如果$length 被省略或设

为负数，则会截取到字符串末尾。示例代码如下。

```
$string = "Hello, World!";
echo substr($string, 7, 5); // 输出 World，表示从索引 7 开始截取 5 个字符
```

【能力进阶】其他截取函数

除 substr()函数之外，PHP 还提供了其他一些有用的截取函数，如 mb_substr()函数等，这些函数在处理多字节字符编码（如 UTF-8）的字符串时特别有用。它们为开发者在处理不同字符编码的字符串时提供了更多的选择和较高的灵活性。

需要注意的是，在处理多字节字符编码的字符串时，应使用专门的截取函数（如 mb_substr()函数），以确保截取的子字符串在多字节字符边界上保持完整，避免出现乱码或字符被不正确截断的情况。

（2）strlen()函数

strlen()函数用于返回字符串的长度，这个函数常常与 substr()函数结合使用，以确定截取的范围。示例代码如下。

```
$string = "Hello, World!";
echo strlen($string); // 输出 13，表示$string 的长度是 13 个字符
```

2. 查找函数

当需要在字符串中定位特定子字符串的位置时，查找函数就显得尤为重要。

（1）strpos()函数

strpos()函数用于查找字符串在另一字符串中首次出现的位置（区分大小写），其语法格式如下。

微课

查找函数

```
int|false strpos(string $string, string $find,[int $start = 0])
```

具体参数说明如下。

$string：表示被查找的字符串。

$find：表示要查找的字符。

$start：规定字符串开始查找的位置，其值有以下 3 种情况。

- 省略或者为 0——从字符串开头开始查找。
- 为正数 n——从字符串开始的第 n 个位置开始查找。
- 为负数 m——从字符串结尾的第 m 个位置开始向前查找。

若找到子字符串，则返回子字符串首次出现的位置；若未找到子字符串，则返回 false。具体示例代码如下。

```
$string = "Hello,World!";
echo strpos($string, "World"); // 输出 6，表示"World"在$string 中首次出现的位置是索引 6
```

【能力进阶】其他查找函数

除 strpos()函数之外，PHP 还提供了其他几个有用的查找函数，如表 5-7 所示。

表 5-7　查找函数及其功能描述

函数	功能描述
stripos()	查找字符串在另一字符串中首次出现的位置，不区分大小写
strrpos()	查找字符串在另一字符串中最后一次出现的位置，区分大小写

续表

函数	功能描述
strripos()	查找字符串在另一字符串中最后一次出现的位置，不区分大小写

通过观察函数名，我们发现一个小窍门：名称中包含字母 i 的函数表示它在查找时不区分大小写，而包含字母 r 的函数表示它定位的是目标字符串最后一次出现的位置。这些精心设计的函数无疑为开发者在处理复杂字符串任务时提供了极高的灵活性和便捷性。

（2）strstr()函数

strstr()函数用于查找一个字符串在另一个字符串中首次出现的位置，并返回从该位置到字符串结尾的所有字符。与 strpos()函数不同，strstr()函数不仅告诉我们子字符串是否存在，还返回包含该子字符串及其后面所有字符的新字符串。其语法格式如下。

```
string|false strstr(string $string, string $search,[bool $before_needle])
```

具体参数说明如下。

$string：表示被查找的字符串。

$search：表示要查找的字符。

$before_needle：默认值为 false，如果设置为 true，它将返回$search 参数第一次出现之前的字符串部分。

如果找到子字符串，则返回从子字符串开始到主字符串结尾的所有字符；如果未找到子字符串，则返回 false。具体示例代码如下。

```
$string = "Hello, World!";
echo strstr($string, "World!");// 输出"World!"，表示从 World 开始到主字符串结尾的所有字符
```

如果设置$before_needle 参数为 true，则有：

```
echo strstr($string, "World", true);// 输出"Hello,"，表示从主字符串开头到"World"开始之前的所有字符
```

注意 strstr()函数是区分大小写的。如果需要进行不区分大小写的查找，可以先将两个字符串都转换为同一种大小写形式（如全部小写或全部大写），然后使用 strstr()函数，或者直接使用 stristr()函数。

3. 转换函数

在处理字符串时，经常需要对字符串进行各种转换，如大小写转换、字符编码转换等，这时就需要用到转换函数。

（1）strtolower()函数和 strtoupper()函数

strtolower()函数用于将字符串转换为小写，而 strtoupper()函数用于将字符串转换为大写。这两个函数在处理字符串时非常有用，特别是在需要对字符串进行标准化处理或比较时。示例代码如下。

```
$string="Hello,World!";
echo strtolower($string); // 输出 hello,world!
echo strtoupper($string); // 输出 HELLO,WORLD!
```

（2）iconv()函数

iconv()函数用于字符编码之间的转换。当需要在不同的字符编码之间转换时，这个函数非常有用。例如，将一个 UTF-8 编码的字符串转换为 ISO-8859-1 编码的字符串，语法格式如下。

```
string iconv(string $from_encoding, string $to_encoding, string $string)
```

具体参数说明如下。

$from_encoding：用于解释$string 的当前编码。

$to_encoding：规定结果的编码。

$string：表示要转换的字符串。

该函数可返回转换后的字符串，示例代码如下。

```
$string = "This is the Euro symbol '€'.";// 这是一个 UTF-8 编码的字符串
$convertedString = iconv("UTF-8", "ISO-8859-1//IGNORE", $string);// 尝试将字符串编码从 UTF-8
转换为 ISO-8859-1，并忽略无法转换的字符
  echo $convertedString; // 输出转换后的字符串
```

总的来说，PHP 提供了丰富的字符串转换函数，开发者可以根据具体需求选择合适的函数来完成字符串的转换操作。无论是大小写转换还是字符编码转换，PHP 都能提供合适的函数来满足开发者的需求。

4. 去除空白函数

微课

去除空白函数

在处理字符串时，经常需要去除字符串前后的空白字符，包括空格、制表符、换行符等。PHP 提供了一系列函数来帮助开发者完成这个任务。

trim()函数用于去除字符串两端的空白字符（或其他指定的字符），其语法格式如下。

```
string trim(string $string[,string $character_mask = " \t\n\r\0\x0B"])
```

具体参数说明如下。

$string：表示要处理的字符串。

$character_mask（可选）：规定要从字符串两端去除的字符。默认去除空白字符，包括空格、制表符、换行符等。

trim()函数会返回处理后的字符串，即去除了指定字符后的结果。示例代码如下。

```
$string = " Hello, World! ";
echo trim($string); // 输出 Hello, World!，表示去除了字符串两端的空白字符
```

【能力进阶】其他去除空白函数

除 trim()函数之外，PHP 还提供了 ltrim()函数和 rtrim()函数，分别用于去除字符串左侧和右侧的空白字符（或其他指定的字符）。这些函数在处理字符串时同样非常有用，特别是在需要格式化或清理用户输入内容时，例如：

```
$string = " Hello,World! ";
echo ltrim($string); // 输出 Hello,World! ，表示去除了字符串左侧的空白字符
echo rtrim($string); // 输出 Hello,World!，表示去除了字符串右侧的空白字符
```

这些去除空白函数在表单处理、数据验证等场景中非常有用，它们可以确保数据的准确性和一致性。同时，这些函数也展示了 PHP 在处理字符串时的灵活性和强大功能。

【案例实践 5-4】通过文件路径获取文件基本信息

通过文件路径获取文件的基本信息，包括文件名、文件扩展名和文件所在的目录。

首先使用 strrpos()函数找到文件路径中最后一条斜线的位置，然后使用 substr()函数从该位置之后截取字符串，得到文件名。接下来，再次使用 strrpos()函数找到文件名中最后一个点的位置，并使用 substr()函数和 strlen()函数获取文件扩展名。

为了获取文件所在的目录，使用 strstr()函数截取文件名之前的部分作为文件路径。如果文件路径不为空，则使用 rtrim()函数去除末尾的斜线。最后使用 strpos()函数检查文件路径中是否包含特定的子字符串（如"uploads"），以确定文件是否位于特定目录下。示例代码如下（具体技术细节可参考源代码文件 5-4.php）。

```php
<?php
$filePath = "/var/www/html/example.com/uploads/image.jpg";
// 使用 strrpos()函数和 substr()函数获取文件名
$lastSlashPos = strrpos($filePath, '/');
$fileName = substr($filePath, $lastSlashPos + 1);
echo "文件名: " . $fileName . "\n";

// 使用 strrpos()函数、substr()函数和 strlen()函数获取文件扩展名
$dotPos = strrpos($fileName, '.');
$fileExtension = substr($fileName, $dotPos + 1);
echo "文件扩展名: " . $fileExtension . "\n";
// 使用 strstr()函数和 strlen()函数判断文件所在的目录
$directory = strstr($filePath, $fileName, true); // 截取文件名之前的部分，即文件路径
if (strlen($directory) > 0) {
    // 去除末尾的斜线
    $directory = rtrim($directory, '/');
} else {
    $directory = '.'; // 如果没有目录，则默认为当前目录
}
echo "文件所在目录: " . $directory . "\n";
// 使用 strpos()函数检查文件路径中是否包含特定的子字符串，如检查是否在 uploads 目录下
if (strpos($directory, "uploads") !== false) {
    echo "文件在 uploads 目录下。\n";
} else {
    echo "文件不在 uploads 目录下。\n";
}
?>;
```

运行结果如图 5-4 所示。

文件名: image.jpg
文件扩展名: jpg
文件所在目录: /var/www/html/example.com/uploads
文件在uploads目录下。

图5-4　通过文件路径获取文件基本信息

【案例实践 5-5】格式化表单提交的数据

处理用户通过网页表单提交的数据，并且需要确保用户输入的用户名不包含前后的空格或其他空白字符。

首先模拟一个用户通过表单提交的用户名，该用户名前后包含一些不必要的空白字符，然后使用 trim()函数将这些空白字符去除，得到一个"干净"的用户名，这个用户名可以安全地用于数据库存储或其他处理。示例代码如下（具体技术细节可参考源代码文件 5-5.php）。

```php
<?php
// 假设这是从表单中获取的用户名
```

```
$submittedUsername = "  john_doe  "; // 用户可能不小心在用户名前后输入了空格

// 使用 trim()函数去除用户名前后的空白字符
$cleanedUsername = trim($submittedUsername);

// 输出处理后的用户名
echo "原始用户名: '{$submittedUsername}'\n";
echo "处理后的用户名: '{$cleanedUsername}'\n";
?>;
```

运行结果将在终端或控制台中显示，如图 5-5 所示。

```
原始用户名：'  john_doe  '
处理后的用户名：'john_doe'
```

图 5-5　格式化表单提交数据

5. 替换函数

在处理字符串时，替换函数允许将字符串中的某部分替换为其他内容，这在文本处理和格式化时非常有用。

（1）str_replace()函数

str_replace()函数用于替换字符串中的一些字符。该函数可以有 4 个参数，其中，前两个参数表示查找和替换的值，后两个参数表示原始字符串和可选的计数变量（用于存储替换的次数）。其语法格式如下。

```
mixed str_replace(mixed $search, mixed $replace, mixed $subject[, int &count])
```

具体参数说明如下。

$search：规定要查找的值，可以是一个字符串或一个字符串数组。

$replace：规定替换的值，可以是一个字符串或一个与$search 对应的数组。

$subject：表示要进行替换操作的原始字符串或字符串数组。

$count（可选）：一个变量，用于存储替换的次数。

如果$search 和$replace 都是字符串数组，则它们的大小应该相同，并且替换会逐个进行。如果$subject 是一个字符串数组，那么搜索和替换会在数组的每个元素上执行，并返回一个字符串数组。示例代码如下。

```
$string="Hello,World!";
echo str_replace("World", "PHP", $string); // 输出 Hello,PHP!
```

（2）substr_replace()函数

substr_replace() 函数用于替换字符串中的一部分。与 str_replace()函数不同，这个函数是基于字符串的位置和长度来进行替换的，其语法格式如下。

```
mixed substr_replace(mixed $string, mixed $replacement, mixed $start, mixed $length)
```

具体参数说明如下。

$string：表示原始字符串或字符串数组。

$replacement：规定要替换的字符串。

$start：规定开始替换的位置。如果该值为正数，则从字符串的开始位置开始计数；如果该值为负数，则从字符串的结尾位置开始计数；如果该值为 0，则表示从字符串的开始位置进行替换。还可以使用数组来指定多个替换的起始位置。

$length（可选）：规定要替换的子字符串的长度。如果该值省略或为 0，则表示从$start 位置到字符串的末尾；如果该值为正数，则表示$string 中被替换的子字符串的长度；如果该值为负数，则表示待替换的子字符串结尾处距离$string 末端的字符个数。

示例代码如下。

```
$string="Hello,World!";
```

```
echo substr_replace($string, "PHP", 6, 5); // 输出 Hello,PHP!，从索引 6 开始的 5 个字符被替换为
PHP。
```

需要注意的是，使用 substr_replace() 函数时，需要明确知道替换的位置和长度，否则可能会导致意外的结果，而 str_replace() 函数更适合于基于内容来进行替换，不需要精确的位置信息。

这两个函数在处理字符串替换任务时提供了不同的方式，开发者可以根据具体需求选择合适的函数来完成替换操作。

【案例实践 5-6】隐私保护：格式化用户提交的手机号

处理用户通过网页表单提交的手机号数据时，出于隐私保护，需要将手机号中间 4 位数字替换为星号（*）。

首先模拟一个用户通过表单提交的手机号，然后使用 substr_replace() 函数将该手机号中间的 4 位数字替换为 4 个星号（*），以保护用户的隐私，最后输出原始手机号和处理后的手机号以供比较。示例代码如下（具体技术细节可参考源代码文件 5-6.php）。

```php
<?php
// 假设这是从表单中获取的（虚构）手机号
$submittedPhone = '138****5678'; // 使用部分虚构手机号，避免隐私泄露，实际操作时请将 4 个星号替换

// 定义需要替换的长度和替换字符串
$start = 3;      // 从第 4 个字符开始替换
$len = 4;        // 需要替换的手机号长度
$replace = '****'; // 替换字符串

// 使用 substr_replace() 函数替换手机号中间 4 位数字
$maskedPhone = substr_replace($submittedPhone, $replace, $start, $len);

// 输出原始手机号（仅用于示例说明，实际中不应输出真实手机号）
echo "原始（虚构）手机号：'{$submittedPhone}'\n";

// 输出处理后的手机号
echo "处理后的手机号：'{$maskedPhone}'\n";
```

运行结果如图 5-6 所示。

原始（虚构）手机号：'138****5678'
处理后的手机号：'138****5678'

图 5-6　用户提交的格式化手机号

使用这些函数，开发者能够轻松处理字符串数据，以满足各种文本处理需求。

【素养提升】培养隐私保护意识，构建和谐数字社会

随着信息技术的迅猛发展，个人隐私泄露的风险也在不断增加，因此，保护用户隐私成为一个重要的议题。

以手机号处理为例，我们在处理用户数据时，应该遵循隐私保护原则，确保用户数据的安全性和隐私性。将手机号中间的 4 位数字替换为星号，不仅保护了用户的个人隐私，还体现了对用户数据的尊重和保护。这种做法有助于建立用户对企业的信任，提升企业的社会形象和品牌价值。

同时，我们也应该意识到，保护用户隐私不仅是在数据处理过程中的一项技术操作，还是一种社会责任感和职业道德的体现。作为未来的从业者，我们应该时刻牢记保护用户隐私的重要性，积极学习和掌握相关的法律法规和技术手段，以确保用户数据的安全性和隐私性。

通过学习，我们不仅掌握了处理用户数据的技术方法，还培养了保护用户隐私的意识和责任感，这将对我们未来的职业发展产生积极的影响，也有助于推动整个社会对用户隐私保护的重视。同时，我们能够学会在实际操作中平衡数据处理与隐私保护之间的关系，为构建和谐、安全的数字社会贡献自己的力量。

5.2.3 字符串与数组

在 PHP 中，字符串和数组之间的转换是一个常见且有用的操作。这种转换主要通过 3 个函数实现：str_split()、implode()和 explode()。下面详细介绍这 3 个函数。

1. str_split()函数

str_split()函数用于将字符串拆分为单个字符，并返回一个包含这些字符的数组，其语法格式如下。

```
array str_split(string $string[, int $split_length = 1])
```

具体参数说明如下。

$string：表示要拆分的字符串。

$split_length：可选参数，规定每个数组元素的长度。默认值是 1，即每个字符为一个数组元素。

这个函数在处理需要逐个字符分析或操作的字符串时特别有用，例如：

```
$str = "Hello World";
$array = str_split($str, 3);
print_r($array);
// 输出可能是 Array ( [0] => Hel [1] => lo [2] => Wor [3] => ld )
```

在这个例子中，str_split($str, 3) 将字符串 "Hello World" 拆分成了一个数组，其中每 3 个元素作为一个数组元素。

2. implode()函数

implode()函数用于将数组的元素连接成一个字符串，其语法格式如下。

```
string implode(string $glue , array $pieces)
```

微课

implode()函数

具体参数说明如下。

$glue：规定用来连接数组元素的字符串。

$pieces：表示要连接的数组。

可以指定一个分隔符来连接数组中的每个元素。如果不指定分隔符，那么数组元素将被直接连接在一起。具体示例代码如下。

```
$array = array('Hello', 'World');
$string = implode(' ', $array);
echo $string; // 输出 Hello World
```

在这个例子中，implode()函数将数组元素用空格连接成一个字符串。

3. explode()函数

与 implode()函数的作用相反，explode()函数用于将字符串拆分成数组，其语法格式如下。

微课

explode()函数

```
array explode(string $delimiter , string $string [, int $limit =
PHP_INT_MAX])
```

具体参数说明如下。

$delimiter：规定用于拆分字符串的分隔符。

$string：表示要拆分的字符串。

$limit：可选参数，规定返回数组的最大元素数目。默认值是 PHP_INT_MAX，即不限制元素数目。

这个函数需要一个分隔符来确定如何拆分字符串，在处理以特定分隔符分隔的字符串数据时非常有用，如 CSV 文件中的数据。示例代码如下。

```php
$string = "apple,banana,orange";
$array = explode(",", $string); // 使用逗号作为分隔符将字符串拆分为数组
print_r($array); // 输出 Array ( [0] => apple [1] => banana [2] => orange )
```

在这个例子中，explode(",", $string) 使用逗号作为分隔符，将字符串 "apple,banana,orange" 拆分成了一个包含 3 个元素的数组。

在实际应用中，str_split()、implode() 和 explode() 这 3 个函数在处理文本数据、构建复杂字符串或解析特定格式的文本时发挥着重要作用，它们提供了使字符串和数组灵活转换的能力。

【案例实践 5-7】判断 IP 地址格式

要判断 IP 地址的格式是否正确，可以使用 explode() 函数将 IP 地址按点（.）拆分成 4 组数据，然后检查每组数据是否为 0~255。示例代码如下（具体技术细节可参考源代码文件 5-7.php）。

```php
<?php
// 假设这是从某个来源获取的 IP 地址
$ipAddress = '192.168.1.1';

// 使用 explode() 函数按照点号（.）将 IP 地址拆分成数组
$ipParts = explode('.', $ipAddress);

// 检查是否拆分成了 4 个部分
if (count($ipParts) !== 4) {
    echo "IP 地址格式不正确，应该有 4 个部分。";
} else {
    // 检查每个部分是否都是整数，且在 0~255 的范围内
    $isValid = true;
    foreach ($ipParts as $part) {
        // 使用 is_numeric() 函数检查值是否为数字，并使用 (int) 将其强制转换为整数
        $part = (int)$part;
        if (!is_numeric($part) || $part < 0 || $part > 255) {
            $isValid = false;
            break;
        }
    }
    // 输出结果
    if ($isValid) {
        echo "IP 地址格式是正确的。";
    } else {
        echo "IP 地址格式不正确，部分数值不在 0~255 的范围内。";
    }
}?>;
```

运行结果如图 5-7 所示。

图 5-7　判断 IP 地址格式

项目分析

本项目旨在开发简单的文本内容过滤器，以维护健康、安全的在线交流环境。通过实现敏感词管理、内容过滤和测试展示等功能，本项目能够满足教育机构等组织对文本内容进行监管的需求。未来可以进一步考虑引入更先进的自然语言处理技术和机器学习算法来提高过滤器的性能和准确性。

项目实施

任务 5-1　定义敏感词库

在本任务中，创建一个包含所有需要过滤的敏感词的数组，这些敏感词将作为后续内容过滤的基础。

```
// 预设的敏感词列表
$sensitiveWords = ['脏话', '不雅词'];
// 学生提交的文本内容
$studentText = "这是一段测试文字，其中包含一些不雅词和脏话。";
```

任务 5-2　实现内容过滤逻辑

编写函数，接收用户输入内容和敏感词库，通过遍历敏感词库并替换输入内容中的敏感词，从而实现对用户输入内容的过滤。

```
function filterText($text, $sensitiveWords)
{
    foreach ($sensitiveWords as $word) {
        // 使用 str_repeat()函数生成与敏感词等长的星号字符串
        $replacement = str_repeat('*', mb_strlen($word, 'UTF-8'));
        // 使用 str_replace()函数不区分大小写
        $text = str_replace($word, $replacement, $text);
    }
    return $text;
}
```

任务 5-3 测试并展示过滤效果

使用模拟的用户输入内容来测试过滤函数的正确性。测试完成后，将展示原始输入内容和过滤后的内容，以便对比查看过滤效果。

```php
// 使用过滤函数处理学生提交的文本
$filteredText = filterText($studentText, $sensitiveWords);
// 输出过滤后的文本
echo "原始文本: $studentText\n";
echo "过滤后的文本: $filteredText\n";
```

运行结果如图 5-8 所示。

原始文本：这是一段测试文字，其中包含一些不雅词和脏话。
过滤后的文本：这是一段测试文字，其中包含一些***和**。

图 5-8　测试并展示过滤效果

项目实训——敏感词过滤与检测

【实训目的】

练习 PHP 数据处理操作。

【实训内容】

在在线社区或论坛中，用户提交评论是常见的交互方式。为了维护社区或论坛的健康与安全，需要检测用户提交的评论中是否包含敏感词。编写代码实现检测并过滤评论中的敏感词，同时提醒用户哪些敏感词被检测到了。

用户输入的评论："今天天气真好，但是听说最近有人在网上散播谣言，真是令人不齿！"

需要检测的敏感词：谣言、不齿。

实现图 5-9 所示的效果。

图 5-9　敏感词过滤与检测

【具体要求】

① 设计一个 PHP 函数，用于检测评论中是否包含敏感词列表中的任何一个词。

② 如果检测到敏感词，删除并输出过滤后的评论。

③ 列出检测到的所有敏感词，以便用户了解哪些内容被过滤了。

项目小结

本项目通过实现文本内容过滤器，详细介绍了数组和字符串的相关数据处理内容。在数组方面，我们学习了如何定义和操作数组，包括索引数组和关联数组的用法。在字符串处理方面，我们掌握了字符串的输出、截取、替换等常用操作，特别是字符串替换功能，在过滤敏感词时发挥了关键作用。通过遍历文本内容，并与敏感词进行对比，我们能够准确找到并替换掉不适当的词。此外，我们还学习了如何利用循环结构和条件结构来实现文本内容的遍历和过滤逻辑。项目 5 知识点如图 5-10 所示。

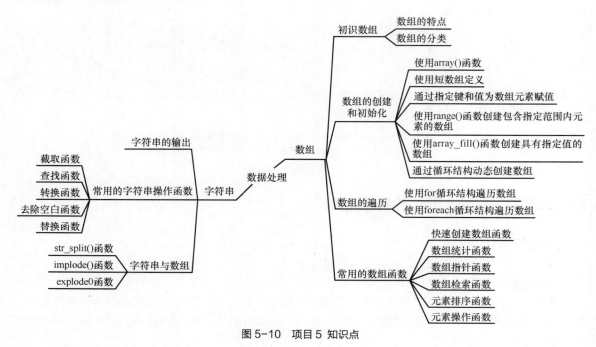

图 5-10　项目 5 知识点

应用安全拓展

PHP 输入输出过滤

在 PHP 中，输入输出过滤是确保应用程序安全的关键部分，对于保护应用程序免受恶意攻击、确保数据完整性和提升用户体验至关重要，它能防止安全漏洞，保证数据质量，并提高合规性，具体如下。

1. 输入过滤

（1）验证数据类型

在接收用户输入内容时，首先验证数据类型是否符合预期（如是否为整数、字符串、浮点数等）。使用 PHP 的强制类型转换或类型声明功能来确保数据类型的正确性。

（2）使用白名单验证

对于枚举类型的数据（如状态码、选项值等），使用白名单验证，只接收预定义的、安全的值。

（3）转义特殊字符

对于字符串型的输入内容，使用 htmlspecialchars() 函数来转义 HTML 特殊字符，防止跨站脚本攻击。

如果输入内容用于数据库查询，使用数据库特定的转义函数（如 mysqli_real_escape_string() 函数）来防止 SQL 注入。

（4）使用正则表达式

对于需要匹配特定模式的输入内容，使用正则表达式进行验证和过滤。

（5）过滤函数库

使用 PHP 的 filter_input()或 filter_var()函数来过滤输入数据，这些函数提供了多种过滤选项。

（6）限制输入内容长度

对于字符串型的输入内容，设置合理的长度限制，避免输入内容过长可能导致的缓冲区溢出等问题。

2. 输出过滤

（1）转义输出内容

在将数据存储到 HTML 页面或输出为其他格式时，确保对特殊字符进行转义，以防止跨站脚本攻击。使用 htmlspecialchars()函数或类似的函数来转义输出内容中的 HTML 特殊字符。

（2）内容安全策略

在 HTTP 响应头中设置内容安全策略，限制可以加载和执行的内容类型，进一步防止跨站脚本攻击。

（3）输出内容编码

对于非 HTML（如 JSON、XML 等）的输出内容，确保使用正确的编码方法，避免注入攻击。

（4）避免直接输出用户输入内容

尽量避免直接输出未经过滤的用户输入内容，特别是在构造 SQL 查询、命令行调用或 HTML 页面时。

（5）使用模板引擎

考虑使用模板引擎（如 Twig、Smarty 等）来渲染 HTML 页面，这些引擎通常提供了内置的转义和过滤机制。

输入输出过滤只是确保应用安全的一部分。为了确保全面的安全性，还需要考虑其他安全措施，如身份验证、访问控制、加密等。

巩固练习

一、填空题

1. 在 PHP 中，若要获取数组的长度，可以使用_____函数。

2. PHP 中用于连接两个数组的函数是_____。

3. 要将字符串"Hello, World!"中的"World"替换为"PHP"，应使用 str_replace()函数，即 str_replace(_____, 'PHP', 'Hello, World!')。

4. 使用 explode()函数将字符串"apple,banana,orange"按逗号分隔成数组，应写为 explode(',', _____)。

5. 要检查一个数组是否包含某个键，可以使用_____函数。

二、选择题

1. 下列哪个函数可以将数组按照键排序？（　　）

A. ksort()　　　　　　B. asort()　　　　　　C. sort()　　　　　　D. rsort()

2. 下列哪个选项不是 PHP 中数组的有效键？（　　）

A. 整数　　　　　　B. 字符串　　　　　　C. 浮点数　　　　　　D. 对象

3. 下列哪个函数用于删除数组中的第一个元素，并返回被删除元素的值？（　　　）

A. array_pop()　　　　　　　　　　　　B. array_shift()

C. array_push()　　　　　　　　　　　　D. array_unshift()

4. 下列哪个函数可以将字符串中的 HTML 标签去除？（　　　）

A. htmlspecialchars()　　　　　　　　　B. strip_tags()

C. urlencode()　　　　　　　　　　　　D. urlencode_decode()

5. PHP 中，implode()函数的作用是（　　　）。

A. 连接数组元素生成字符串　　　　　　B. 将字符串拆分为数组

C. 对数组元素进行排序　　　　　　　　D. 查找数组中的元素

三、判断题

1. PHP 中的数组可以是关联数组，也可以是索引数组。（　　　）

2. 在 PHP 中，字符串可以直接用等号(=)进行比较。（　　　）

3. 使用 substr()函数可以获取字符串的子字符串。（　　　）

4. PHP 的 strlen()函数返回的是字符串占用的字节数，而不是字符数。（　　　）

5. PHP 的数组索引可以是从 0 开始的整数，也可以是任意字符串。（　　　）

模块 2　PHP 进阶

项目6
用户注册平台
——前后端数据交互

情境导入

计算机系的张华同学在日常生活中发现，同学们在购买学习资料和生活用品时，常常面临着烦琐的购买流程和耗时的等待。为了解决这一实际问题，他萌生了一个想法——开发一个便捷的校园购物平台。

实现这一目标的首要任务是构建一个用户注册平台，该平台需包含简洁的注册表单，以方便用户填写信息，并确保前后端数据能够顺畅交互与准确存储。

为此，张华开始深入学习 PHP 中的前后端数据交互技术，这是实现 Web 应用动态功能的核心。他了解到，这一过程涉及前端收集表单数据、后端接收并处理数据，以及进行必要的数据验证。掌握这些技术后，他将能够构建一个既稳定又安全的用户注册平台，为后续的购物平台开发打下坚实基础。

张华相信，通过这个平台的实现，同学们将能享受到更加便捷、高效的购物体验。他们将能够轻松注册账户，并体验到个性化的购物服务，从而节省时间，使校园生活更加丰富多彩。同时，这个平台的开发也将成为他学习 PHP 和提升实践能力的重要推手。

学习目标

知识目标	■ 熟悉表单的基本结构，掌握表单的基本操作，包括表单的创建、表单数据的获取等； ■ 理解 HTTP 的基本原理，熟悉 HTTP 的基本构成； ■ 熟悉 Cookie 和 Session 的原理，掌握 Cookie 和 Session 的基本操作方法； ■ 熟悉正则表达式的概念、语法格式，掌握正则表达式的常用函数和基本操作方法。
能力目标	■ 能够使用表单实现前后端数据交互； ■ 能够区分 HTTP 请求报文和 HTTP 响应报文； ■ 能够利用 Cookie 保存用户信息、利用 Session 保存会话数据； ■ 能够利用正则表达式函数实现字符串匹配、替换、分割等功能。
素养目标	■ 培养良好的数据处理习惯和编程习惯，注重数据安全和隐私保护； ■ 提高问题解决能力，能够独立解决 PHP 前后端数据交互的操作问题； ■ 培养创新思维，能够运用前后端数据交互知识解决实际问题，为软件开发和系统管理贡献力量。

知识储备

在进入用户注册平台的开发流程之前，我们需要先了解一些关于 Web 前后端数据交互的基础知识，这些知识将为后续的项目开发提供坚实的理论支撑。我们必须对以下几个核心概念和技术有所了解。

（1）表单：Web 页面中用于收集用户输入数据的重要工具。

（2）HTTP：作为 Web 通信的基础，HTTP 确保了客户端与服务器之间的顺畅沟通。

（3）Cookie 与 Session 技术：这两种技术对于跟踪和识别用户会话至关重要。

（4）正则表达式：在数据验证和处理中，正则表达式提供了强大的文本匹配功能。

接下来重点介绍表单的相关知识，因为它是实现用户注册功能的核心组件。

6.1 表单基础与数据交互

表单在 Web 设计中扮演着关键角色，它允许用户输入数据，如注册信息、登录凭证或留言内容等，然后这些数据会被发送到服务器进行处理。

6.1.1 创建表单

表单的基本结构由<form>标签定义，该标签内部包含各种表单控件，如<input>、<textarea>、<select>等，用于收集用户的输入内容。下面是一个简单的示例。

微课

创建表单

```
<form name="form1" action="register.php" method="post" enctype="multipart/form-data">
    <!-- 表单控件将放置在这里 -->
</form>
```

在上述示例中，<form>标签包含 4 个属性，分别是 name、action、method 和 enctype。<form>标签属性如表 6-1 所示。

表 6-1　<form>标签属性

属性	含义
name	表单的名称，通常在 Web 开发中省略，但在某些情况下仍然有用，特别是在结合 JavaScript 时
action	指定表单数据提交后将由哪个服务器端脚本处理。如果省略，数据将被提交给当前页面
method	定义数据提交的方式，常用的值有 get 和 post，默认情况下为 get
enctype	指定表单数据在被发送到服务器之前如何编码，默认值是 application/x-www- form-urlencoded，但在处理文件上传时，通常会设置为 multipart/form-data

关于 method 属性，将在 6.1.3 节深入探讨 get 和 post 方式的区别和用法。而 action 属性的详细设置将在 6.1.4 节中学习。

6.1.2 添加表单控件

表单控件是用于用户与表单交互的元素。常用的表单控件标签有<input>标签、<textarea>标签、\<select>标签等，下面分别详细介绍。

（1）\<input>标签

\<input>标签在 Web 表单中用于创建单行文本输入控件。通过调整其 type 属性，可以轻松定义不同类型的输入字段，包括常见的文本框、密码框、文件上传域等。示例代码如下。

```
<!-- 文本框 -->
<input type="text" name="user" value="admin">
<!-- 密码框 -->
<input type="password" name="pwd">
<!-- 文件上传域 -->
<input type="file" name="upload">
<!-- 隐藏域 -->
<input type="hidden" name="yc" value="">
<!-- "提交"按钮 -->
<input type="submit" value="提交">
<!-- "重置"按钮 -->
<input type="reset" value="重置">
```

每个\<input>标签都有一个 name 属性，该属性在表单提交时用于标识该控件，而 value 属性用于设置控件的默认值（尽管在 HTML 中通常不直接设置，而是由用户输入或 JavaScript 动态设置）。

注意 \<input type="submit">是一个"提交"按钮，单击按钮时，表单中具有 name 属性的元素会被提交，提交数据的参数名为 name 属性的值，参数值为 value 属性的值。

除此之外，\<input>标签还可以用于设置单选按钮和复选框，如果具有相同的 name 属性，它们将被视为一个组，用户可以选择其中的一个或多个选项。以下是设置单选按钮和复选框的示例代码。

```
<!-- 单选按钮: 性别选择 -->
<input type="radio" id="male" name="gender" value="male" checked> 男
<input type="radio" id="female" name="gender" value="female"> 女
<!-- 复选框: 爱好选择 -->
<input type="checkbox" name="interests[]" value="reading"> 阅读
<input type="checkbox" name="interests[]" value="sports"> 运动
<input type="checkbox" name="interests[]" value="music"> 音乐
<input type="checkbox" name="interests[]" value="traveling"> 旅行
```

在上述代码中，\<input>标签后的文本（如"男""阅读"等）作为描述信息，会显示在 HTML 页面上。当用户提交表单时，单选按钮组发送被选中按钮的 value 值，复选框组发送所有被选中复选框的 value 值数组。

（2）\<textarea>标签

\<textarea>标签用于创建一个多行文本输入区域，适用于用户输入或编辑大量文本内容的场景，如博客文章、留言等。通过设置 cols 和 rows 属性，可以控制文本输入区域的大小，示例代码如下。

```
<textarea name="message" cols="20" rows="5">
<!-- 文本内容 -->
</textarea>
```

（3）\<select>标签

\<select>标签用于创建下拉列表，用户可以从预定义的选项中选择一个值。例如，在填写个人信息时选择省份或城市。示例代码如下。

```
<select name="area">
    <option selected>--请选择--</option>
    <option value="Beijing">北京</option>
    <option value="Shanghai">上海</option>
    <option value="Guangzhou">广州</option>
    <option value="Shenzhen">深圳</option>
</select>
```

在上述示例中，<select>标签中的<option>标签用于定义下拉列表中具体的选项。其中，selected 属性表示该选项为选中状态。

（4）<label>标签

<label>标签用于为表单控件提供描述性文本，它提高了表单的可访问性。<label>标签不会向用户呈现任何特殊效果，但是它为鼠标用户提高了可用性。当用户选择该标签时，浏览器会自动将焦点转到和标签相关的表单控件上。示例代码如下，<label>标签的作用是为<input>标签定义标注。

```
<label for="username">用户名: </label>
<input type="text" id="username" name="username">
```

在这个例子中，<label>标签的 for 属性与<input>标签的 id 属性相匹配，从而建立了它们之间的联系。

6.1.3 提交表单数据

在 Web 应用中，表单数据提交的方式决定了数据如何被发送到服务器。这主要通过<form>标签的 method 属性来设置，method 属性（虽然写在<form>标签中，但影响<input>标签提交数据的方式）用来设置数据的提交方式，通常包括 GET 方式和 POST 方式，取值分别对应 get 和 post。它们主要有以下区别。

微课

提交表单数据

GET 方式：提交的数据附加在 URL 后发送，适用于提交少量非敏感数据来获取信息的场景，如搜索查询。使用 GET 方式时，用户输入的数据将显示在浏览器的地址栏中，这可能导致数据泄露或隐私问题。

POST 方式：数据在 HTTP 请求体中发送，不显示在 URL 中，适用于提交大量数据或敏感信息（如密码）的场景。POST 方式更为安全，因为它不会将数据暴露在 URL 中。

如下是 method 属性取值为 get 的示例代码（不推荐用于敏感信息传输）。

```
<form  method="get">
    关键词: <input type="text" name="keyword">
    <input type="submit" value="搜索">
</form>
```

在"关键词"的文本框中输入"PHP 开发技术"并单击"搜索"按钮后，会发现浏览器地址栏中的 URL 新增了"?keyword=PHP 开发技术"这样的字符串，如图 6-1 所示。这新增的部分被称为查询字符串，它实际上是通过 GET 方式提交数据时，浏览器自动将表单中带有 name 属性的控件值附加到 URL 末尾的一种表现方式。这样做便于服务器识别用户提交的搜索关键词或其他数据。

图 6-1　GET 方式示例

如下是 method 属性取值为 post 的示例代码（推荐用于注册、登录等场景）。

```
<form method="post">
    用户名: <input type="text" name="username">
    密码: <input type="password" name="password">
    <input type="submit" value="注册">
</form>
```

输入"用户名"和"密码"，单击"注册"按钮，用户提交的数据将被包含在 HTTP 请求体中（这部分内容将在 6.2 节详细介绍），不会在 URL 中显示，这使得 POST 方式在处理敏感信息时更为安全，如图 6-2 所示。

图 6-2　POST 方式示例

在实际开发中，POST 方式提供了更高的安全性和更强的数据传输能力，因此它通常被用于注册、登录等需要提交敏感信息的场景。而 GET 方式更适用于非敏感信息的查询和检索。

6.1.4　获取表单提交的数据

在 Web 应用中，表单是用户与服务器交互的重要桥梁。用户填写并提交表单后，服务器需要接收这些数据并进行相应的处理。PHP 提供了超全局变量，这些变量允许我们在脚本的任何位置访问用户提交的数据。

微课

获取表单提交的
数据

1. 超全局变量简介

PHP 中的超全局变量是接收表单数据的得力助手，如表 6-2 所示。

表 6-2　超全局变量

超全局变量	说明
$_GET	接收 GET 方式提交的数据
$_POST	接收 POST 方式提交的数据
$_REQUEST	默认接收$_GET、$_POST 和$_COOKIE 中的数据，但通常不推荐用于处理敏感数据

这些超全局变量都是数组形式的，数组的键对应表单控件的 name 属性，数组的值则是用户输入的内容。PHP 在脚本执行过程中动态提供这些变量的值，使得我们可以在函数内外轻松访问它们。

2. 获取 POST 方式提交的数据

POST 方式是提交表单数据的常用方式，特别是当需要发送大量数据或敏感数据时。通过 POST 方式提交的数据不会在 URL 中显示，从而提高了安全性。

当 PHP 收到来自浏览器通过 POST 方式提交的表单后，表单中的数据会被保存到预定义的超全局变量数组即$_POST 数组中，该超全局变量数组和普通数组完全相同，当需要查看所有通过表单提交来的数据时，可以使用 var_dump()函数或者 print_r()函数输出数组。示例代码如下。

```
print_r($_POST);
```

当需要获取 username 字段的值时，可直接访问数组的元素。示例代码如下。

```
echo $_POST['username'];
```

下面通过用户登录演示获取 POST 方式提交的表单数据，HTML 表单代码如下。

```
<body>
    <form method="post" action="post.php">
        <p>用户名: <input type="text" name="username" value=""></p>
        <p>密码: <input type="password" name="password" value=""></p>
        <p><input type="submit" value="登录"></p>
    </form>
</body>
```

用户登录的表单中设置了 action 属性，该属性可指定表单数据提交后将由哪个脚本处理，这里设置的脚本是 post.php，具体代码如下。

```
<?php
// 获取 POST 方式提交的数据
$username = $_POST["username"];
$password = $_POST["password"];
echo "用户名: " . $username . "<br>";
echo "密码: " . $password;
echo "<pre>";
print_r($_POST);
echo "</pre>";
?>
```

由于 HTML 表单中 action 属性关联的是 PHP 文件，必须在服务器端执行，所以该 HTML 页面也必须在服务器端执行，启动内置服务器，在浏览器中打开该文件，输入"用户名"和"密码"，单击"登录"按钮，运行结果如图 6-3 所示。

HTML 表单中也可以不设置 action 属性，表示将数据提交给当前页面，这样只需要一个 PHP 文件，具体代码如下。

```
<body>
    <form method="post">
        <p>用户: <input type="text" name="username" value=""></p>
        <p>密码: <input type="password" name="password" value=""></p>
        <p><input type="submit" value="登录" name="submit" /></p>
    </form>
    <?php
    if (isset($_POST['submit'])) {
        $username = $_POST['username'];
        $password = $_POST['password'];
        echo "用户: " . $username . "<br>";
        echo "密码: " . $password . "<br>";
    }
    // 输出$_POST 数组
    echo "<pre>";
    print_r($_POST);
    echo "</pre>";
    ?>
</body>
```

在本例中，首先定义表单，method 属性的值是 post，表示使用 POST 方式提交表单。然后添加 PHP 代码，使用 isset($_POST['submit'])判断是否单击了"登录"按钮，然后使用$_POST

数组变量接收表单信息。

运行结果如图 6-4 所示。

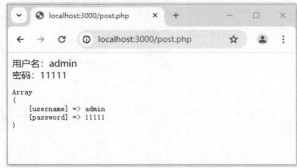

图 6-3　获取 POST 方式提交的数据

图 6-4　不设置 action 属性时的运行结果

在图 6-4 中，页面显示了用户提交的登录信息，数组的键是<input>标签 name 属性的值，数组的值是用户填写的内容。

3. 获取 GET 方式提交的数据

GET 方式是 HTML 表单中 method 属性的默认值，用于将数据附加到 URL 的查询字符串部分进行传输。然而，这种方式存在两个主要限制：一是由于 URL 长度有限，所能提交的数据量也受到限制；二是数据以明文形式出现在 URL 中，在传输敏感信息（如密码）时存在安全风险。

例如，若一个表单的 method 属性被设置为 GET，则用户提交表单后，浏览器地址栏可能会显示如下 URL。

```
login.php?username=admin&password=123456
```

在此示例中，username 和 password 是表单字段的名称（对应 HTML 中的 name 属性），而 admin 和 123456 则是用户输入的具体内容。由于这些数据直接暴露在 URL 中，不仅易于被截取，而且数据量也受到 URL 长度的制约。

鉴于上述原因，通常不建议使用 GET 方式提交包含敏感信息或大量数据的表单。相反，对于这类场景，POST 方式更为适宜（注：关于 POST 方式的数据获取已在前文详述）。

不过，在确实需要使用 GET 方式时，PHP 提供了一个便捷的方式来接收这些数据——$_GET数组。通过访问$_GET 数组（使用方法同$_POST 数组），可以轻松获取通过 GET 方式提交的参数及其值。

【案例实践 6-1】实现简单的用户登录和验证

实现简单的用户登录和验证，6-1.html 文件包含登录表单，代码如下。

```html
<body>
    <form action="6-1.php" method="post">
        用户: <input type="text" name="username" value="">
        密码: <input type="password" name="password" value="">
        <input type="submit" value="提交">
    </form>
</body>
```

编写 6-1.php 文件用来接收并验证表单提交的数据，代码如下。

```php
<?php
// 预先设定的用户和密码
```

```
$valid_username = "admin";
$valid_password = "123456";
// 检查表单是否被提交
if ($_SERVER["REQUEST_METHOD"] == "POST") {
    // 获取 POST 方式提交的表单数据
    $username = $_POST["username"];
    $password = $_POST["password"];
    // 验证用户和密码
    if ($username == $valid_username && $password == $valid_password) {
        echo "登录成功！ ";
    } else {
        echo "用户或密码错误！ ";
    }
}
?>
```

运行结果如图 6-5 所示。

在两个文本框中分别输入 admin 和 123456，然后单击"提交"按钮，PHP 会调用 6-1.php 文件处理从 6-1.html 页面接收的表单数据，结果如图 6-6 所示。

图 6-5 登录表单页面

图 6-6 登录结果

【能力进阶】$_SERVER 超全局变量

在案例实践 6-1 中使用了超全局变量$_SERVER，它可以用于查看服务器的相关信息，这些信息由 Web 服务器和运行环境生成，常常在编写 PHP 脚本时用于获取关于请求和服务器环境的重要数据。

$_SERVER 是一个包含诸如头信息（header）、路径（path）和脚本位置（script locations）的数组。这个数组中的元素由 Web 服务器创建。由于它是一个超全局变量，所以可以在脚本的任何地方访问它，无须使用 global 关键字。

一些常用的$_SERVER 超全局变量说明如下。

$_SERVER['REMOTE_ADDR']：当前页面用户的 IP 地址。

$_SERVER['REQUEST_URI']：请求的文件路径及查询字符串。

$_SERVER['HTTP_USER_AGENT']：客户端浏览器的用户代理字符串。

$_SERVER['REQUEST_METHOD']：请求页面时使用的请求方式（如 GET、HEAD、POST、PUT）。

熟练掌握和使用 $_SERVER 超全局变量，开发者可以更好地理解用户请求，以及服务器的运行环境，进而编写出更加健壮和灵活的 Web 应用程序。

【能力进阶】判断表单是否被提交

在 PHP 中处理用户提交的表单数据时，经常需要判断是否单击了"提交"按钮，通常使用以下两种方法来判断。

```
if ($_SERVER["REQUEST_METHOD"] == "POST")
if (isset($_POST['submit']))
```

这两种方法都是可行的，但是如果在同一个页面中并且是 GET 请求的话，使用 $_SERVER["REQUEST_METHOD"]就会出错，具体示例代码如下。

```
<body>
    <form>
        搜索: <input type="text" name="name" id="name">
        <input type="submit" value="提交" name="submit">
        <?php
        if ($_SERVER["REQUEST_METHOD"] == "GET")
            echo "您填写的搜索内容是{$_GET['name']}";
        ?>
    </form>
</body>
```

由于 PHP 页面的 form 表单默认使用 GET 方式请求数据，直接执行上述代码会提示"Notice: Undefined index: name"这样的错误，所以这里并不能判断是否单击了"提交"按钮，需要使用 isset($_GET['submit'])进行判断。

【能力进阶】深入理解 GET 与 POST

在 PHP 项目开发中，GET 和 POST 是实现前后端数据交互的两大核心技术，它们具有各自的特点和适用场景，二者的比较如表 6-3 所示。

表 6-3　GET 与 POST 的比较

	GET	POST
基本特点	数据通过 URL 传输	数据包含在 HTTP 请求体中
	数据暴露在 URL 中	数据不会直接暴露在 URL 中
	对数据长度有限制	适用于大量数据传输
适用场景	简单的数据检索	用户注册、登录等敏感信息提交
	分页、排序等操作	文件上传
	用户名检查、邮箱验证	需要保密的数据或大量数据提交
安全性考虑	数据可能记录在历史、日志、缓存中	需要通过 HTTPS 提高安全性
	需要适当编码数据	需要服务器端数据验证和过滤

GET 和 POST 各有优缺点和适用场景。在选择使用哪种方式时，需要权衡具体的需求和安全性要求。同时，为了确保数据的安全性，除选择合适的方式外，还需要采取其他安全措施，如数据加密、验证和过滤等。在 PHP 项目化程序设计中，熟练掌握和运用这两种方式对于实现高效、安全的前后端数据交互至关重要。

6.1.5　处理表单数组数据

在表单设计中，当需要用户选择多个选项时，如兴趣爱好、技能列表等，通常会使用复选框。为了能够在服务器端处理这些选项，需要将复选框的 name 属性设置为数组形式。这样做的好处是，当提交表单时，所有选中的复选框的值都会自动被收集到一个数组中。

以技能列表为例，假设有一个表单，用户可以在其中选择自己拥有的技能。表单代码如下。

```
<form method="post" action="skills.php">
    <input type="checkbox" name="skills[]" value="coding"> 编程
    <input type="checkbox" name="skills[]" value="design"> 设计
    <input type="checkbox" name="skills[]" value="project_management"> 项目管理
    <input type="checkbox" name="skills[]" value="communication"> 沟通
    <input type="submit" value="提交">
</form>
```

在上述代码中，注意复选框的 name 属性被设置为 skills[]，这里的[]表示这是一个数组。当用户选择多个技能并提交表单时，所有选中技能的值都会被收集到一个名为 skills 的数组中。假设用户选择了"编程"和"设计"这两个技能，提交表单后，服务器端（如 skills.php 文件）可以使用 $_POST 超全局变量来接收这些数据。处理这些数据的 PHP 代码如下。

```php
// 检查是否有 skills 数组被提交
if (isset($_POST['skills']) && is_array($_POST['skills'])) {
    // 输出技能列表
    echo "您选择的技能包括: ";
    foreach ($_POST['skills'] as $skill) {
        echo $skill . " ";
    }
} else {
    echo "没有选择任何技能。";
}
```

上述 PHP 代码检查是否有一个名为 skills 的数组被提交。如果有，就遍历这个数组并输出每个技能。如果用户没有选择任何技能，则输出相应的提示信息。

通过这种方法，无论是在用户注册时收集兴趣爱好，还是在其他场景中收集用户的多项选择，都可以轻松处理表单中的数组数据。

【案例实践 6-2】学生课外活动选择表单

在本案例实践中创建一个简单的网页表单，让学生选择他们感兴趣的课外活动。学生可以选择多个活动，我们将使用复选框来实现这一功能。服务器将接收学生的选择并显示他们所选的活动。以下是课外活动选择表单的代码（具体技术细节可参考源代码文件 6-2.html）。

```html
<body>
    <h2>请选择你感兴趣的课外活动: </h2>
    <form action="6-2.php" method="post">
        <input type="checkbox" name="activities[]" value="艺术和手工艺">艺术和手工艺<br>
        <input type="checkbox" name="activities[]" value="体育运动">体育运动<br>
        <input type="checkbox" name="activities[]" value="音乐">音乐<br>
        <input type="checkbox" name="activities[]" value="科学实验">科学实验<br>
        <input type="checkbox" name="activities[]" value="辩论">辩论<br>
        <input type="submit" value="提交选择">
    </form>
</body>
```

编写 6-2.php 文件来接收并显示学生选择的课外活动，代码如下。

```php
<?php
if ($_SERVER["REQUEST_METHOD"] == "POST" && isset($_POST['activities'])) {
    $activities = $_POST['activities'];
    echo "<h2>你选择的课外活动有: </h2><ul>";
    foreach ($activities as $activity) {
```

```
        echo "<li>" . htmlspecialchars($activity) . "</li>";
    }
    echo "</ul>";
} else {
    echo "<h2>你没有选择任何课外活动或者表单提交有误。</h2>";
}
?>
```

运行结果如图 6-7 所示。

勾选多个课外活动的复选框，然后单击"提交选择"按钮，PHP 会调用 6-2.php 文件处理从 6-2.html 页面接收的表单数据，结果如图 6-8 所示。

图 6-7　课外活动选择页面

图 6-8　课外活动选择结果

6.1.6　查询字符串与 URL 参数传递

在 Web 开发中，查询字符串是一种将数据从客户端传递到服务器端的常见方式，特别是在使用 GET 请求时。查询字符串被附加在 URL 之后，以?开始，后面跟着参数名和参数值对。多个参数之间使用&符号分隔。这些参数和值可以被服务器用来执行特定的操作或返回特定的数据。例如，在人邮教育网站搜索 PHP，如图 6-9 所示。

图 6-9　人邮教育网站搜索结果

该网址如下。

https://www.ryjiaoyu.com/search?type=book&q=PHP。

在这个例子中，type 和 q 是参数名，而 book 和 PHP 是参数值。服务器可以解析这个 URL，获取这些参数和值，并据此进行相应的处理。

6.1.7 使用查询字符串实现前后端数据交互

使用查询字符串是 URL 中传递数据的一种常见方式，常与 GET 请求结合使用。虽然 POST 请求在处理重要数据或大量数据时更受欢迎，但在某些简单的数据交互场合，查询字符串与 GET 请求的组合仍然非常方便和高效。

【案例实践 6-3】动态展示新闻列表

当用户单击不同的新闻标题时，可以通过 URL 中的查询字符串传递新闻的 ID 或其他唯一标识符，以便服务器端根据这个 ID 或其他标识符来返回相应的新闻内容。

首先创建新闻列表，列出所有新闻的标题。每个标题都应该链接到一个 URL，该 URL 包含新闻的 ID 作为查询字符串参数。前端 HTML 代码如下（具体技术细节可参考源代码文件 6-3.html）。

```html
<body>
  <h1>教学科研</h1>
  <ul>
      <li><a href="6-3.php?id=1"><span>1</span>名家引领建精品，服务升级助教学——新文科类六大
方面名校名师精品教材推荐</a></li>
      <li><a href="6-3.php?id=2"><span>2</span>人邮学前教育和托育专业资源库建设成果</a></li>
      <li><a href="6-3.php?id=3"><span>3</span>人邮中职电商新媒体资源库建设成果（新增二十大思
政案例）</a></li>
  </ul>
</body>
```

创建一个 PHP 脚本来处理获取新闻详情的请求，这个脚本应该读取查询字符串中的新闻 ID，并根据这个 ID 从数据源中获取新闻内容，示例代码如下（具体技术细节可参考源代码文件 6-3.php）。

```php
<?php
if (isset($_GET['id'])) {
    $newsId = $_GET['id'];
    // 从$newsId 数据源中获取新闻内容
    // 这是一个模拟的新闻内容数组，在实际应用中应替换为数据库查询等操作
    $newsItems = [
        ['id' => 1, 'title' => '名家引领建精品，服务升级助教学——新文科类六大方面名校名师精品教材
推荐', 'content' => '人邮教育组建……'],
        ['id' => 2, 'title' => '人邮学前教育和托育专业资源库建设成果', 'content' => '每年两会的
胜利召开……'],
            ……// 省略更多新闻项
    ];
    $newsItem = null;
    foreach ($newsItems as $item) {
        if ($item['id'] == $newsId) {
            $newsItem = $item;
            break;
        }
    }
    if ($newsItem) {
        echo "<h1 style='text-align:center'>{$newsItem['title']}</h1>";
        echo "<p style='text-indent:2em'>{$newsItem['content']}</p>";
    } else {
```

```
          echo "该新闻不存在";
      }
} else {
    echo "没有新闻 ID";
}
?>
```

运行结果如图 6-10 所示。

单击某条新闻，页面跳转到 6-3.php，PHP 会调用 6-3.php 文件处理从 6-3.html 页面接收的查询字符串，结果如图 6-11 所示。

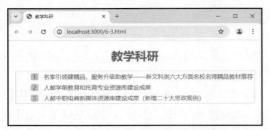

图 6-10　动态展示新闻列表页面

图 6-11　动态展示新闻列表结果

【能力进阶】对 GET 请求与查询字符串的理解

当使用 GET 方式提交表单时，表单数据会被附加到 URL 的查询字符串中，并发送给服务器。然而，如果表单中包含敏感信息或大量数据，使用 GET 方式可能不是最佳选择，因为这些数据会在浏览器的历史记录、服务器日志和网络监控工具中留下痕迹。

特别需要注意的是，如果在使用 GET 请求的页面中已经存在查询字符串，如用于页面状态或设置的参数，则提交表单时，这些原有的查询字符串可能会被表单数据覆盖，例如：

```
<body>
    <form action="get.php?flag=1">
        <p>请输入要查询的关键字：<input type="text" name="keywords"></p>
        <p><input type="submit" name="submit" value="查询"></p>
    </form>
</body>
```

在 get.php 脚本中，我们既要获取查询字符串的内容，又要获取前端传送过来的关键字，示例代码如下。

```
<?php
if (isset($_POST['submit'])) {
    if ($_GET['flag'] == 1)
        echo "这是您要搜索的内容：{$_GET['keywords']}。";
    else
        echo "显示错误。";
}
```

运行结果如图 6-12 所示。

在这个例子中，用户输入"PHP 技术"并提交表单，最终的 URL 可能会变成"http://localhost:3000/get.php?keywords=PHP 技术&submit=搜索"，事实上，真正的 URL"http://localhost:3000/get.php?flag=1"中的 flag=1 查询字符串会丢失。

为了避免这种情况，应该使用 POST 方式提交表单数据，这样表单数据将不会干扰 URL 中的查询字符串。使用 POST 方式时，数据是通过 HTTP 请求体发送的，而不是附加在 URL 上，如图 6-13 所示。

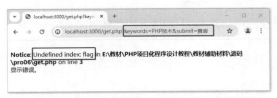

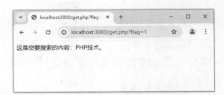

图 6-12　用 GET 方式提交表单	图 6-13　用 POST 方式提交表单

所以在这种情况下查询字符串不建议使用 GET 方式提交表单，可以使用隐藏域的方式提交（查询字符串作为表单数据），原因在于它还要拼接自己的字符串。

而采用 POST 方式不存在这个问题，不论使用哪种方式提交表单数据都是可以正确提交到后台的，查询字符串也是使用$_GET 获取的。

总的来说，查询字符串是一种在 URL 中传递数据的简单方式，适用于某些场景。然而，在处理敏感数据或大量数据时，应考虑使用 POST 请求，以确保数据的安全性和完整性。同时，也要注意 URL 长度的限制及查询字符串的可见性问题。

6.2　HTTP 基础

超文本传送协议（Hypertext Transfer Protocol，HTTP）是 Web 数据传输的核心协议，支撑着各种 Web 应用程序和服务的数据交换。无论是简单的 HTML 页面请求，还是复杂的 API（Application Programming Interface，应用程序接口）数据交互，HTTP 都在其中扮演着至关重要的角色。对于 Web 开发者而言，深入理解 HTTP 是提升 Web 应用程序开发、维护和管理水平的关键。

6.2.1　HTTP/HTTPS 简介

HTTP 是 Web 应用程序的基础，明确规定了客户端与服务器之间的数据传输规则。客户端通常是指用户的 Web 浏览器，而服务器是存储 Web 内容的计算机。客户端与 Web 服务器的交互过程如图 6-14 所示。

图 6-14　客户端与 Web 服务器的交互过程

超文本传输安全协议（Hypertext Transfer Protocol Secure，HTTPS）则是一种通过计算机网络进行安全通信的传输协议。它是在 HTTP 上建立的 SSL/TLS（安全套接字层/传输层安全协议）加密层，并对传输数据进行加密，广泛应用于需要保护用户隐私和敏感信息的 Web 应用中，为用户提供一个安全的网络环境。

HTTP 是一种基于"请求-响应"模式的协议。当客户端与服务器建立连接后，客户端（通常是浏览器）会向服务器发送一个被称作 HTTP 的请求，服务器接收到请求后会做出响应，称为 HTTP 响应。HTTP 在 Web 开发中的重要性不言而喻，这主要归功于它的以下几个关键特性。

（1）高效性。

客户端只需发送简单的请求，服务器便能迅速回应，这保证了通信的高效性。

（2）灵活性。

HTTP 能传输各种类型的数据，这一灵活性让它能适应多种不同的应用场景。

（3）无连接性。

每个 HTTP 请求都是独立的，请求结束后连接便断开，这有助于提高网络资源的利用率。

（4）无状态性。

HTTP 不保存之前的通信状态，每次请求都是全新的，这有助于保持服务器的轻量级和快速响应。

6.2.2 HTTP Headers 的组成

在 HTTP 通信中，Headers 是不可或缺的部分，它们包含关于请求或响应的附加信息。Headers 主要由 3 部分组成：基本信息（General）、请求报文（Request Headers）和响应报文（Response Headers）。

为了更直观地理解 HTTP Headers 的组成，以 Chrome 浏览器为例进行说明。在浏览器中打开目标网站（如人邮教育网站），按 F12 键启动开发者工具，并单击 Network 选项卡。在该选项卡下选择 Headers 标签页。这时就可以看到浏览器与 Web 服务器交互过程中传递的 Headers 信息了，如图 6-15 所示。这些信息对于我们分析和调试网络交互问题至关重要。

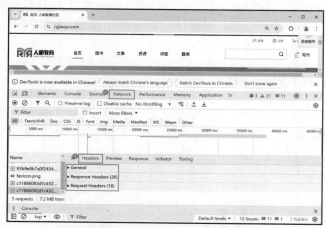

图 6-15 HTTP Headers 的组成

6.2.3 基本信息

基本信息部分是 HTTP 请求或响应的基本概况，它包含一系列关键的头字段，这些字段为我们提供了有关网络交互的基本数据。下面详细介绍这些字段及其重要性。

1. 基本信息的头字段

在 HTTP 通信中，基本信息包含一些通用的头字段，如表 6-4 所示，这些字段为我们提供了请求或响应的基本概况。

表 6-4　基本信息的头字段

头字段	说明
Request URL	客户端请求的完整网址链接
Request Method	客户端使用的 HTTP 方式
Status Code	服务器返回的响应状态码，表示请求的处理结果
Remote Address	资源服务器所在的网络地址及端口号
Referrer Policy	浏览器如何处理跳转来源的策略

　　为了更好地理解这些基本信息，在图 6-15 所示的界面中单击 General，如图 6-16 所示。其中，Request Method 明确指出了 HTTP 的请求方式，如这里使用了 GET 方式，意味着我们正在从服务器获取信息；Status Code 则是一个重要的指标，告诉我们请求的处理状态，例如，200 这个状态码就表示请求已经被成功处理。

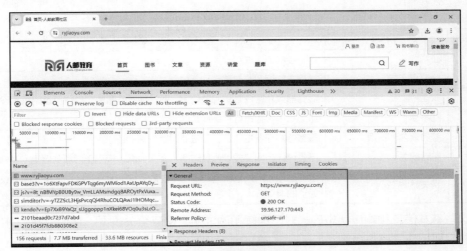

图 6-16　基本信息的组成

2. 常见的请求方式

HTTP 的请求方式有许多种，常见的请求方式如表 6-5 所示。

表 6-5　常见的请求方式

请求方式	含义
GET	从服务器的指定资源获取数据
POST	向服务器中的指定资源提交数据
HEAD	获取服务器资源的头信息
PUT	从服务器中替换指定资源
DELETE	从服务器中删除指定资源
TRACE	显示服务器收到的请求信息，主要用于测试
CONNECT	开启一个客户端与所请求资源之间的双向沟通通道
OPTIONS	获取服务器中的资源所支持的通信选项

在表 6-5 中，GET 方式和 POST 方式是常见的两种请求方式。GET 方式通常用来从服务器获取数据，发送请求时携带的参数会在 URL 中明文传输；POST 方式通常用来提交 HTML 表单数据，表单数据在请求正文中发送，用户无法直接看到提交的具体内容。

3. 响应状态码详解

响应状态码由一个 3 位的十进制数表示，表示服务器处理客户端请求的状态，这些响应状态码被分为 5 个类别，每一类都有其特定的意义。

（1）1xx：信息性状态码，表示请求已被接收，正在处理中。

（2）2xx：成功状态码，表明请求已成功被服务器接收并处理。

（3）3xx：重定向状态码，表示需要进一步的操作才能完成请求。

（4）4xx：客户端错误状态码，表示请求包含错误或无法完成。

（5）5xx：服务器错误状态码，表示服务器在处理请求时发生了错误。

虽然 HTTP 定义了大量的响应状态码，但对于初学者来说，熟悉一些常见的响应状态码就足够了。常见的响应状态码如表 6-6 所示。

表 6-6　常见的响应状态码

响应状态码	含义	说明
200	正常	客户端的请求成功
302	临时重定向	被请求的资源临时移动到新位置
403	禁止	服务器禁止客户端访问该资源，通常是服务器中文件或目录的权限设置导致的
404	找不到	服务器中不存在客户端请求的资源
500	服务器内部错误	服务器内部发生错误，无法处理客户端的请求
502	无效网关	服务器作为网关或者代理访问上游服务器，但是上游服务器返回了非法响应
504	网关超时	服务器作为网关或者代理访问上游服务器，但是未能在规定时间内获得上游服务器的响应

掌握这些基本信息和响应状态码，对于理解和调试网络交互至关重要，它们能帮助开发者迅速定位问题并采取相应的解决措施。

6.2.4　请求报文

当用户通过浏览器访问网站时，浏览器会向服务器发送一个 HTTP 请求报文。这个请求报文由几个部分组成，通常包括请求行、请求头、空行及可能的请求正文等，如图 6-17 所示。特别值得注意的是，空行虽然内容为空，但它扮演着分隔请求头和请求正文的重要角色，即使请求正文缺失，空行也是必不可少的。

图 6-17　请求报文的组成

微课

HTTP 请求报文

为了更好地理解这些组成部分，在图 6-15 所示的界面中单击 Request Headers，勾选 Raw，如图 6-18 所示。

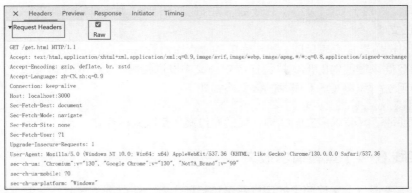

图 6-18　请求报文的页面显示

这里第 1 行是请求行，第 2~21 行是请求头，请求头以键值对的形式存在，每行一个键值对，键和值之间用冒号分隔，此请求为 GET 方式请求，没有请求正文。

1. 请求行

请求行位于请求报文的第 1 行，用来说明浏览器是如何与服务器沟通的，如图 6-17 所示。请求行包含 3 个部分：请求方式、请求资源路径和 HTTP 版本。示例代码如下。

```
GET /index.php HTTP/1.1
```

这里包括请求方式（GET）、请求资源路径（/index.php）、HTTP 版本(HTTP/1.1)。其中，请求资源路径指的是 URL 中的域名后面的内容，它用于指定服务器中特定资源的位置。

2. 请求头

请求头位于请求行之后，能够帮助服务器理解客户端的需求和上下文，它包含关于请求的元数据，如浏览器支持的数据类型、压缩方法、语言和系统环境等信息。常见的请求头字段如表 6-7 所示。

表 6-7　常见的请求头字段

请求头字段	含义
Accept	客户端能够接收的数据内容类型
Accept-Charset	客户端能够接收的字符集
Accept-Language	客户端支持的语言
Accept-Encoding	客户端能够接收的编码类型
Content-Type	当请求包含正文时，指定正文的媒体类型
Content-Length	客户端发送的请求正文的长度
Host	请求所发送的目标服务器的域名和端口号
If-Modified-Since	用于发起条件 GET 请求，告诉服务器只有在指定的时间之后资源被修改时才发送完整的响应报文
Referrer	包含当前请求的来源 URL，即用户是从哪个页面来到当前页面的
User-Agent	客户端的用户代理信息，通常包括浏览器名称、版本、操作系统等信息
Cookie	包含服务器之前存储在客户端的信息
Cache-Control	客户端或代理如何处理缓存的响应报文
Connection	请求完成后，客户端希望保持连接还是关闭连接

对于 POST 请求，由于数据在请求正文中发送，所以会包含 Content-Type 和 Content-Length 这两个关键字段。而对于 GET 请求，由于数据直接附加在 URL 后，所以这两个字段不会出现。

3. 请求正文

当用户通过浏览器提交表单时，如果表单的 method 属性设置为 POST，则浏览器会将用户在表单中填写的数据以键值对的形式打包在请求正文中发送给服务器。每个键和值之间使用=分隔，键值对之间使用&分隔。POST 请求的数据格式如下。

```
name1=value1&name2=value2&...
```

为了更直观地了解请求报文的结构，我们通过案例实践来探究。

【案例实践 6-4】查看请求报文

以【案例实践 6-1】实现简单的用户登录和验证为例，通过浏览器的开发者工具来观察和分析完整的 HTTP 请求报文。

（1）设置表单以 POST 方式提交，并启动内置服务器，在浏览器中打开 6-1.php 文件。接着在页面空白处右击并选择"检查"功能，打开浏览器的开发者工具。在开发者工具中，选择 Network 选项卡，并进一步选择 Headers 标签页，以便查看 HTTP 请求的详细信息。

（2）在表单中输入"用户名"和"密码"，然后单击"提交"按钮。此时，开发者工具的 Network 选项卡中出现一个新的请求记录。单击这个记录，就可以查看该请求的详细信息，包括请求报文。

（3）如图 6-19 所示，在请求报文中，第 1 行是请求行，它显示了请求方式为 POST，提交地址是当前服务器下的 6-1.php 资源。从第 2 行开始是请求头信息，这些信息帮助服务器理解客户端的需求和上下文。

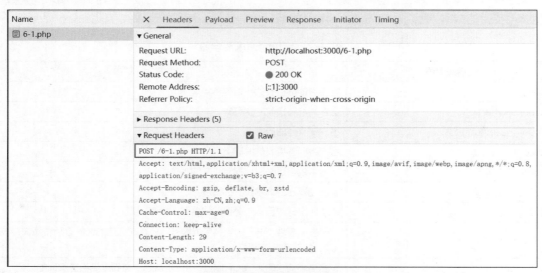

图 6-19　请求报文结果

（4）在发送请求正文时，客户端会在请求头中包含一个重要的字段，即 Content-Type，这个字段指明了请求正文的 MIME（Multipurpose Internet Mail Extensions，多用途互联网邮件扩展）类型。对于表单数据，默认使用的 MIME 类型是 application/x-www-form-urlencoded，这意味着表单数据是以 URL 编码的形式发送的。此外，客户端还会发送 Content-Length，指定请求正文的长度。这个信息对于服务器来说非常重要，因为它有助于服务器正确解析请求正文。在本案例中，Content-Length 的长度为 29。

（5）查看传送的请求正文，它位于请求头下方。这个请求正文包含用户在表单中输入的数据，以键值对的形式进行编码和传输。如图 6-20 所示，请求正文为 username=admin&password=11111，它的长度即 Content-Length 的长度是 29，其中，username 和 password 是表单中的字段名，admin 和 11111 是用户输入的值。

图 6-20　请求正文

通过以上步骤，可以清晰地查看和分析 HTTP 请求报文的各个组成部分，进而深入理解前后端数据交互的原理和过程。

6.2.5　响应报文

服务器接收到客户端发送的请求报文后，将处理后的数据返回给客户端，这些数据被称为响应报文。响应报文由响应行、响应头、空行和响应正文组成，如图 6-21 所示。

图 6-21　响应报文的组成

微课

HTTP 响应报文

为了更好地理解响应报文，在图 6-15 所示的界面中单击 Response Headers，如图 6-22 所示。

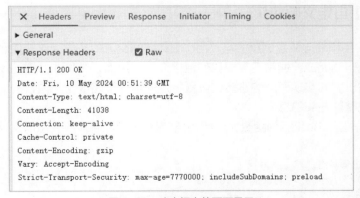

图 6-22　响应报文的页面显示

这里第 1 行是响应行，第 2~8 行是响应头，响应头以键值对的形式存在，每行一个键值对，键和值之间用冒号分隔；采用 GET 请求方式，没有响应正文。

1．响应行

响应行位于 HTTP 响应消息的第 1 行，用于告知客户端本次响应的状态，具体示例代码如下。

```
HTTP/1.1 200 OK
```

在上述示例中，HTTP/1.1 是协议版本，200 是响应状态码，OK 是状态的描述信息，常见的响应状态码如表 6-6 所示。

2．响应头

响应头位于响应行的后面，提供了关于响应的元数据，包括服务器信息、响应内容的信息、缓存策略等。响应头字段有助于服务器更好地理解客户端的需求和上下文，从而更有效地处理请求和响应。常见的响应头字段如表 6-8 所示。

表 6-8　常见的响应头字段

响应头字段	含义
Server	服务器的类型和版本信息
Date	服务器的响应时间
Expires	控制缓存的过期时间
Location	控制浏览器显示哪个页面（重定向到新的 URL）
Accept-Ranges	服务器是否支持分段请求，以及请求范围
Cache-Control	服务器控制浏览器如何进行缓存
Content-Disposition	服务器控制浏览器以下载方式打开文件
Content-Encoding	实体内容的编码格式
Content-Length	实体内容的长度
Content-Language	实体内容的语言和地区名
Content-Type	实体内容的类型
Last-Modified	请求文档的最后一次修改时间
Transfer-Encoding	文件传输编码格式
Set-Cookie	发送 Cookie 相关的信息
Connection	是否需要持久连接

【能力进阶】自定义响应头

HTTP 的请求头和响应头是浏览器与 Web 服务器间交流的桥梁，这些信息的传递和处理主要由浏览器和服务器自动完成，通常不需要我们直接介入。然而，在某些特定的场景下，为了满足网站或应用的独特需求，如实现页面的跳转、设置特定的缓存策略或定义内容的编码格式等，我们可能需要亲自动手调整这些头信息。

在 PHP 的世界里，header()函数允许我们自定义 HTTP 响应头，从而实现上述高级功能。示例代码如下。

```
// 设定网页内容的编码格式
header('Content-Type: text/html; charset=UTF-8');
// 实现页面的自动跳转
header('Location: login.php');
```

在这个例子中，首先通过 header()函数设置网页内容的编码格式为 UTF-8，以确保中文字符能够正确显示。随后又使用同样的函数实现一个页面跳转的功能：当浏览器接收到包含 Location 字段的响应头时，它会自动将用户重定向到 login.php 这个页面。

熟练掌握和运用 header()函数，我们可以更加灵活地操控 HTTP 的响应头，从而实现各种复杂且实用的功能，为网站或应用增添更多的可能性和魅力。

3. 响应正文

当我们从网上获取信息时，服务器会回应我们的请求，返回各种各样的内容，这些内容称为响应正文。内容的形式取决于我们所请求的资源类型，如请求查看网页时收到 HTML 格式的内容，请求图片时则收到图像数据。

服务器为了让浏览器知道内容类型，会发送一个 Content-Type 标识，这就像身份证，告诉浏览器如何处理信息。如图 6-22 所示，服务器返回的是一个网页，Content-Type 是 text/html; charset=UTF-8。这里，text/html 是一种 MIME 类型表示方式，表示 HTML 文档，而 charset=UTF-8 告诉我们这个文档使用的字符编码是 UTF-8。MIME 类型是互联网上常用来标识内容的格式，它的写法通常是"大类别/具体类型"，如 text/plain 表示普通文本，image/jpeg 表示 JPEG 图像。常见的 MIME 类型如表 6-9 所示。

表 6-9　常见的 MIME 类型

MIME 类型	说明	MIME 类型	说明
text/plain	普通文本（.txt）	text/css	CSS 文件（.css）
text/xml	XML 文档（.xml）	application/javascript	JavaScript 文件（.js）
text/html	HTML 文档（.html）	application/rtf	RTF 文件（.rf）
image/gif	GIF 图像（.gif）	application/pdf	PDF 文件（.pdf）
image/png	PNG 图像（.png）	application/octet-stream	任意的二进制数据
Image/jpeg	JPEG 图像（.jpg）		

浏览器会根据 MIME 类型来决定如何处理内容。如果不知道如何处理，浏览器通常会选择下载。

6.3　Cookie 和 Session 技术

HTTP 是无状态协议，对于事务处理没有记忆能力。当一个用户在请求一个页面后再请求另一个页面时，HTTP 无法告知这两个请求来自同一个用户，这就意味着需要有一种机制来跟踪并记录用户在该网站所进行的活动，这就是会话技术。PHP 中的 Cookie 和 Session 是目前常用的两种会话技术。

6.3.1　Cookie 技术

1. Cookie 简介

Cookie 是网站用来在用户浏览器中存储少量信息的技术，这些信息用于标识和跟踪用户的行为。当用户首次访问网站时，服务器会发送一个包含特定信息的 Cookie 到用户的浏览器。此后，每当用户再次访问该网站时，浏览器会自动将这个 Cookie 发送给服务器，使服务器能够识别出用户的身份或状态。这种机制允

微课

Cookie 简介

许网站为用户提供个性化的服务或保持用户的会话状态。

图 6-23 直观地展示了 Cookie 在浏览器和服务器之间的传输过程。当用户第一次访问服务器时，服务器会在响应报文中增加 Set-Cookie 头字段，将信息以 Cookie 的形式返回给浏览器，用户接收了服务器返回的 Cookie，就会将它保存到浏览器的缓冲区中。这样，当浏览器后续访问该服务器时，都会将信息以 Cookie 的形式发送给服务器，从而使服务器分辨出当前请求是哪个用户发出的。

图 6-23　Cookie 的传输过程

2. Cookie 的用途

Cookie 通常有以下几个用途。

（1）在页面之间传递数据

因为浏览器不会保存当前页面中的任何变量信息，如果页面被关闭，那么页面中的所有变量信息也会消失，通过 Cookie，可以把变量信息保存下来，然后浏览其他页面时就可以重新读取这个数据。

（2）记录用户信息

利用 Cookie 可以记录用户访问网页的次数，或者记录访客曾经输入过的信息。

（3）提高浏览速度

把所查看的页面保存在 Cookie 临时文件夹中，提高页面加载速度。

3. Cookie 的使用

Cookie 的使用主要包括创建 Cookie、获取 Cookie 和删除 Cookie。

（1）创建 Cookie

在 PHP 中，使用 setcookie()函数可以创建或修改 Cookie，其基本语法格式如下。

微课

Cookie 的使用

```
bool setcookie(string $name[, string $value = "" [,int $expire = 0 [,string $path = "" [,
string $domain = "" [, bool$secure = false [, bool $httponly = false]]]]]] );
```

具体参数说明如下。

$name：表示 Cookie 的名称，只包含字母或下画线的字符串，而不包含空格或特殊字符的字符串。

$value：表示 Cookie 的值，可以是任何字符串，它将被发送到客户端，并在后续的请求中返回给服务器。

$expire：设置 Cookie 的过期时间戳，这是一个 UNIX 时间戳，指定 Cookie 在何时过期。如果该参数未设置或设置为 0，则 Cookie 将在浏览器关闭时过期。

$path：设置 Cookie 在服务器中的有效路径，默认为当前目录。

$domain：设置 Cookie 的有效域名，默认为当前域名。

$secure：指定 Cookie 是否仅通过安全的 HTTPS 连接传输。如果设置为 true，则 Cookie 将仅在 HTTPS 连接上发送。

$httponly：如果设置为 true，则创建的 Cookie 将只能通过 HTTP 访问，而无法通过客户端脚本（如 JavaScript）访问。这有助于防止跨站脚本攻击。

> **注意** 由于 Cookie 是通过 HTTP 头信息发送的，所以 setcookie() 函数必须在任何输出发送到浏览器之前调用。在 setcookie() 函数前输出一个 HTML 标记或一条 echo 语句，甚至一个空行都会导致程序出错，并且 setcookie() 函数必须位于 <html> 标签之前。

下面使用 setcookie() 函数创建一个名为 name、值为 zhanghua、有效期为 1h 的 Cookie。

```php
<?php
setcookie('name', 'zhanghua',time()+60*60);
?>
```

在上述代码中，setcookie() 函数的第 1 个参数表示 Cookie 的名称，第 2 个参数表示 Cookie 的值，第 3 个参数表示 Cookie 的有效期。服务器向浏览器发送 Cookie，浏览器就会保存 Cookie，并在下次请求时自动携带 Cookie。这个过程对于用户来说是不可见的，但开发者可以通过浏览器的开发者工具查看。在开发者工具中切换到 Network 选项卡下的 Headers 标签页，查看 HTTP 响应消息，如图 6-24 所示。

Name		
cookie.php	× Headers Preview Response Initiator Timing Cookies	
	▼ General	
	Request URL:	http://localhost:3000/phpstudy_pro/WWW/pro08/cookie.php
	Request Method:	GET
	Status Code:	● 200 OK
	Remote Address:	[::1]:3000
	Referrer Policy:	strict-origin-when-cross-origin
	▼ Response Headers	☐ Raw
	Connection:	close
	Content-Type:	text/html; charset=UTF-8
	Date:	Tue, 10 Dec 2024 15:54:55 +0800
	Host:	localhost:3000
	Set-Cookie:	name=zhanghua; expires=Tue, 10-Dec-2024 08:54:55 GMT; Max-Age=3600
	X-Powered-By:	PHP/7.3.4

图 6-24　查看 HTTP 响应消息

在图 6-24 中，设置 Cookie 时，响应头信息中的 Set-Cookie:name=zhanghua 会保存在浏览器中，切换到 Cookies 标签页查看创建的 Cookie，如图 6-25 所示。

Name												
cookie.php	× Headers Preview Response Initiator Timing Cookies											
	Request Cookies	☐ show filtered out request cookies										
	Name ▲	Value	Do...	Path	Expi...	Size	Http...	Secu...	Sam...	Parti...	Prior...	
	name	zhanghua	loca...	/	202...	12					Med...	
	Response Cookies											
	Name ▲	Value	Do...	Path	Expi...	Size	Http...	Secu...	Sam...	Parti...	Prior...	
	name	zhanghua	loca...		1.0 ...	66					Med...	

图 6-25　查看创建的 Cookie

（2）获取 Cookie

在 PHP 中，任何从客户端发送的 Cookie 数据都会被自动存入 $_COOKIE 超全局数组中。要获取 Cookie 的值，只需访问这个数组即可，示例代码如下。

```php
<?php
// 获取指定的 Cookie
```

```
echo $_COOKIE['name'];
// 获取所有的 Cookie
var dump($_COOKIE);
?>
```

从上述代码可以看出，使用$_COOKIE 可以直接获取 Cookie 中存储的内容。

 注意　当用户第一次访问服务器时，服务器会在响应消息中增加 Set-Cookie 头字段，将信息以 Cookie 的形式返回给浏览器，用户接收了服务器返回的 Cookie，就会将它保存到浏览器的缓冲区中。这样，当浏览器再次访问该服务器时，将用户信息以 Cookie 的形式发送给服务器，从而使服务器分辨出当前请求是哪个用户发出的，如图 6-26 所示。

也就是说，第一次使用 setcookie()函数创建 Cookie 时，$_COOKIE 变量中没有 Cookie 数据，只有浏览器下次请求并携带 Cookie 时，才能通过$_COOKIE 变量获取到 Cookie 数据。

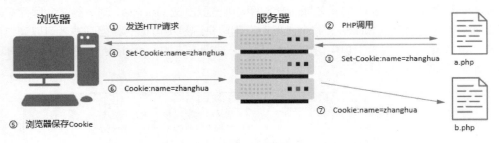

图 6-26　Cookie 传输

（3）删除 Cookie

Cookie 的生命周期默认是随浏览器关闭而失效的，如果希望在关闭浏览器前删除 Cookie 文件，可以通过 setcookie()函数的第 3 个参数将 Cookie 的过期时间设置为过去的时间，示例代码如下。

```
setcookie(name, "", time()-1)              //立即过期（相当于删除 Cookie）
```

通过上述代码可以看出，删除 Cookie 时只需将 setcookie()函数中的 Cookie 值设置为空，Cookie 的过期时间设置为小于系统的当前时间即可。

【案例实践 6-5】　实现用户自动登录

假设有一个用户登录系统，当用户成功登录后，我们希望使用 Cookie 来记录用户的登录状态，以实现自动登录功能。

（1）在用户提交登录表单后，验证用户名和密码。如果验证成功，则创建一个包含用户登录信息的 Cookie，示例代码如下（具体技术细节可参考源代码文件 login.php）。

```
// 简单示例，验证用户名和密码的逻辑
if ($username === 'admin' && $password === '123456') {
    // 验证成功，设置 Cookie
    setcookie('user_id', 1, time() + 3600 * 24 * 7); // 有效期为一周
    setcookie('username', $username, time() + 3600 * 24 * 7); // 保存用户名
    header('Location: protected.php'); // 重定向到受保护的页面
    exit;
} else {
    // 验证失败，显示错误消息或重新显示登录表单
```

```
        echo '登录失败，请检查您的用户名和密码。';
    }
```

（2）在用户访问需要登录才能访问的页面时，检查是否存在相应的 Cookie，示例代码如下（具体技术细节可参考源代码文件 protected.php）。

```
if (isset($_COOKIE['user_id']) && isset($_COOKIE['username'])) {
    // 用户已登录，继续执行受保护页面的代码
    echo "欢迎回来，{$_COOKIE['username']}!";
} else {
    // 用户未登录，重定向到登录页面或显示登录提示
    header('Location: login.php'); // 重定向到登录页面
    exit; // 确保重定向后停止脚本执行
}
```

（3）当用户单击"退出登录"链接时，删除相应的 Cookie，示例代码如下（具体技术细节可参考源代码文件 logout.php）。

```
setcookie('user_id', '', time() - 3600);        // 删除 user_id Cookie
setcookie('username', '', time() - 3600);       // 删除 username Cookie
// 然后重定向到首页或其他合适的页面
header('Location: index.php');
exit;
```

启动内置服务器，在浏览器中打开 login.php 文件，在登录表单中输入有效的用户名和密码后，单击"登录"按钮。如果登录成功，系统将创建并设置 Cookie，并将用户重定向至受保护的页面，如图 6-27 所示。在这个过程中，系统会验证 Cookie 的有效性，以确保用户具有访问受保护页面的权限。

图 6-27 展示了用户成功登录后看到的受保护页面，如果关闭浏览器，启动内置服务器访问 protected.php 文件，系统会自动登录。但需注意，如果用户在没有登录的情况下直接通过内置服务器访问 protected.php 文件，系统将不会显示受保护的内容，而会提示用户进行登录。当

图 6-27　用户登录受保护页面

用户在受保护页面中单击"退出登录"链接时，系统将删除与用户登录状态相关的 Cookie，并重定向用户至登录页面或首页。通过这个过程，用户的登录状态被安全清除，确保了系统的安全性。

6.3.2　Session 技术

在 Web 开发中，由于 HTTP 的无状态特性，服务器无法直接识别连续请求是否来自同一用户。为了解决这个问题，PHP 引入了 Session 技术。与 Cookie 不同，Session 数据存储在服务器端，通过客户端的 Cookie 来传递会话标识（Session ID），从而实现跨页面识别用户会话的功能。

1. Session 简介

Session 在计算机和网络应用中通常被称为会话。在 PHP 中，Session 基于服务器端存储，它使用 Cookie 中的 Session ID 来识别用户，并在服务器中创建一个与该用户相关联的会话数据文件。当用户首次访问网站时，PHP 会生成一个唯一的 Session ID，并通过 Cookie 将其发送给用户浏览器。在后续的请求中，浏览器会携带这个 Session ID，使得服务器能够识别用户并恢复与该用户相关的会话数据。

微课

Session 简介

Session 的实现原理如图 6-28 所示。当用户首次通过浏览器访问服务器时，服务器会为当前浏览器生成一条身份标识，通常称之为 Session ID（用于标识该用户的状态），并通过响应的标头字段 Set-Cookie 将该标识信息发送给浏览器。同时，服务器将该 Session ID 保存起来（通过内存或硬盘保存），浏览器也会保存该信息。用户再次访问时，浏览器将 Session ID 以 Cookie 字段附加到请求的标头信息中再回传给服务器，服务器接收到 Session ID 以后，会将其与自己保存的 Session ID 进行对比，这样就可以确定用户的身份，保存用户的状态。

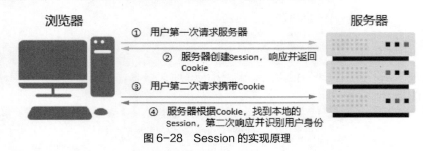

图 6-28　Session 的实现原理

Session 文件保存在服务器中，每个 Session 文件都具有唯一的 Session ID，用于标识不同的用户。Session ID 分别保存在客户端和服务器端，客户端通过 Cookie 保存，服务器端则以文件的形式保存，Session 文件的保存路径为 php.ini 中 session.save_path 配置项指定的目录，在 Windows 系统中默认保存到 C:\Windows\Temp 目录下。

2. Session 的使用

Session 的使用包括启动 Session、注册 Session 变量、使用 Session 变量、删除和销毁 Session。

微课

Session 的使用

（1）启动 Session

使用 Session 之前，需要先启动 Session。使用 session_start()函数启动 Session，其基本语法格式如下。

```
bool session_start(void)
```

session_start()函数会检查是否存在当前会话，如果不存在，则创建一个新会话，如果已经存在一个会话，函数会直接使用这个会话，加载已经注册过的会话变量，然后使用。

（2）注册 Session 变量

启动 Session 后，可以使用超全局变量数组$_SESSION 实现 Session 数据的添加、获取、删除等操作。例如，启动 Session，并创建 Session 变量来保存相关信息，代码如下。

```
session_start();                              // 启动 Session
$_SESSION['username']='zhanghua';             // 向 Session 添加变量 username，值为 zhanghua
$_SESSION['password']='123456';               // 向 Session 添加变量 password，值为 123456
```

（3）使用 Session 变量

在访问$_SESSION 数组时，要先使用 isset()函数或 empty()函数来确定会话变量是否为空。例如，判断 Session 中是否存在 username 变量，如果存在，则读取该变量值，代码如下。

```
if(isset($_SESSION['username'])){
    $username = $_SESSION['username'];
}
```

（4）删除和销毁 Session

PHP 提供了 session_unset()函数和 session_destroy()函数，用于删除和销毁 Session。session_unset()函数的语法格式如下。

```
void session_unset (void)
```

session_unset()函数用于删除当前内存中$_SESSION 数组中的所有元素，并删除 Session 文件中的用户信息，并不删除 Session 文件以及不释放对应的 Session ID。session_unset()函数等效于$_SESSION=array()。

session_destroy()函数的语法格式如下。

```
bool session_destroy (void)
```

使用 session_destroy()函数可以销毁 Session 文件，并将 Session ID 设置为 0。销毁成功后，函数返回 true，否则返回 false。

> **注意**　使用 session_unset()函数可以删除服务器内存中的$_SESSION 数组中的所有元素及 Session 文件中的用户信息；使用 session_destroy()函数可以删除服务器硬盘中的 Session 文件并释放对应的 Session ID。但要彻底删除 Session 的所有资源，还需清除浏览器内存中的 Cookie，可以调用 setcookie()函数将会话 Cookie 设置为过期。

【案例实践 6-6】　通过 Session 验证登录信息

在 Web 应用中，验证用户的登录状态是一个常见的需求。在本案例中，将使用 PHP 的 Session 机制来实现这一功能。Session 允许我们在服务器端存储用户的状态信息，并通过 Cookie 在客户端与服务器之间传递会话标识。

（1）设置 Session 变量并模拟用户登录，跳转到 check.php 页面，示例代码如下（具体技术细节可参考源代码文件 set.php）。

```php
<?php
// 启动 Session
session_start();
// 设置 Session 变量
$_SESSION['username'] = 'Admin';
$_SESSION['is_logged_in'] = true;
// 跳转到另一个页面以检查 Session 变量
header('Location: check.php');
exit;
?>
```

当用户访问 set.php 时，服务器会启动一个新的 Session（如果尚不存在），并设置两个 Session 变量即 username 和 is_logged_in，然后用户将被重定向到 check.php 页面。

（2）检查 Session 变量，并显示相应的欢迎信息或登录提示，示例代码如下（具体技术细节可参考源代码文件 check.php）。

```php
<?php
// 启动 Session
session_start();
// 检查 Session 变量是否被设置
if (isset($_SESSION['username']) && $_SESSION['is_logged_in']) {
    echo "欢迎, " . $_SESSION['username'] . "! ";
    echo "<br>您已登录。";
    echo "<br>这个用户的 Session ID是: " . session_id();
    // 注销 Session
    echo "<br><a href='destroy.php'>退出登录</a>";
} else {
    echo "您未登录。";
```

```
        // 登录的链接
        echo "<br><a href='set.php'>请登录</a>";
    }
?>
```

（3）销毁 Session，实现用户退出登录，示例代码如下（具体技术细节可参考源代码文件 destroy.php）。

```
<?php
// 启动 Session
session_start();
// 销毁所有 Session 变量
$_SESSION = array();
// 销毁当前 Session
session_destroy();
echo "退出登录，会话已销毁！";
?>
```

启动内置服务器，在浏览器中打开 set.php 文件，然后跳转到 check.php 文件，在浏览器中的显示结果如图 6-29 所示，图中展示了会话的创建与验证过程。

check.php 同步获取 Session ID 后，还可以在开发者工具中查看浏览器中保存的 Session ID，可以通过两种方式查看 Session ID，如图 6-30 和图 6-31 所示。

图 6-29　会话的创建与验证过程

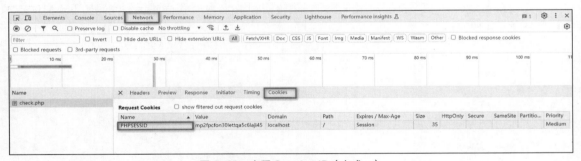

图 6-30　查看 Session ID（方式一）

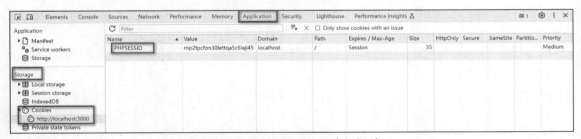

图 6-31　查看 Session ID（方式二）

在 D:\phpstudy_pro\Extensions\tmp\tmp（见图 6-32）目录下，我们发现服务器存储了名为 "sess_Session ID" 的 Session 文件。重要的是，这个文件的 Session ID 与浏览器 Cookie 中显示的完全相符，这确保了文件的专属性，即只有持有此特定 Session ID 的用户才有权访问相应文件。

图 6-32 查看 Session ID 文件

当用户单击"退出登录"链接时，系统会流畅地跳转到 destroy.php 文件并执行 Session 的销毁操作。这一过程的结果如图 6-33 所示，图中清晰地表明了会话已被成功销毁。

图 6-33 销毁会话

6.3.3 Cookie 和 Session 的区别

在 Web 开发中，Cookie 和 Session 是两种常用的技术，用于在客户端和服务器之间保存状态信息，它们的区别如表 6-10 所示。

表 6-10 Cookie 和 Session 的区别

方面	Cookie	Session
存储位置	客户端	服务器端
存储方式	以小型文本文件形式保存在用户计算机上	存储在服务器端，通过 Session ID 进行识别和管理
安全性	较低，存在被恶意用户或软件读取或修改的风险	较高，数据存储在受保护的服务器中
数据传输量	较大，每次请求都需要将 Cookie 发送给服务器	较小，只有 Session ID 需要在客户端和服务器之间传输

可以将 Cookie 比作商家发给顾客的一张会员卡，顾客需要随身携带（存储在浏览器中），每次购物时出示以享受会员优惠；而 Session 像商家内部的客户档案管理系统，顾客无须携带任何物品，只需报出自己的会员号（Session ID），商家即可通过系统查找到该顾客的详细信息。

总的来说，Cookie 和 Session 各有优缺点，在实际应用中需要根据具体需求和场景来选择使用哪种技术。例如，对于需要长时间保存用户偏好设置或实现购物车功能的网站来说，使用 Cookie 可能更为合适；而对于需要保护用户隐私和数据安全的应用场景（如在线银行或电子商务网站），则更倾向于使用 Session 来管理用户状态。

此外，值得注意的是，虽然 Cookie 和 Session 在 Web 开发中占据重要地位，但现代 Web 技术也在不断演进。例如，HTML5 引入了新的客户端存储机制（如 localStorage 和 sessionStorage），这些技术提供了更多的灵活性和安全性选项来管理用户状态和实现数据持久化。

【素养提升】PHP 中的前后端数据交互与用户隐私保护

在数字化时代，前后端数据交互的安全性至关重要。作为 PHP 开发者，在实现功能的同时，必须时刻关注用户数据的保护和隐私安全。使用 HTTPS 加密数据传输、对存储在服务器中的用户数据进行加密处理、合理使用 Cookie 和 Session 技术等措施都是保护用户数据的重要手段。通过提高前后端数据交互的安全性，可以为用户提供更优质的服务，同时也能为企业的长期发展奠定坚实基础。

6.4　正则表达式

在项目开发中，经常需要对表单中文本框的输入内容进行格式限制，如手机号、身份证号的验证，这些内容遵循的规则繁多而又复杂，如果成功匹配，可能需要上百行代码，这种做法显然不可取。此时就需要使用正则表达式，利用简短的描述语法完成诸如查找、匹配、替换等功能。

6.4.1　正则表达式简介

正则表达式（Regular Expression）是一种强大的字符串处理工具，它由普通字符（如字符 a～z）及具有特殊含义的字符（称为元字符）组成。利用这些字符，正则表达式能够在文本中查找和匹配符合特定模式的字符串，不仅极大地简化了复杂的字符串处理任务，还显著提高了文本处理的效率和准确性。

正则表达式在发展过程中出现了多种语法形式，一种是 POSIX（Porable Operating System Interface，可移植操作系统接口）兼容的正则表达式，它包括 BRE（Basic Regular Expression，基本正则表达式）语法和 ERE（Extended Regular Expression，扩展正则表达式）语法，用于确保操作系统之间的可移植性。另一种是随 Perl 语言发展而衍生出来的 PCRE（Perl Compatible Regular Expressions，Perl 兼容正则表达式）语法，本节重点讲解基于 PCRE 语法的正则表达式。

6.4.2　正则表达式的组成

在 PHP 的 PCRE 语法中，一个完整的正则表达式由模式、定界符和模式修饰符组成，语法格式如下。

/模式/模式修饰符

具体说明如下。

模式：表示具体字符串匹配规则。例如，a 这个模式就是直接用来匹配字母 a 的，我们称之为原义文本字符。但正则表达式还包含一些特殊字符，我们称之为元字符，它们有特殊的含义，如可以匹配除换行符之外的任意单个字符。

定界符（/.../）：标识正则表达式的开始和结束。通常用/作为定界符，也可以选择其他字符，只要它们不是字母、数字或反斜线就行。

模式修饰符：用于进一步对正则表达式进行设置。例如，修饰符 i 可以让正则表达式在匹配时不区分大小写。

6.4.3　正则表达式的用法

正则表达式就像一个超级搜索器，能帮助我们从文本中找到符合特定规则的字符串。下面简单了解正则表达式的用法。

1. 直接匹配文本

原义文本字符就是那些直接匹配自身字符的字符，如大小写字母、数字、标点符号等。在正则表达式中，这些字符通常按照字面意义进行匹配。

只包含原义文本字符的正则表达式可以说是最简单的正则表达式，即直接匹配字符串中特定的字符或字符序列。例如，要匹配字符串 "hello"，表达式如下。

```
"/hello/"
```

这个表达式没有使用任何元字符或特殊序列，它可以精确匹配文本中的 "hello"。

2. 使用元字符进行高级匹配

元字符是指正则表达式中具有特殊含义的字符，它们有着特定的功能，可以用来定义搜索模式，或者控制匹配的次数和范围，几种元字符的具体说明如下。

（1）常见元字符

表 6-11 所示为常见的元字符。

表 6-11　常见的元字符

元字符	描述
.	匹配除换行符之外的任意单个字符
[ ]	匹配方括号中列出的任意一个字符，如[abc]表示匹配 a、b、c 中的某个字符
–	连字符，表示字符范围，可以用[ ]和-来表示某个范围内的单个字符，如[0-9]表示匹配 0~9 中的某个数字
\d	匹配任意一个数字字符，相当于[0-9]
\w	匹配任意一个字母、数字或下画线字符，相当于[A-Za-z0-9_]
\s	匹配任意一个空白字符，包括空格、制表符、换页符等
\D	匹配任意一个非数字字符
\W	匹配任意一个非字母、非数字、非下画线字符
\S	匹配任意一个非空白字符
[^]	^放在[ ]内表示取反，匹配不在方括号中列出的任意一个字符，如[^abc]表示匹配 a、b、c 以外的字符

说明如下。

- 当要匹配这些元字符时，需要用到字符转义功能，在正则表达式中用 \ 来表示转义。例如，要匹配 . ，需要用 \. ，否则 . 会被解释成"除换行符外的任意字符"。同样，要匹配 \ ，需要写成 \\ 。
- 连字符 – 只有在表示字符范围时才作为元字符来使用，在其他情况下只表示一个文本字符。连字符 – 表示的范围遵循字符编码的顺序，如 a-z 和 A-Z 是合法的范围，A-z、z-a 和 a-9 是不合法的范围。

（2）匹配次数的元字符

关于匹配次数的元字符可参考表 6-12。

表 6-12　匹配次数的元字符

元字符	描述	示例	可匹配内容
*	匹配前面的子表达式零次或多次	he*llo	可匹配 hllo、hello、heello 等
+	匹配前面的子表达式一次或多次	wo+rld	可匹配 world、woorld、wooo...rld 等
?	匹配前面的子表达式零次或一次	wo?rld	可匹配 wrld、world

元字符	描述	示例	可匹配内容
{n}	匹配前面的子表达式恰好 n 次	go{2}d	只能匹配 good
{n,}	匹配前面的子表达式至少 n 次	go{2,}d	可匹配 good、goood、goooo...d 等
{n,m}	匹配前面的子表达式至少 n 次，但不超过 m 次	go{1,3}d	可匹配 god、good、goood

要匹配连续出现 3 次及以上的数字，其正则表达式代码如下。

```
'/\d{3,}/'
```

（3）位置锚定元字符

表 6-13 所示为位置锚定元字符。

表 6-13　位置锚定元字符

元字符	描述	示例	可匹配内容
^	匹配输入字符串的开始位置	^abc	可匹配 abc、abcd、abcde...等
$	匹配输入字符串的结束位置	end$	可匹配 end、1end、12...end 等
\b	匹配一个单词边界（如单词之间的空白字符，以及字符串的开始和结束）	\bapple\b	匹配 apple，但 pineapple 不能匹配
\B	匹配非单词边界	\Ba	匹配字符串不在单词边界位置的 a 字符

具体举例说明如下。

如果要匹配 11 位手机号，通常手机号码以 1 开头，第二位的数字有 3、4、5、6、7、8 等，后面跟着 9 个数字，正则表达式代码如下。

```
'/^1[345678]\d{9}$/'
```

如果要匹配用户名，用户名仅由字母、数字和下画线等组成，长度为 4~16 个字符。

```
'/^[a-zA-Z0-9_]{4,16}$/'
```

（4）分支、分组与引用元字符

有关分支、分组和引用的元字符如表 6-14 所示。

表 6-14　分支、分组与引用元字符

元字符	描述	示例	可匹配内容
|	分支，表示逻辑"或"操作	cat|an	匹配包含 cat 或 an 的字符串
( )	分组，用圆括号将一些规则括起来当作分组，分组可被视为元字符	c(at|an)	匹配包含 cat 或 can 的字符串
\n	引用，n 是数字，引用第 n 个捕获的( )所匹配的子字符串	c(at)(an)\2	匹配包含 catanan 的字符串

具体使用方法说明如下。

- 分支，用 | 符号把各规则分开，条件从左至右匹配，如果满足任意一个规则，则匹配成功。只要匹配成功，就不再对后面的条件进行匹配，所以如果想匹配有包含关系的内容，则要注意规则的顺序。
- 分组 ( ) 中的 | 只对当前子模式有效，不会作用于整个模式。
- 引用通常指的是对之前捕获的分组内容的引用。引用在后面的替换操作中特别有用，因为它允许引用匹配到的特定部分，并在替换字符串中重新使用它们。

以匹配单词 red、green 或 blue 为例，其正则表达式代码如下。

```
'/\b(red|green|blue)\b/'
```

（5）特殊序列元字符

在 PHP 中，特殊序列元字符通常指的是那些在双引号字符串中具有特殊含义的字符序列，常见的特殊序列元字符如表 6-15 所示，包括匹配换行符、回车符和制表符的特定序列。

表 6-15　特殊序列元字符

元字符	描述
\n	匹配一个换行符
\r	匹配一个回车符
\t	匹配一个制表符

熟练掌握这些元字符及其用法，可以构建出功能强大的正则表达式，以满足各种复杂的搜索和匹配需求。

3. 使用模式修饰符调整匹配行为

模式修饰符是标记在整个正则表达式之外的，可以看作对正则表达式的一些补充说明。常用的模式修饰符如表 6-16 所示。

表 6-16　常用的模式修饰符

模式修饰符	描述	示例	匹配情况
i	匹配时不区分大小写	/cat/i	可匹配 cat、Cat、CAT 等
m	匹配时将字符串视为多行，对每一行分别进行匹配	/^world/m	hello\nworld 被视为两行，可匹配
s	匹配时可以匹配任何字符，包括换行符	/hello.w/s	可匹配 hello\nw
x	将忽略模式中的空格	/good/x	可匹配 good
A	强制仅从目标字符串的开头开始匹配	/good/A	相当于/^good/
D	不匹配换行符	/hello$/D	可以匹配 hello，不能匹配 hello\n

在实际应用中，可以将多个模式修饰符组合在一起使用，在编写多个模式修饰符时没有顺序要求。例如，既要忽视大小写又要忽视换行，可以直接使用 is。如果使用了模式修饰符 m，模式修饰符 D 将失去意义。

6.4.4　正则表达式在 PHP 中的应用

在 PHP 中使用正则表达式时，需要借助正则表达式函数库。PHP 内置的 PCRE 库，提供了一系列函数来支持正则表达式的操作。

1. 正则匹配

正则匹配是指根据正则表达式来查找和匹配字符串中的特定内容。PHP 提供了几个函数来实现这一功能，包括 preg_match()、preg_match_all() 和 preg_grep() 等函数。

微课

preg_match()
函数

（1）preg_match() 函数

preg_match() 函数用于进行正则表达式匹配,成功则返回 1,否则返回 0,其基本语法格式如下。

```
int preg_match(string $pattern,string $subject[,array $matches])
```

具体参数说明如下。

$pattern：规定正则表达式。

$subject：表示需要匹配的对象。

$matches：设置存储匹配结果的数组，$matches[0]表示包含与整个模式匹配的文本，$matches[1]表示包含与第一个捕获的括号中的子模式匹配的文本，以此类推。

例如，要检查一个字符串是否是有效手机号。

```php
<?php
function isValidPhoneNum($phoneNumber) {
    $pattern = '/^1[345678]\d{9}$/';              // 匹配 11 位手机号的正则表达式
    return preg_match($pattern, $phoneNumber);
}
//实际操作中，请把****替换为数字
var_dump(isValidPhoneNum('186****3359'));          // 输出 int(1)，表示匹配成功
var_dump(isValidPhoneNum('121****2568'));          // 输出 int(0)，表示匹配失败
?>
```

（2）preg_match_all()函数

想要找到字符串中所有与正则表达式匹配的部分，应该使用 preg_match_all()函数。preg_match_all()函数用于进行正则表达式全局匹配，成功则返回整个模式匹配的次数（可能为 0），如果出错则返回 false。语法格式如下。

```
int preg_match_all(string $pattern,string $subject,array $matches[,int $flags])
```

具体参数说明如下。

$pattern：规定正则表达式。

$subject：表示需要匹配的对象。

$matches：设置存储匹配结果的数组。

$flags：指定匹配结果放入$matches 中的顺序。

例如，在一个句子中找到颜色单词 red、green 或 blue。

```php
$pattern = '/\b(red|green|blue)\b/';    // 定义要查找的模式
// 这是要搜索的文本
$string = 'The apple is red, the leaf is green, and the sky is blue.';
preg_match_all($pattern, $string, $matches);  // 使用 preg_match_all()函数进行搜索
print_r($matches[0]); // 输出 Array ( [0] => red [1] => green [2] => blue )
```

在上述代码中，$matches[0]数组包含所有匹配到的单词。通过这个例子，可以看到 preg_match_all()函数的强大和灵活性，它能轻松处理复杂的文本搜索问题。

（3）preg_grep()函数

前面介绍的 preg_match()函数和 preg_match_all()函数只能对单个字符串进行匹配。当需要对多个字符串进行匹配时，可以将这些字符串放到数组中，然后使用 preg_grep()函数对数组进行匹配。preg_grep()函数的语法格式如下。

```
array preg_grep(string $pattern , array $input [, int $flags = 0 ] )
```

具体参数说明如下。

$pattern：规定正则表达式。

$input：表示指定的数组。

$flags：默认值为 0，表示没有附加选项；如果设置为常量 PREC_GREP_INVERT，则表示返回指定数组中与指定正则表达式不匹配的元素所组成的数组。

例如，有一个包含各种字符串的数组，要从中过滤出所有的数字字符串。

```
$array = array('apple', '123', 'banana', '456', 'cherry', '789');
$pattern = '/^\d+$/'; // 匹配整个字符串为数字的规则
$numbers = preg_grep($pattern, $array);
print_r($numbers); // 输出所有数字字符串
```

从 $numbers 数组的输出结果可以看出，匹配结果会保留原数组中的索引值。若将 preg_grep()函数的第 3 个参数设为 PREC_GREP_INVERT，则会输入不符合正则表达式匹配规则的元素。

2. 正则替换

正则替换是指利用正则表达式来匹配文本内容，并将其替换为指定的字符串。PHP 中的 preg_replace()函数就是为此设计的，它的语法格式如下。

```
mixed preg_replace(mixed $pattern, mixed $replacement, mixed $subject[,int $limit])
```

具体参数说明如下。

$pattern：规定正则表达式。

$replacement：表示替换的内容。

$subject：设置需要替换的对象。

$limit：指定替换的个数，如果省略 limit 或者其值为-1，则所有的匹配项都会被替换。

例如，将字符串"Hello, world!"中的 world 替换为 PHP。

```
$str = "Hello, world!";
$pattern = '/world/';                    // 要查找并替换的单词
$replace = 'PHP';                        // 替换成的单词
$newStr = preg_replace($pattern, $replace, $str);
print_r($newStr);                        // 输出 Hello, PHP!
```

3. 正则分割

正则分割是指根据正则表达式分割字符串，在 PHP 中，可以使用 preg_split()函数来实现这个功能，它的语法格式如下。

```
array preg_split(string $pattern, string $subject[,int $limit [,int $flags]])
```

具体参数说明如下。

$pattern：规定正则表达式。

$subject：表示需要分割的对象。

$limit：如果指定了 limit，则最多返回 limit 个子字符串。

$flags：设定 limit 为-1 后可选。

例如，根据逗号来分割字符串 "apple,banana,orange"。

```
$str = "apple,banana,orange";
$keywords = preg_split('/,/', $str);
print_r($keywords);              // 输出 Array ( [0] => apple [1] => banana [2] => orange )
```

【案例实践 6-7】提取电子邮件地址

本案例实践通过正则表达式实现从指定字符串中查找和提取电子邮件地址。

（1）构建正则表达式。电子邮件地址通常由用户名、@符号和域名组成。需考虑用户名和域名部分的字符规则。

用户名部分通常包含字母、数字、点号和其他特殊字符等，它的正则表达式如下。

```
'\b[A-Za-z0-9. %+-]+'
```

\b 是一个单词边界符，确保我们匹配的是完整的单词（即电子邮件地址），而不是包含电子邮件地址的更长字符串的一部分。

[A-Za-z0-9._%+-]+ 匹配一个或多个字母、数字、点号、下画线、百分号、加号或减号等。这些字符是电子邮件地址用户名部分中常见的合法字符。

域名部分包含字母、数字、点号和顶级域名（如.com）等。以下是域名的正则表达式模式。

```
'[A-Za-z0-9.-]+\.[A-Z|a-z]{2,}\b/'
```

[A-Za-z0-9.-]+ 匹配一个或多个字母、数字、点号或减号等，通常是域名的主体部分。

\. 匹配点号（.）。在正则表达式中，点号是一个特殊字符，用于匹配任意字符，所以需要使用反斜线来进行转义，以匹配实际的点号字符。

[A-Z|a-z]{2,}匹配两个或更多的大写或小写字母，通常是域名的顶级域名（如.com、.org 等）。需要注意的是，这里的|实际上是不必要的，因为已经使用了字符范围[A-Za-z]来匹配任意大小写字母，但为了保持与原始正则表达式的一致性，这里保留它。

将用户名、@符号和域名 3 部分组合起来，就得到了完整的正则表达式。

```
'/\b[A-Za-z0-9._%+-]+@[A-Za-z0-9.-]+\.[A-Z|a-z]{2,}\b/'
```

（2）使用 PHP 的 preg_match_all()函数来查找和提取所有匹配的电子邮件地址（具体技术细节可参考源代码文件 6-7.php）。

```php
<?php
// 指定字符串，其中包含一些电子邮件地址
$text = "请通过电子邮件联系我们: info@example.com 或 support@example.org。";
// 正则表达式，用于匹配电子邮件地址
$emailPattern = '/\b[A-Za-z0-9._%+-]+@[A-Za-z0-9.-]+\.[A-Z|a-z]{2,}\b/';
// 使用 preg_match_all()函数查找所有匹配的电子邮件地址
preg_match_all($emailPattern, $text, $matches);
// $matches[0]包含所有匹配的电子邮件地址
$emailAddresses = $matches[0];
// 输出找到的电子邮件地址
echo "找到的电子邮件地址: <br>";
foreach ($emailAddresses as $email) {
    echo $email . "<br>";
}
?>
```

运行结果如图 6-34 所示。

图 6-34　提取电子邮件地址

项目分析

为实现用户注册平台，需完成以下核心任务：首先，通过前端界面收集用户的注册信息，如用户名、手机号、邮箱等；其次，后端需对收集到的数据进行有效性验证，及时识别并反馈无效或错误的数据，确保信息的准确性；最后，平台应维护数据的完整性和安全性。

项目实施

任务 6-1　实现用户注册界面

构建直观且友好的注册界面，集成关键信息输入控件以收集注册信息，包括用户名、手机号、邮箱、密码、所在城市、性别及兴趣等。同时，配置后端接口以接收并处理前端传递的注册数据。编写 pro06.html 文件实现用户注册界面，主要代码如下。

```
<body>
    <h2>用户注册</h2>
    <form action="pro06.php" method="post">
        <div>
            <label for="username">用户名: </label>
            <input type="text" id="username" name="username" required>
        </div>
        <div>
            <label for="phone">手机号: </label>
            <input type="tel" id="phone" name="phone" required>
        </div>
        <div>
            <label for="email">邮   箱: </label>
            <input type="email" id="email" name="email" required>
        </div>
        <div>
            <label for="password">密   码: </label>
            <input type="password" id="password" name="password" required>
        </div>
        <div>
            <label for="city">所在城市: </label>
            <select name="city" required>
                <option selected>--请选择--</option>
                <option value="Beijing">北京</option>
                <option value="Shanghai">上海</option>
                <option value="guangzhou">广州</option>
                <option value="Shenzhen">深圳</option>
            </select>
        </div>
        <div>
            <label for="gender">性   别: </label>
            <input type="radio" id="male" name="gender" value="male" required>
            <label for="male">男</label>
            <input type="radio" id="female" name="gender" value="female" required>
            <label for="female">女</label>
        </div>
        <div>
            <label for="interests">兴   趣: </label>
            <input type="checkbox" id="interest1" name="interests[]" value="reading"> 阅读
            <input type="checkbox" id="interest2" name="interests[]" value="music"> 音乐
            <input type="checkbox" id="interest3" name="interests[]" value="sports"> 运动
        </div>
        <div>
            <input type="submit" value="注册">
        </div>
    </form>
</body>
```

任务 6-2　实现用户数据有效性检查

在服务器端，首先检测表单提交状态，并获取所有输入数据，随后利用正则表达式和自定义验证函数对数据进行严格校验。若数据不符合预设规则，则将错误信息添加至错误数组中，并最终展示给用户，提示其进行修正。代码如下。

```php
<?php
$errors = []; // 初始化错误数组
```

```
// 检查是否提交了表单
if ($_SERVER["REQUEST_METHOD"] == "POST") {
    // 获取表单数据
    $username = trim($_POST['username']);
    $phone = trim($_POST['phone']);
    $email = trim($_POST['email']);
    $password = $_POST['password'];
    $city = trim($_POST['city']);
    $gender = isset($_POST['gender']) ? $_POST['gender'] : null;
    $interest = isset($_POST['interest']) ? implode(',', $_POST['interest']) : null;
    // 验证数据
    if (empty($username)) {
        $errors[] = "用户名不能为空";
    } elseif (empty($phone) || !preg_match('/^1[345678]\d{9}$/', $phone)) {
        $errors[] = "请输入有效的手机号";
    } elseif (empty($email) || !filter_var($email, FILTER_VALIDATE_EMAIL)) {
        $errors[] = "请输入有效的邮箱地址";
    } elseif (empty($password)) {
        $errors[] = "密码不能为空";
    } elseif (empty($city)) {
        $errors[] = "所在城市不能为空";
    } elseif (empty($gender)) {
        $errors[] = "请选择性别";
    } elseif (!empty($errors)) { // 展示错误信息
        echo "<h3>错误提示: </h3>";
        foreach ($errors as $error) {
            echo $error . "<br>";
        }
    } else {
        echo "注册成功! ";
        // 进行后续注册逻辑处理，如将数据存入数据库等
    }
    foreach ($errors as $value) {
        echo $value . '<br>';
    }
}
?>
```

实现效果如图 6-35~图 6-37 所示。

图 6-35　注册页面

图 6-36　不输入密码提示

图 6-37　错误提示

项目实训——用户登录与登出

【实训目的】

练习表单和 Session 的基本操作，实现用户的登录与登出。

【实训内容】

实现图 6-38~图 6-40 所示的效果。

图 6-38 用户登录页面　　　　　图 6-39 登录失败页面　　　　　图 6-40 登录成功页面

【具体要求】

实现用户登录与登出，具体要求如下。

① 编写 login.html 文件用于显示用户登录的页面。该页面的 form 表单如图 6-38 所示，单击"登录"按钮将表单数据提交给 login.php。

② 编写 login.php 文件用于接收用户登录的表单数据。当用户提交登录信息后，判断用户名和密码是否正确。如果登录信息正确，则将用户的登录状态保存到 Session，跳转至登录成功页面 welcome.php，如图 6-40 所示；如果登录信息错误，则给出提示信息，如图 6-39 所示，延迟 3s 跳转到登录页面 login.html。

③ 编写 welcome.php 文件添加 Logout 超链接，跳转至登出页面 logout.php，该页面用于注销 Session 信息，并再次跳转至登录页面。

项目小结

本项目通过实现用户注册平台，帮助读者认识 PHP 中关于前后端数据交互的语法基础和相关概念，涉及 HTTP 基础、表单、Cookie、Session、正则表达式等方面。项目 6 知识点如图 6-41 所示。

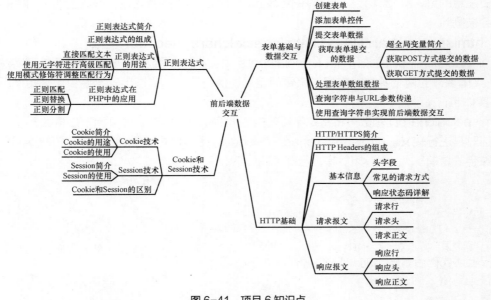

图 6-41 项目 6 知识点

应用安全拓展

通过函数实现表单内容过滤

在 PHP 动态网站开发中，通过表单提交数据是非常必要的。然而，如果从表单获取的数据包含特殊字符且开发者不对其进行任何处理，攻击者可能会利用这些未处理的特殊字符来执行各种攻击，包括跨站脚本攻击、SQL 注入攻击等。

因此，当用 PHP 处理从表单获取的数据时，需要适当处理特殊字符。PHP 提供了 HTML 特殊字符处理函数，具体如表 6-17 所示。

表 6-17　HTML 特殊字符处理函数

函数	描述
strip_tags()	从字符串中去除 HTML 和 PHP 标签
htmlspecialchars()	将字符串中的特殊字符转换为 HTML 实体字符
htmlspecialchars_decode()	将字符串中的 HTML 实体字符转换回原来的字符
urlencode()	对 URL 字符串进行编码
urldecode()	对已编码的 URL 字符串进行解码
http_build_query()	生成 URL 编码后的字符串

1. strip_tags()函数

该函数用于从字符串中去除 HTML 和 PHP 标签，这对于确保用户输入内容的安全性非常有用，示例代码如下。

```
$textWithTags = '<p>这是一个<strong>示例</strong>字符串<aaa>。</p>';
$textWithoutTags = strip_tags($textWithTags);
echo $textWithoutTags;                              // 输出"这是一个示例字符串。"
```

需要注意的是，strip_tags()函数并不会验证 HTML 标签的有效性，例如上述示例中的<aaa>标签也会被删除。

2. htmlspecialchars()函数和 htmlspecialchars_decode()函数

htmlspecialchars()函数和 htmlspecialchars_decode()函数是 PHP 中用于处理特殊字符和 HTML 实体字符的两个函数，它们的主要用途是确保 HTML 的输出安全性和正确转换已编码的 HTML 实体字符。

htmlspecialchars() 函数可将特殊字符转换为 HTML 实体字符，通常用于在将数据插入 HTML 文档之前对其进行转义。htmlspecialchars_decode() 函数可将 HTML 实体字符转换回相应的字符。特殊字符是指&、'、"、<和>等，示例代码如下。

```
$str = "A < B & C";
$str_invert = htmlspecialchars($str);
echo "转换后: " . $str_invert . "<br>";
$str_orgin = htmlspecialchars_decode($str_invert);
echo "还原后: " . $str_orgin;
```

执行上述代码后，输出的 HTML 源代码如下。

```
转换后: A &lt; B &amp; C
还原后: A < B & C
```

在实际开发中，可以使用 htmlspecialchars() 函数对用户输入的内容进行处理，然后将其存储或显示在页面上，这样可以避免恶意脚本执行。当需要将数据从数据库中取出并显示给用户时，或者需要进一步处理时，可以使用 htmlspecialchars_decode() 函数来恢复原始数据。

3. urlencode()函数和 urldecode()函数

urlencode() 函数和 urldecode() 函数是 PHP 中用于编码和解码 URL 字符串的函数。这些函数在处理 URL 参数时特别有用，因为 URL 中不允许包含某些特殊字符。通过对这些特殊字符进行编码，可以提升 URL 的正确性和安全性。

urlencode()函数用于对字符串中的特殊字符进行编码，使其适合作为 URL 的一部分。它会转换所有非字母数字字符为 %XX 的形式，其中，XX 是该字符的 ASCII 的十六进制形式。urldecode() 函数则用于将已编码的 URL 字符串解码回原始字符串。它会将 %XX 形式的编码转换回对应的特殊字符。

示例代码如下。

```php
$str = "Hello, World! &@#$%";
$encoded = urlencode($str);
echo $encoded.'<br>';
$decoded = urldecode($encoded);
echo $decoded;
```

执行上述代码后，输出的 HTML 源代码如下。

```
Hello%2C+World%21+%26%40%23%24%25
Hello, World! &@#$%
```

对参数进行 URL 编码后，，被转换为%2C，空格被转换为+，! 被转换为%21，&被转换为%26，@被转换为%40，#被转换为%23，$被转换为%24，%被转换为%25，从而解决了在 URL 参数中使用特殊字符的问题。

4. http_build_query()函数

http_build_query() 函数在 PHP 中可生成 URL 编码的查询字符串，通常用于构建查询参数或表单数据，以便在 HTTP 请求中发送。

该函数会将数组或对象的键值对转换为一系列以 & 分隔的键值对，并且自动对值进行 URL 编码，以确保它们能够安全地在 URL 中传输。如果数组中的值本身是一个数组或对象，那么 http_build_query() 函数会递归地处理它们，生成嵌套的查询字符串。示例代码如下。

```php
$data = array(
    'name' => 'John & Jane Doe',
    'email' => 'john.doe@example.com'
);
$queryString = http_build_query($data);
echo $queryString;
```

执行上述代码后，输出的结果如下。

```
name=John+%26+Jane+Doe&email=john.doe%40example.com
```

在输出的结果中，$data 数组被转换成一个 URL 编码的查询字符串。每个键值对之间用 & 分隔，& 被编码为 %26，@ 被编码为 %40。http_build_query()函数生成的查询字符串是 URL 编码的，因此它非常适合用于构造 GET 请求的查询部分，或者在 POST 请求的正文中发送表单数据，这有助于确保数据在传输过程中的安全性和准确性。

巩固练习

一、填空题

1. HTTP 请求报文由_____、请求头和请求正文 3 部分组成。

2. 在 PHP 中，通过$_POST 超全局数组可以获取表单中通过_____方式提交的数据。

3. 在 PHP 中，用于设置 Cookie 的函数是_____。

4. 在 PHP 中，用于存储和访问 Session 数据的超全局数组是_____。

5. 在 PHP 中，用于执行正则表达式匹配的函数通常是_____。

二、选择题

1. HTTP 请求中，哪个响应状态码表示请求成功？（　　　）

A. 200　　　　　　　　B. 404　　　　　　　　C. 500　　　　　　　　D. 302

2. 下列哪个属性用于指定表单的提交方式？（　　　）

A. action　　　　　　B. method　　　　　　C. enctype　　　　　　D. target

3. 当表单的 method 属性设置为 get 时，表单数据会如何发送？（　　　）

A. 通过 HTTP 请求头发送　　　　　　　　B. 作为 URL 的一部分发送

C. 通过 HTTP 请求体发送　　　　　　　　D. 不发送数据，仅发送请求

4. 在 PHP 中，以下哪个函数用于销毁一个已存在的 Cookie？（　　　）

A. setcookie()　　　　　　　　　　　　B. unsetcookie()

C. destroycookie()　　　　　　　　　　D. cookiedelete()

5. 下列哪个正则表达式可以匹配一个或多个数字？（　　　）

A. /[0-9]?/　　　　　B. /[0-9]+/　　　　　C. /[0-9]*/　　　　　D. /[0-9]{1,}/

三、判断题

1. HTTP 请求方式中，GET 方式比 POST 方式更安全。（　　　）

2. HTTP 请求头中的 Content-Type 字段用于指定请求体的媒体类型。（　　　）

3. HTML 表单中的 action 属性是必需的，用于指定表单数据提交到的 URL。（　　　）

4. PHP 的 Session 数据默认存储在服务器端，因此比 Cookie 更安全。（　　　）

5. PHP 中的正则表达式使用\作为转义字符。（　　　）

项目7

问卷统计工具
——文件和目录操作

情境导入

　　计算机系学生会决定策划一项全系范围内的读书活动。作为学生会成员的张华，负责开展调查统计工作。他精心设计了调查问卷，并利用表单完成了前端页面的制作。然而，如何对这些数据进行有效统计成了摆在他面前的一大挑战。

　　面对这一挑战，张华寻求了李老师的帮助。李老师深知在 Web 开发过程中，文件操作的重要性，涉及上传附件、判断文件存在性、数据保存及文件删除等核心功能。他向张华解释道，PHP 提供了一套全面的文件和目录操作函数，能够极大地简化这些任务的处理过程。

　　李老师结合张华目前的学习情况，给出了一些具体的学习建议和方向，以便他能够循序渐进地掌握所需技能，从而顺利完成统计任务。在李老师的指导下，张华开始深入学习与实践 PHP 的文件操作技术，期望能为全系的读书活动提供有力的数据支持。

学习目标

知识目标	■ 掌握目录的基本操作，包括创建、删除、获取和更改工作目录操作，以及遍历目录操作； ■ 掌握目录解析和目录句柄的操作； ■ 掌握文件的基本操作，包括重命名或移动、复制和删除文件等操作； ■ 掌握读取、写入文件的基本操作； ■ 了解基本的文件上传原理和流程，掌握上传过程中的错误和异常情况处理的方法。
能力目标	■ 能够使用相关函数对目录进行创建、删除、解析、打开等操作； ■ 能够使用相关函数对文件进行移动、复制、读写等操作； ■ 能够使用相关函数实现文件上传操作。
素养目标	■ 培养良好的文件和目录管理习惯，确保数据的安全性和完整性； ■ 提高问题解决能力，能够独立解决文件和目录相关的操作问题； ■ 培养创新思维，能够运用文件和目录知识解决实际问题，为软件开发和系统管理贡献力量。

知识储备

为了便于搜索和管理计算机中的文件，通常将文件按照目录进行存储管理，可以利用 PHP 中相应的函数来操作目录。

7.1 目录操作

在程序中经常需要对文件目录进行基本操作，如创建目录、删除目录、获取和更改当前工作目录等。PHP 提供了相应的函数来实现这些操作。

7.1.1 目录基本操作

PHP 提供了 mkdir()函数、rmdir()函数、getcwd()函数和 chdir()函数等，可以利用这些函数完成对目录的基本操作，下面分别对这些函数的用法进行讲解。

1. 创建目录

mkdir()函数用于创建新的目录，其语法格式如下。

```
bool mkdir(string $directory[,int $mode=0777[,bool $recursive=false[,resource $context=null]]])
```

具体参数说明如下。

$directory：必需，表示要创建的目录的名称。

$mode：可选，设置权限，默认是值 0777，意味着最大可能的访问权。

$recursive：可选，指定是否允许递归创建多级嵌套的目录。

$context：可选，规定文件句柄的环境。

该函数的返回值为布尔值，如果创建目录成功，则返回 true，否则返回 false。具体示例代码如下。

微课

创建目录

```
mkdir("./directory");         // 创建 directory 目录
mkdir("./directory/mode");    // 创建 directory/mode 目录
```

> **注意** ./ 表示当前目录，../ 表示上一级目录，若目录前未加任何前缀，则默认引用当前目录中的文件或子目录。

上述代码的第 2 行表示在刚刚创建的 directory 目录下面创建 mode 目录。如果 directory 这个父目录并不存在，那么需要加上第 2 和第 3 个参数，具体示例代码如下。

```
mkdir("./directory/mode", 0777, true);    //递归创建目录
```

这里将第 3 个参数的值指定为 true，表示自动创建多级嵌套目录，若省略该参数，则创建目录失败并提示 Warning 错误。

>
> **注意** 如果创建的目录已存在，则视为错误，仍然返回 false。在尝试创建之前，使用 is_dir() 或者 file_exists() 函数检查目录是否已经存在。

2. 删除目录

rmdir()函数用于删除指定目录，其语法格式如下。

微课

删除目录

```
bool rmdir(string $directory [, resource $context])
```

具体参数说明如下。

$directory：必需，表示要删除的目录的名称。

$context：可选，规定文件句柄的环境。

该函数的返回值为布尔值，如果删除目录成功，则返回 true，否则返回 false。具体示例代码如下。

```
rmdir("./directory");        // 删除非空的 directory 目录
rmdir("./test1/test2");      // 删除 test1/test2 的空目录
```

在上述代码中，使用 rmdir()函数可以删除空目录，也可以删除非空目录。对于非空目录，如果直接删除非空目录，则删除失败并提示 Warning 错误。所以需要先清空目录中的文件，才能够删除非空目录。

3. 获取当前工作目录

getcwd()函数用于获取当前工作目录，其基本语法格式如下。

```
string|false getcwd()
```

获取成功则返回当前工作目录，失败则返回 false。具体示例代码如下。

```
getcwd();        // 获取当前工作目录
```

4. 更改当前工作目录

chdir()函数用于更改当前工作目录，其语法格式如下。

```
bool chdir(string $directory)
```

更改成功则返回当前工作目录，失败则返回 false。具体示例代码如下。

```
chdir('test');        // 更改当前工作目录 test
```

5. 判断目录是否存在

操作目录时，如果该目录不存在，则会出现错误。为了避免这种情况出现，PHP 提供了如下几个函数来检查目录是否存在。

file_exists()函数：用于判断指定文件或目录是否存在。

is_dir()函数：用于判断指定路径是否是一个目录。

```
// 检查 './test1' 是否存在（无论是文件还是目录）
var_dump(file_exists('./test1')); // 如果存在，则输出 bool(true)
// 检查 './test1' 是否是一个目录
var_dump(is_dir('./test1'));        // 如果存在并且是一个目录，则输出 bool(true)；如果是文件或者不
存在，则输出 bool(false)
```

6. 遍历目录

微课

遍历目录

glob()函数用于遍历目录，也可以用于寻找与模式匹配的文件路径，其基本语法格式如下。

```
array glob(string $pattern [, int $flags = 0 ])
```

具体参数说明如下。

$pattern：表示匹配模式。

$flags：规定特殊的设定。

该函数的返回值是查找后的文件列表数组。具体示例代码如下。

```
print_r(glob('./*'));        // 获取当前目录下的文件列表
print_r(glob('./*.docx')); // 获取当前目录下所有以.docx 为扩展名的文件列表
```

上述两行代码均以数组的形式返回当前目录下的所有文件或者指定的以.docx 为扩展名的文件。

scandir()函数也可以用于遍历目录，返回指定目录中的文件和目录。

```
array|false scandir($directory,$sorting_order,$context)
```

具体参数说明如下。

$sorting_order：可选，规定排列顺序。默认值是 0，表示按字母升序排序。如果将其设置为 SCANDIR_SORT_DESCENDING 或者 1，则表示按字母降序排序。如果将其设置为 SCANDIR_SORT_NONE，则返回未排列的结果。

$context：可选，规定目录句柄的环境。

【案例实践 7-1】使用 scandir()函数遍历指定目录

使用 scandir()函数获取指定目录的文件信息，示例代码如下（具体技术细节可参考源代码文件 7-1.php）。

```php
<?php
$dir = 'test1';
$files1 = scandir($dir);    // 获取目录下所有文件和文件夹的数组，默认升序排序
$files2 = scandir($dir,1); // 获取目录下所有文件和文件夹的数组，降序排序
if (($files1 === false) && ($files2 === false))
    echo "读取目录失败";
else {
    print_r($files1);
    print_r($files2);
}
?>
```

若该函数执行成功，则返回值是 Array，包含目录中的文件和文件夹；若执行失败，则返回 false。启动内置服务器，在浏览器中打开 7-1.html 文件，运行结果如图 7-1 所示。

图 7-1 获取指定路径的目录和文件（浏览器的显示结果）

注意 上面的结果中有.和..这两个特殊的目录。在文件路径中，.表示当前目录，..表示上一级目录。这两个是特殊的路径标识符，用于在文件系统中进行相对路径的导航。

7.1.2 目录与路径解析

在程序中经常需要解析文件路径中的文件名或目录。PHP 提供了 basename()、dirname()和 pathinfo()等函数用于完成对文件路径的解析，下面对这些函数的用法进行讲解。

1. 获取文件名

basename()函数用于返回路径中的文件名，其语法格式如下。

```
string basename(string $directory [, string $suffix ])
```

具体参数说明如下。

$directory：表示文件路径。

$suffix：可选，如果文件具有该扩展名，则在返回的文件名中将其省略。

具体示例代码如下。

```
$directory = 'directory/suffix/index.html';
echo basename($directory);          // 输出 index.html
echo basename($directory, '.html'); // 输出 index
```

微课

获取文件名

2. 获取目录

dirname()函数用于返回文件路径中去掉文件名后的目录部分，其语法格式如下。

```
string dirname(string $directory [, int $levels = 1])
```

具体参数说明如下。

$directory：表示文件路径。

$levels：PHP 7 新增的参数，表示上移目录的层数。

具体示例代码如下。

```
$directory = 'directory/levels/index.html';
echo dirname($directory);           // 输出 directory/levels
echo dirname($directory, 2);        // 输出 directory
```

微课

获取目录

3. 获取目录信息

pathinfo()函数用于以数组形式返回文件路径的信息，包括目录名、文件名和扩展名等，其语法格式如下。

```
array|string pathinfo(string $directory [, int $options])
```

微课

获取目录信息

具体参数说明如下。

$directory：表示文件路径。

$options：可选参数，用于指定要返回的数组元素，默认返回全部信息，该参数的值及含义如表 7-1 所示。

表 7-1　可选参数$options 的值及含义

参数值	含义
PATHINFO_DIRNAME	返回目录名
PATHINFO_BASENAME	返回文件名
PATHINFO_EXTENSION	返回扩展名
PATHINFO_FILENAME	返回不含扩展名的文件名

【案例实践 7-2】解析路径基本信息

可通过以下 3 种方式解析路径的基本信息，包括文件名、目录及文件的扩展名，代码如下（具体技术细节可参考源代码文件 7-2.php）。

```php
<?php
$path = 'test1/test2/text1.txt';
echo "1. 使用 basename() 函数和 dirname() 函数解析路径: ";
echo "<br>文件名: " . basename($path);
echo "<br>目录路径: " . dirname($path);
```

```
echo "<br><br>2. 使用 pathinfo() 函数解析路径: <br>";
$pathinfoarr = pathinfo($path);
echo "<pre>";
print_r($pathinfoarr);
echo "</pre>";
echo "<br>目录路径: " . $pathinfoarr['dirname'];
echo "<br>文件名: " . $pathinfoarr['basename'];
echo "<br>文件扩展名: " . $pathinfoarr['extension'];
echo "<br><br>3. 遍历数组解析路径: <br>";
foreach (pathinfo($path) as $k => $v)
    echo "$k: $v <br>";
?>
```

启动内置服务器，在浏览器中打开 7-2.html 文件，运行结果如图 7-2 所示。

图 7-2　解析目录基本信息

7.1.3　目录句柄

在程序中经常需要操作目录句柄。PHP 提供了 opendir()、closedir() 和 readdir() 等函数用于操作目录句柄，下面对这些函数的使用进行讲解。

1. 打开目录句柄

opendir() 函数用于打开一个目录句柄，可用于之后的 closedir()、readdir() 和 rewinddir() 函数的调用，其语法格式如下。

```
resource|false opendir(string $directory [, resource $context])
```

具体参数说明如下。

$directory: 用于打开指定的目录。

$context: 可选，规定目录句柄的环境。

如果函数执行成功，则返回资源类型的目录句柄；执行失败，则返回 false。具体示例代码如下。

```
$directory = "test1/test2";            // 目录路径
$dir_handle = opendir($directory);     // 打开目录句柄
if ($dir_handle)                       // 判断是否成功打开目录句柄
    echo "打开目录句柄成功! ";
else
    echo "打开目录句柄失败! ";
```

closedir() 函数用于关闭目录句柄，其基本语法格式如下。

```
void closedir([resource $dir_handle])
```

$dir_handle 代表使用 opendir()函数打开的目录句柄，closedir()函数执行后没有返回值。需要注意的是，要关闭 $dir_handle 指定的目录句柄，目录句柄必须提前被 opendir()打开。

微课
读取目录句柄

2. 读取目录句柄

readdir()函数用于从目录句柄中读取条目，其基本语法格式如下。

```
string readdir([resource $dir_handle])
```

函数执行成功则返回目录中下一个文件的名称，执行失败则返回 false。

【案例实践 7-3】使用目录句柄函数遍历指定目录

通过 opendir()函数打开目录，然后通过 readdir()函数读取目录，显示文件信息，示例代码如下（具体技术细节可参考源代码文件 7-3.php）。

```php
<?php
$dir = "test1/test2";
$handle = opendir($dir);
if ($handle) { // 判断目录是否打开
    while (($filename = readdir($handle)) !== false) { // 读取目录
        $subFile = $dir . "/" . $filename; // 将目录下的子文件和当前目录相连
        echo $subFile . "<br>";
    }
    closedir($handle);
} else
    echo "目录打开失败";
```

> **注意** 由于 PHP 是弱类型语言，所以将整型值 0 和布尔值 false 视为等价，如果使用比较运算符==或!=，当目录中有一个文件的名称为 0 时，则遍历目录的循环将停止，所以在设置判断条件时要注意使用===和!==运算符进行弱类型检查。

启动内置服务器，在浏览器中打开 7-3.html 文件，运行结果如图 7-3 所示。

我们发现，遍历除根目录外的任何目录时，结果中都会有.和..这两个特殊的目录，所以为了能够遍历出真正的目录来，通常在 while 循环结构中再添加判断，将这两个目录排除，具体代码如下。

```php
if ($handle) { // 判断是否成功打开目录句柄
    while (false !== ($file = readdir($handle))) {    // 读取目录中的文件
        if ($file != "." && $file != "..") {         // 排除当前目录和上一级目录
            echo "$file\n";
        }
    }
    closedir($dir_handle);
}
```

运行结果如图 7-4 所示。

图 7-3　遍历目录

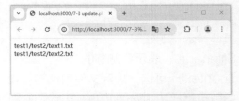

图 7-4　排除当前目录和上一级目录后遍历目录

3. 重置目录句柄

rewinddir()函数用于重置目录句柄，其基本语法格式如下。

```
void rewinddir(resource $dir_handle)
```

函数执行成功后，将$dir_handle 重置到目录的开头。

7.2 文件操作

文件操作与目录操作有类似之处，PHP 中的文件操作一般包括基本操作、读写操作及上传和下载等，PHP 提供了相应的函数来实现。

7.2.1 文件基本操作

1. 重命名或移动文件

rename()函数用于实现文件的重命名或移动，其基本语法格式如下。

```
bool rename(string $oldname, string $newname [, resource $context])
```

具体参数说明如下。

$oldname：表示要重命名的文件或目录。

$newname：表示文件或目录的新名称。

$oldname 和$newname 如果在同一个目录下，则执行重命名操作；如果不在同一个目录下，则执行移动操作。若目标路径下已存在同名文件，则会自动覆盖。该函数也可以用于目录的重命名，但若目标路径已存在（且为目录），则操作会失败并产生 Warning 错误。

rename()函数的使用方法及示例代码如下。

```
rename('./test1.txt', './test2.txt');        // 重命名，将 test1.txt 重命名为 test2.txt
rename('./test1.txt', 'D:/web/test.txt'); // 移动，将 test1.txt 文件移动到 D:/web/test.txt
```

2. 复制文件

copy()函数用于实现复制文件的功能，其基本语法格式如下。

```
bool copy(string $source, string $dest [, resource $context])
```

具体参数说明如下。

$source：表示要复制的文件。

$dest：表示复制文件的目标路径。

函数执行成功则返回 true，失败则返回 false，该函数的使用方法及示例代码如下。

```
copy('./test1.txt', './test2.txt');           // 在当前目录下复制文件
copy('./123/test1.txt', './456/test2.txt'); // 跨目录复制文件
```

当在不同目录下复制文件时，如果在该目录下，目标文件不存在，则执行复制操作，否则执行覆盖操作。

3. 删除文件

unlink()函数用于删除文件，其基本语法格式如下。

```
bool unlink(string $filename [, resource $context])
```

具体参数说明如下。

$filename：表示要删除的文件。

$context：可选，规定文件句柄的环境。

函数执行成功则返回 true，失败则返回 false，该函数的使用方法及示例代码如下。

```
unlink('./test.txt');
```

4. 获取文件属性

文件属性包括文件类型、大小、创建时间等信息，PHP 内置了一系列函数用于单独获取文件属性，如表 7-2 所示。

表 7-2　获取文件属性的函数及其功能

函数	功能
string filetype(string $filename)	获取文件类型
int filesize(string $filename)	获取文件大小
int filectime(string $filename)	获取文件的创建时间
int filemtime(string $filename)	获取文件的修改时间
int fileatime(string $filename)	获取文件的上次访问时间
bool is_readable(string $filename)	判断指定文件是否可读
bool is_writable(string $filename)	判断指定文件是否可写
bool is_executable(string $filename)	判断指定文件是否可执行
array stat(string $filename)	获取文件的信息

（1）获取文件类型

filetype()函数用于获取文件的类型，函数执行成功则返回文件的类型，可能的值有 fifo、char、dir、block、link、file 和 unknown 等，失败则返回 false，该函数的使用方法及示例代码如下。

```
echo filetype('./123/1.txt');          // 输出 file
echo filetype('./123');                // 输出 dir
```

（2）获取文件大小

filesize()函数用于获取文件的大小，以字节为单位，函数执行成功则返回文件的大小，失败则返回 false，该函数的使用方法及示例代码如下。

```
echo filesize('./');                   // 输出 4096
echo filesize('.test1/');              // 输出 2
```

（3）获取文件信息

stat()函数用于通过数组方式获取文件信息，示例代码如下。

```
print_r(stat('./test1/test2/test1.txt'));
```

通过上述代码可以输出 stat()函数返回的数组，其输出结果由索引数组和关联数组两种形式组成，其键的具体说明如表 7-3 所示。

表 7-3　索引数组和关联数组的键说明

索引数组键	关联数组键	说明
0	dev	设备编号
1	ino	inode 编号
2	mode	inode 保护模式
3	nlink	链接数目
4	uid	所有者的用户 ID
5	gid	所有者的组 ID
6	rdev	设备类型（如果是 inode 设备的话）
7	size	文件大小（以字节为单位）

续表

索引数组键	关联数组键	说明
8	atime	上次访问时间（UNIX 时间戳）
9	mtime	上次修改时间（UNIX 时间戳）
10	ctime	上次 inode 改变时间（UNIX 时间戳）
11	blksize	文件系统中 I/O（输入输出）操作的块大小
12	blocks	所占用块的数目

可以通过索引数组和关联数组的键获取所需的文件属性，其示例代码如下。

```
$dir = 'test1/test2/text1.txt';
echo "文件大小: " . stat($dir)[7] . "字节<br>";          // 通过索引数组的键获取文件大小
echo "文件的上次修改时间: " . stat($dir)['mtime'];        // 通过关联数组的键获取文件上次修改时间
```

5. 判断文件是否存在

操作文件时，如果该文件不存在，则会出现错误。为了避免这种情况出现，PHP 提供了如下几个函数来检查文件或目录是否存在。

file_exists()函数：判断指定文件或目录是否存在。

is_file()函数：判断指定文件是否为一个文件。

结合使用 file_exists()和 is_file()函数，可以准确判断一个路径是指向文件还是其他类型（如目录）。

```
// 检查文件'./123/1.txt'是否存在
var_dump(file_exists('./123/1.txt'));  // 如果文件存在，则输出 bool(true)
// 检查'./123'是否为一个文件
var_dump(is_file('./123'));            // 如果不是文件（例如是目录或不存在），则输出 bool(false)
```

7.2.2 文件读写操作

PHP 对文件的读写操作要么是全部读写，要么是部分读写。一般的步骤是先打开这个文件，如果文件不存在，则先创建，然后进行读写，最后关闭文件。

微课

打开文件

1. 打开文件

使用 fopen()函数打开文件，其基本语法格式如下。

```
resource fopen(string $filename, string $mode [, bool $use_include_path
= false [, resource $context]])
```

具体参数说明如下。

$filename：表示打开的文件或 URL，既可以是本地文件，又可以是 HTTP 或 FTP 的 URL。

$mode：表示文件打开的模式。

$use_include_path：可选，表示是否需要在 include_path 中（在 php.ini 中）搜寻文件。

$context：用于资源流上下文操作。

该函数执行成功则返回资源类型的文件指针，该指针用于其他操作。

fopen()函数的常用文件打开模式如表 7-4 所示。

表 7-4　fopen()函数的常用文件打开模式

模式	说明
r	以只读方式打开，将文件指针指向文件开头
r+	以读写方式打开，将文件指针指向文件开头

续表

模式	说明
w	以写入方式打开，将文件指针指向文件开头
w+	以读写方式打开，将文件指针指向文件开头
a	以写入方式打开，将文件指针指向文件末尾
a+	以读写方式打开，将文件指针指向文件末尾
x	创建并以写入方式打开，将文件指针指向文件开头。如果文件已存在，则 fopen()调用失败，返回 false，并生成 E_WARNING 级别的错误信息
x+	创建并以读写方式打开，其他行为和 x 模式相同

对于除 r 和 r+模式外的其他操作，如果文件不存在，则会尝试自动创建，具体应用如下。

```php
$file = fopen("test1/test2/text1.txt", "r");        // 以只读模式打开文件
$file = fopen("https://www.ryjiaoyu.com/", "r+");// 以读写模式打开网络文件
$file = fopen("test1/test2/text2.txt", "x");        // 打开本地文件，如果文件不存在，则创建文件
```

2. 关闭文件

使用 fclose()函数关闭文件，其基本语法格式如下。

```php
bool fclose(resource $handle)
```

具体参数说明如下。

$handle：表示使用 fopen()函数打开文件时返回的文件指针。

如果文件关闭成功则返回 true，失败则返回 false。

3. 读取文件

读取文件前需要打开文件，如果文件不存在，则需要先创建，文件的创建一般通过 fopen()函数来实现，文件的打开模式可以是 r 或 r+。

（1）读取指定长度的文件

① fread()函数

fread()函数用于读取指定长度的字符串，其基本语法格式如下。

微课

读取文件

```php
string|boolean fread(resource $handle, int $length)
```

具体参数说明如下。

$handle：表示文件指针。

$length：用于指定读取的长度。

该函数在读取到$length 指定的长度，或读取到文件末尾时会停止读取，返回读取到的内容，若读取失败则返回 false。

② fgetc()函数

fgetc()函数用于读取一个字符，其基本语法格式如下。

```php
string fgetc(resource $handle)
```

$handle 表示文件指针，读取文件时遇到 EOF（End Of File，文件结束符标志）就返回 false。

③ fgets()函数

fgets()函数用于读取文件中的一行，其基本语法格式如下。

```php
string fgets(resource $handle [, int $length])
```

$length 用于指定读取的长度，默认值为 1024 字节，如果指定$length，则返回长度为($length–1)字节的字符串，也就是说想读 3 字节，必须写长度 4。读取文件时遇到换行符、EOF 或已经读取了($length–1)字节就停止。

（2）读取整个文件

① file_get_contents()函数

file_get_contents()函数用于将文件的内容全部读取到一个字符串中。

```
string file_get_contents(string $filename [, bool $use_include_path = false [, resource
$context [, int $offset = 0 [, int $maxlen]]]])
```

具体参数说明如下。

$filename：规定读取文件的路径。

$use_include_path：可选参数，若设为 1，表示需要在 php.ini 配置的 include_path 目录列表中搜寻文件。

$context：用于资源流上下文操作。

$offset：指定在文件中开始读取的位置，默认从文件头开始。

$maxlen：指定读取的最大长度，默认为整个文件的大小。

② file()函数

file()函数用于将整个文件内容读取到数组中，数组中的每个元素都是文件中的一行，包括换行符，函数执行成功则返回数组，执行失败则返回 false，其基本语法格式如下。

```
array|boolean file(string $filename [, int $flags = 0 [, resource $context]])
```

具体参数说明如下。

$filename：表示读取的文件路径。

$flags：规定读取方式，使用常量表示，可以指定的常量如下。

FILE_USE_INCLUDE_PATH：在 php.ini 配置的 include_path 中查找文件。

FILE_IGNORE_NEW_LINES：指定返回值数组的每个元素值末尾不添加换行符。

FILE_SKIP_EMPTY_LINES：跳过空行。

下面的代码简单展示了 file()函数的使用。

```
$arrfile = file("test1/test2/text1.txt");
foreach ($arrfile as $v) {
    $v = nl2br($v);
    echo $v;
    echo "<br>";
}
```

③ readfile()函数

readfile()函数用于读取一个文件到浏览器，其基本语法格式如下。

```
int readfile(string $filename[, bool $use_include_path[, resource $context]])
```

具体参数说明如下。

$filename：表示读取文件的路径。

$use_include_path：可选参数，若设为 1，表示需要在 php.ini 配置的 include_path 目录列表中搜寻文件。

$context：用于资源流上下文操作。

4. 写入文件

在写入文件前需要打开文件，如果文件不存在，则要先创建。在 PHP 中没有专门用于创建文件的函数，一般可以使用 fopen()函数来创建，文件的打开模式可以是 w、w+、a、a+等。

（1）追加写入或者覆盖写入

打开文件后，使用 fwrite()函数为文件写入内容，如果以 w 或 w+模式打开，

微课

写入文件

那么从文件开头写入，即覆盖写入；如果以 a 或 a+模式打开，那么从文件末尾写入，即追加写入。fwrite()函数的基本语法格式如下。

```
int|boolean fwrite(resource $handle, string $string [, int $length])
```

具体参数说明如下。

$handle：表示文件指针。

$string：表示要写入文件中的字符串数据。

$length：表示指定写入的长度，省略则表示写入整个字符串。

该函数的返回值是写入的长度。

（2）覆盖写入

file_put_contents()函数可以将一个字符串写入文件，函数执行成功则返回写入文件中数据的长度，失败则返回 false，其基本语法格式如下。

```
int|boolean file_put_contents(string $filename, mixed $data [, int $flags = 0 [,resource $context]])
```

具体参数说明如下。

$filename：表示写入的文件路径（包含文件名称）。

$data：表示写入的内容。

$flags：规定写入选项，可以指定的常量如下。

- FILE_USE_INCLUDE_PATH：从 php.ini 配置的 include_path 目录列表中搜索文件路径。
- FILE_APPEND：表示追加写入。

7.2.3 文件的上传

在动态网站的应用中，文件上传是常用的功能，也就是将文件从客户端上传至服务器的指定目录，具体步骤如下。

① 增加文件上传的表单；

② 客户端上传文件至服务器；

③ 服务器操作系统将文件保存在临时目录；

④ 服务器脚本判断文件的有效性，将有效文件从临时目录移动到指定目录。

下面详细介绍文件上传的实现过程。

1. 客户端增加文件上传表单

使用表单可以进行文件上传，使用文件上传域<input type="file" name="…" >，让用户可以选择需要上传的文件，但是要保证文件上传成功需要进行正确的设置。

（1）设置表单发送数据的方式

提交表单后，表单值也就是上传的文件不能在浏览器的地址栏中显示，所以需要将表单标签的 method 属性设置为 post，示例代码如下。

微课

客户端增加文件
上传表单

```
<form method="post">
...
</form>
```

（2）设置表单字符编码方式

在客户端文件上传表单中，必须将表单的字符编码方式设为 multipart/form-data，示例代码如下。

```
<form method="post" enctype="multipart/form-data">
    <input type="file" name="upload">
    <input type="submit" value="上传文件">
```

```
</form>
```

（3）设置表单处理程序

在客户端基本配置完成后，文件将被上传至服务器。为了后续能够妥善处理这些上传的文件，需要设定一个处理这些文件的脚本，通常通过配置表单的 action 属性来实现。以下是示例代码。

```
<form method="post" enctype="multipart/form-data" action="upload.php">
......
</form>
```

这里 upload.php 文件是专门用于处理文件上传的 PHP 脚本。具体的脚本逻辑将根据实际需求进行编写和配置。

2. 服务器端获取文件信息

PHP 会将用户提交的上传文件信息保存到超全局数组$_FILES 中。$_FILES 的一维数组键名是文件上传输入框的 name 属性名 upload，二维数组中保存了该上传文件的具体信息，相关信息如表 7-5 所示。

表 7-5　$_FILES 超全局数组相关信息

模式	说明
$_FILES['upload']['name']	上传文件的名称
$_FILES['upload']['type']	上传文件的 MIME 类型
$_FILES['upload']['tmp_name']	保存在服务器中的临时文件路径
$_FILES['upload']['error']	文件上传的错误代码，0 表示成功
$_FILES['upload']['size']	上传文件的大小，以字节为单位

关于上传文件的 MIME 类型，这一信息是由浏览器在上传过程中提供的，常见的 MIME 类型及其说明如表 7-6 所示。

表 7-6　常见的 MIME 类型及其说明

文件类型	说明
text/plain	表示普通文本文件
image/gif	表示 GIF 格式的图片文件
image/jpeg	表示 JPEG 格式的图片文件
application/msword	表示 Microsoft Word 文档文件
application/pdf	表示 PDF 格式的文件
application/zip	表示 ZIP 格式的压缩文件
application/octet-stream	表示任意二进制文件，如 exe 文件、rar 文件等
text/html	表示 HTML 格式的文件
audio/mpeg	表示 MP3 格式的音频文件

当上传文件出现错误时，$_FILES['upload']['error']中会保存不同的错误代码，具体如表 7-7 所示。

表 7-7　文件上传错误代码及说明

代码	常量	说明
0	UPLOAD_ERR_OK	文件上传成功
1	UPLOAD_ERR_INI_SIZE	文件大小超过了 php.ini 中 upload_max_filesize 选项限制的值

续表

代码	常量	说明
2	UPLOAD_ERR_FORM_SIZE	文件大小超过了表单中 MAX_FILE_SIZE 的值
3	UPLOAD_ERR_PARTIAL	文件只有部分被上传
4	UPLOAD_ERR_NO_FILE	没有文件被上传
5	UPLOAD_ERR_NO_TMP_DIR	找不到临时目录
6	UPLOAD_ERR_CANT_WRITE	文件写入失败

下面的代码实现了获取文件的基本信息。

```php
<?php
$name = $_FILES['file1']['name'];                    // 获取文件名
$type = $_FILES['file1']['type'];                    // 获取文件类型
$size = round($_FILES['file1']['size'] / 1024, 2);   // 获取文件大小
echo "上传文件的名称是: $name<br>";
echo "上传文件的 MIME 类型是: $type<br>";
echo "上传文件的大小是: $size KB<br>";
?>
```

3. 保存上传的文件

通过客户端上传后的文件保存在 PHP 临时目录的临时文件中，临时文件扩展名为.tmp，这个临时文件在表单处理脚本（在 action 属性中指定）执行期间存在，表单处理结束，该文件自动删除。所以，通常将临时文件名修改为上传文件的原始名称，以保存上传的文件。在删除文件之前使用 move_uploaded_file()函数将它移动到其他位置，此时才完成上传文件的过程。

move_uploaded_file()函数的语法格式如下。

```php
bool move_uploaded_file(string $from, string $to)
```

$from 表示上传文件的名称，$to 表示移动文件到这个位置，该函数在执行时会先判断指定文件是否是通过 POST 方式上传的合法文件，防止将服务器中的其他文件当成用户上传的文件，在移动文件时如果遇到了同名文件，会自动进行替换。

【案例实践 7-4】实现单个文件上传

实现单个文件上传，编写 7-4client.html 文件为文件上传表单，代码如下。

首先创建一个 HTML 表单，用于用户上传个人简历。

```html
<body>
    <form method="post" enctype="multipart/form-data" action="7-4upload.php">
        简历:
        <input type="file" name="resume" id="">
        <br>
        <input type="submit" value="上传文件">
    </form>
</body>
```

编写 7-4upload.php 文件为上传文件处理脚本，具体示例代码如下。

```php
<?php
$name = $_FILES['resume']['name'];           // 获取文件名
$tmp = $_FILES['resume']['tmp_name'];        // 获取临时文件名
$uploaddir = "upload/";                      // 设置上传目录
$uploadfile = $uploaddir . basename($name);  // 设置上传后的文件名
if (array_key_exists('resume', $_FILES)) {   // 参数名称与表单中一致
```

```
    if ($_FILES['resume']['error'] == 0) {          // 说明上传完成
        if (move_uploaded_file($tmp, $uploadfile))     // 移动上传的文件
            echo "临时文件更名成功! <br>";
        else
            echo "临时文件无法更名! ";
    } else
        echo "上传文件出错，错误代码: " . $_FILES['resume']['error'];
    echo "简历信息: ";
    echo "<pre>";
    print_r($_FILES);
    echo "</pre>";
} else
    echo "出错，未完成文件上传";
```

启动内置服务器，在浏览器中打开 7-4client.html 文件，运行结果如图 7-5 所示。

单击页面中的"选择文件"按钮可打开对话框选择上传的文件，然后单击"上传文件"按钮，调用处理文件上传的脚本 7-4upload.php，结果如图 7-6 所示。

图 7-5　7-4client.html 文件的运行结果

图 7-6　上传文件处理结果

【能力进阶】多文件上传技巧

顾名思义，多文件上传即允许用户一次性上传多个文件，而非逐个进行。这种功能在网页应用中极为常见，能有效提升用户上传文件的效率。实现多文件上传主要有以下两种方式。

1. 分散式上传

在页面中设置多个文件选择控件，每个控件负责一个文件的上传。这种方式适用于需要用户在不同位置分别上传文件的场景。

```
<!-- 分散式上传示例-->
<input type="file" name="upload1">
<input type="file" name="upload2">
```

对于这种方式，每个文件选择控件的 name 属性是唯一的，因此可以按照处理单个文件上传的方式来读取和处理每个文件的信息。

2. 集中式上传

通过一个文件选择控件，允许用户一次性选择并上传多个文件。这种方式更为简洁，适用于用户需要批量上传文件的场景。

```
<!-- 集中式上传示例-->
<input type="file" name="upload[]" multiple>
```

在这种方式下，多个文件通过同一个控件上传，它们的 name 属性以数组形式表示（如 upload[]）。处理时，需要使用循环来遍历$_FILES 数组中的每个文件信息，并进行相应的处理。

当使用集中式上传时，可以通过以下 PHP 代码来读取和处理上传的多个文件。

```
$len = count($_FILES['upload']['name']);
```

```
for ($i = 0; $i < $len; $i++) {
    $file = [
        'name' => $_FILES['upload']['name'][$i],
        'type' => $_FILES['upload']['type'][$i],
        'tmp_name' => $_FILES['upload']['tmp_name'][$i],
        'error' => $_FILES['upload']['error'][$i],
        'size' => $_FILES['upload']['size'][$i]
    ];
}
```

通过这段代码，可以轻松获取用户上传的每个文件的信息，并进行后续的处理操作。

【素养提升】精确操作文件和目录

在处理文件和目录时，精确性至关重要。一个小小的操作失误可能导致数据丢失或损坏，甚至可能影响到整个系统的稳定性和安全性。因此，我们需要培养良好的文件和目录管理习惯，确保每一次操作都是精确无误的。

为了提高操作的精确性，可以采取以下措施。

（1）仔细核对文件路径和名称：在进行文件或目录操作之前，务必仔细核对文件路径和名称，确保没有误差。

（2）备份重要数据：在进行可能的数据修改或删除操作之前，先做好数据备份，以防万一。

（3）使用版本控制：对于重要的文件或目录，可以考虑使用版本控制工具，以便在出现问题时能够迅速恢复到之前的状态。

精确操作是每一位程序员和系统管理员的必备素养。通过不断提高自己操作的精确性，我们不仅能够确保数据的安全性和完整性，还能在软件开发和系统管理中贡献更多的力量。

项目分析

为构建完善的问卷统计工具，我们需要通过编程完成以下核心功能：首先，确保用户在提交投票后，投票数据能够被即时统计并实时更新在界面上，为用户提供直观的反馈；其次，所有投票结果必须能够安全地保存至一个指定的文件中，以便我们后续进行详细的查看与分析；此外，系统还需具备识别并处理无效投票选项的能力，同时向用户显示友好的提示信息；最后，整个系统应能顺畅地处理投票数据的读取与写入操作，确保数据的完整性与准确性。

项目实施

任务 7-1　实现问卷统计工具界面

设计并构建一个用户友好的投票界面，确保用户可以清晰地看到各个投票选项。页面中集成必要的交互元素，以便用户可以顺畅地进行投票操作。同时设置后端接口，用于接收前端传递的投票数据，并准备进行后续的数据处理。编写 pro07.html 文件实现问卷统计工具界面，界面共设置了 7 个题目，部分（问题 1~3）主要代码如下。

```
<body>
    <h1>阅读习惯和偏好调查</h1>
```

```
    <p>亲爱的同学们：</p>
    <p class="text">您好！为了更好地策划我系的全系读书活动，我们正在进行一项关于同学们阅读习惯和偏好
的调查。请您花费几分钟时间，完成以下问卷。您的意见对我们非常重要，我们将根据您的反馈来改进我们的活动策划。</p>
    <form action="pro07.php" method="post">
        <h3>基本信息：</h3>
        <p>1. 性别：</p>
        <p class="text"><input type="radio" name="gender" value="男">男</p>
        <p class="text"><input type="radio" name="gender" value="女">女</p>
        <p class="text"><input type="radio" name="gender" value="不愿透露">不愿透露</p>
        <h3>阅读习惯：</h3>
        <p>2. 您平均每周阅读多长时间?</p>
        <p class="text"><input type="radio" name="duration" value="少于 5h">少于 5h</p>
        <p class="text"><input type="radio" name="duration" value="5~10h">5~10h</p>
        <p class="text"><input type="radio" name="duration" value="11~20h">11~20h</p>
        <p class="text"><input type="radio" name="duration" value="20h 以上">20h 以上</p>
        <p>3. 您阅读的主要类型是?</p>
        <p class="text"><input type="radio" name="type" value="文学">文学</p>
        <p class="text"><input type="radio" name="type" value="科技或专业书籍">科技或专业书籍</p>
        <p class="text"><input type="radio" name="type" value="历史或哲学">历史或哲学</p>
        <p class="text"><input type="radio" name="type" value="小说或故事书">小说或故事书</p>
        <p class="text"><input type="radio" name="type" value="自我提升">自我提升</p>
        <p class="text"><input type="radio" name="type" value="其他">其他</p>
        <!-- 省略 4~7 显示阅读态度与看法、阅读平台选择、读书活动兴趣与参与意愿、对全民阅读的看法和建议
的代码和其他代码-->
    </form>
</body>
```

任务 7-2　设计统计问卷选项

首先，利用 file_exists()函数检查用于保存投票数据的文件是否存在，若不存在，则创建新文件；其次，使用 fopen()函数以适当的模式打开文件，准备进行数据的读写操作，当接收到用户投票数据后，通过逻辑判断识别无效投票，并给出提示；最后，对有效投票使用 fwrite()函数将其写入文件，每次写入数据后，使用 fclose()函数关闭文件，确保数据的安全性与一致性。

pro07.php 针对问题 1~3 的部分代码如下。

```php
<?php
    // 定义投票文件名
    $vote_file = "votes.txt";

    // 初始化投票数组
    $genders = array();
    $durations = array();
    $types = array();
    $effects = array();

    // 添加选项到投票数组
    $genders['男'] = 0;
    $genders['女'] = 0;
    $genders['不愿透露'] = 0;

    $durations['少于 5h'] = 0;
    $durations['5~10h'] = 0;
    $durations['11~20h'] = 0;
    $durations['20h 以上'] = 0;
```

```
$types['文学'] = 0;
$types['科技或专业书籍'] = 0;
$types['历史或哲学'] = 0;
$types['小说或故事书'] = 0;
$types['自我提升'] = 0;
$types['其他'] = 0;

// 读取现有投票结果
// 打开文件
if (file_exists($vote_file)) {
    if ($handle = fopen($vote_file, 'r')) {
        // 逐行读取
        while (($line = fgets($handle)) !== false) {
            // 尝试将每行转换为数组
            $arrayLine = json_decode($line, true);
            // 分别保存到不同的数组
            if (isset($arrayLine['男'])) {
                $genders = $arrayLine;
            } elseif (isset($arrayLine['少于 5h'])) {
                $durations = $arrayLine;
            } elseif (isset($arrayLine['文学'])) {
                $types = $arrayLine;
            }
        }
        // 关闭文件
        fclose($handle);
    }
}

// 用户选择投票选项
$gender = isset($_POST['gender']) ? $_POST['gender'] : '';
$duration = isset($_POST['duration']) ? $_POST['duration'] : '';
$type = isset($_POST['type']) ? $_POST['type'] : '';

// 更新投票结果
if (isset($genders[$gender]) and isset($durations[$duration]) and isset($types[$type])) {
    $genders[$gender]++;
    $durations[$duration]++;
    $types[$type]++;
    echo "投票成功! ";
    // 输出数据
    echo "<h2>当前投票统计结果如下: </h2>";
    echo "<p>性别: </p>";
    foreach ($genders as $key => $value) {
        echo "$key $value 票<br>" . PHP_EOL;
    }
    echo "<p>每周阅读时间: </p>";
    foreach ($durations as $key => $value) {
        echo "$key $value 票<br>" . PHP_EOL;
    }
    echo "<p>主要阅读类型: </p>";
    foreach ($types as $key => $value) {
        echo "$key $value 票<br>" . PHP_EOL;
    }
} else {
    echo "无效的投票选项! ";
}
// 打开文件
$handle = fopen($vote_file, 'w');
// 将数组写入文件
```

189

```
fputs($handle, json_encode($genders, JSON_UNESCAPED_UNICODE) . PHP_EOL);
fputs($handle, json_encode($durations, JSON_UNESCAPED_UNICODE) . PHP_EOL);
fputs($handle, json_encode($types, JSON_UNESCAPED_UNICODE) . PHP_EOL);
// 关闭文件
fclose($handle);
?>
```

运行结果如图 7-7～图 7-9 所示。

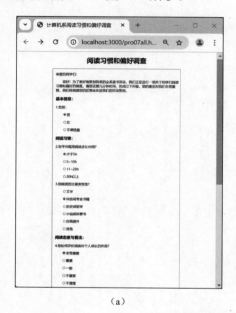

（a）

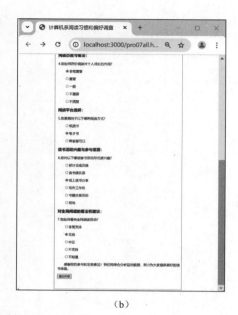

（b）

图 7-7　投票界面

图 7-8　有效投票统计结果

图 7-9　无效投票提示

完成以上两个任务，我们将能够构建一个功能适当、用户友好的问卷统计工具，满足用户的投票需求并提供可靠的数据支持。

项目实训——上传个人简历和照片

【实训目的】

练习文件和目录的基本操作，实现多文件上传，同时限制上传文件的类型，并保存上传的文件。

【实训内容】

实现图 7-10~图 7-12 所示的效果。

图 7-10　上传简历和照片界面

图 7-11　上传简历和照片错误界面

图 7-12　上传简历和照片正确界面

【具体要求】

读取用户上传的简历和照片，具体要求如下。

① 显示上传的简历和照片的各项信息，包括文件名称、类型、大小、保存路径等。

② 限制上传的简历和照片的类型，保证其符合要求。

项目小结

本项目通过实现问卷统计工具，帮助读者认识文件和目录操作的语法基础和相关概念，如文件读写、目录创建和删除等。项目 7 知识点如图 7-13 所示。

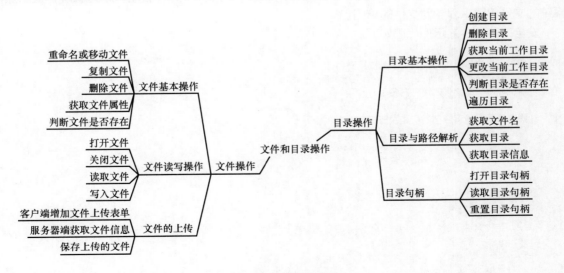

图 7-13　项目 7 知识点

191

应用安全拓展

文件下载安全

在 PHP 动态网页开发中，文件下载是基本功能之一，用户可以通过此功能下载各种类型的文件，如文档、图片、视频等。然而，如果开发者在实现文件下载功能时没有做好充分的安全防护，就可能产生文件下载漏洞。攻击者可以通过文件下载漏洞非法获取到服务器中的敏感文件或受保护的文件，导致数据泄露、系统被入侵、知识产权被窃取等一系列严重后果。

1. 文件下载漏洞产生的原因

产生文件下载漏洞的主要原因在于，服务器未能对用户的下载请求进行有效的验证和过滤，或者服务器配置不当。攻击者可以利用这些漏洞，通过修改请求参数或尝试猜测或遍历服务器中的文件路径，从而绕过正常的访问控制过程，下载不应该被访问到的文件。

2. 文件下载漏洞的类型

任意文件下载漏洞：当应用程序未能限制可下载文件的范围时，攻击者可以下载服务器中的任意文件，包括配置文件、源代码、数据库文件等。

路径遍历（也称目录遍历）漏洞：攻击者可以通过修改 URL 或文件请求参数，越过目录限制，下载网站中的敏感文件。攻击者通常使用../序列来尝试访问父目录。例如，攻击者可以通过请求 "download.php?file=../config.php"来下载 config.php 文件。

3. 开发过程中文件下载漏洞的防范措施

（1）输入验证和过滤：对用户请求的文件路径和文件名进行严格的验证和过滤，确保只允许访问和下载授权范围内的文件。使用正则表达式来匹配预期的输入格式，并拒绝不符合要求的输入。

（2）白名单验证：只允许下载指定目录下的文件，验证文件扩展名，确保它们符合预期的格式。

（3）文件路径处理：不要直接使用用户输入的内容来构建文件路径，应使用预定义的目录结构和文件名，防止路径遍历攻击，确保攻击者无法访问预期之外的目录。

（4）权限设置：限制文件和目录的访问权限，确保只有授权用户才能访问敏感文件。使用操作系统的文件权限来限制对文件的访问。

安全下载文件的示例代码如下。

```php
<?php
// 假设已经通过某种方式获取了当前用户名
$currentUser = 'admin'; // 示例用户名
// 定义允许下载文件的用户白名单
$allowedUsers = array('admin', 'user1', 'user2');
// 限制权限，检查当前用户是否在白名单中
if (!in_array($currentUser, $allowedUsers)) {
    header('HTTP/1.1 403 Forbidden');
    echo '您没有权限下载该文件。';
    return;
}
// 定义下载函数
function downloadFile($filename) {
    // 定义允许下载的文件目录和扩展名白名单
    $baseDir = 'path/to/files/';
    $allowedExts = array('txt','doc','xls','pdf','zip');
    // 获取文件扩展名
    $fileExt = strtolower(pathinfo($filename, PATHINFO_EXTENSION));
```

```
        // 检查扩展名是否在白名单中
        if (!in_array($fileExt, $allowedExts)) {
            header('HTTP/1.1 403 Forbidden');
            echo '不允许下载该文件类型。';
            return;
        }
        // 构建文件路径
        $file = $baseDir . basename($filename);
        // 检查文件是否存在且是一个文件（不是目录）
        if (!is_file($file)) {
            header('HTTP/1.1 404 Not Found');
            echo '文件不存在。';
            return;
        }
        // 确保文件在预期的目录内，防止路径遍历
        $realPath = realpath($file);
        if (strpos($realPath, realpath($baseDir)) !== 0) {
            header('HTTP/1.1 403 Forbidden');
            echo '访问被拒绝。';
            return;
        }
        // 设置响应头以下载文件
        header('Content-Type: application/octet-stream');
        header('Content-Disposition: attachment; filename="' . basename($filename) . '"');
        // 发送文件内容
        readfile($realPath);
        exit;
}
// 通过正则表达式匹配过滤文件名，调用下载函数
if (isset($_GET['filename']) && preg_match('/^[a-zA-Z0-9_\-\.]+$/', $_GET['filename'])) {
    downloadFile($_GET['filename']);
} else {
    header('HTTP/1.1 400 Bad Request');
    echo '无效的文件名。';
}
?>
```

在上述代码中，首先验证用户权限，然后定义一个 downloadFile()函数，用于处理文件下载请求。在 downloadFile()函数中，验证用户提供的文件名是否符合预期的格式和目录结构。最后通过正则表达式匹配过滤文件名，并检查文件是否存在，再调用下载函数。

其中，preg_match()函数用于匹配特定的字符串模式，这个模式可以用来验证用户输入的文件名是否符合特定的命名规范，只允许字母、数字、下画线、连字符和点等，且文件名必须从这些字符之一开始。

巩固练习

一、填空题

1. 在 PHP 中使用_____函数来判断文件是否存在。
2. 在 PHP 中使用_____超全局数组来处理文件上传。
3. 在 PHP 中，获取一个文件的上次修改时间的函数是_____。
4. 使用_____函数可以创建一个新的目录。

5. 写出下列代码的执行结果。

```
$path = 'C:/web/apache2.4/htdocs/index.html';
echo dirname($path);    // 执行结果：_____
echo dirname($path, 2); // 执行结果：_____
echo dirname($path, 3); // 执行结果：_____
```

二、选择题

1. 在 PHP 中，文件打开模式中哪一个字符代表只读？（   ）

A. r   B. w   C. x   D. a

2. PHP 中的 $_FILES 数组用来存储（   ）。

A. 上传文件的信息   B. 下载文件的信息

C. 删除文件的信息   D. 系统文件的信息

3. 以下哪个函数可以将文件内容写入指定文件中？（   ）

A. file_put_contents()   B. fopen()

C. file_get_contents()   D. fread()

4. 在 PHP 中，哪个函数可以用于获取一个文件的扩展名？（   ）

A. file_extension()   B. pathinfo()

C. dirname()   D. basename()

5. $_FILES{"touxiang"}["type"]的作用是（   ）。

A. 获取上传文件的 MIME 类型   B. 获取上传文件的大小

C. 获取上传文件的名称   D. 获取上传文件的临时存储信息

三、判断题

1. 在 PHP 中，使用 fread()函数可以读取文件中指定长度的内容。（   ）

2. 在 PHP 中，使用 fopen()函数打开文件时，可以指定打开文件的模式。（   ）

3. 在 PHP 中，使用 is_uploaded_file()函数可以判断文件是否是通过 POST 方式上传的。（   ）

4. PHP 中的 file_exists()函数可以用于判断文件是否存在。（   ）

5. PHP 中的 rename()函数可以用于重命名文件和目录。（   ）

项目8
购物车系统
——面向对象程序设计

情境导入

计算机系的张华观察到购买学习资料和生活用品流程烦琐、等待时间长，他提出了开发一个便捷校园购物平台的想法。

为提高平台的运营效率，尤其是库存和销售管理，张华选择利用面向对象程序设计技术来构建一个模块化、可扩展且易维护的购物车系统。此系统旨在让用户轻松添加、删除商品，并实时查看购物车内商品的总价。

在研发中，张华注重系统的稳定性、安全性及代码结构优化。他巧妙运用面向对象程序设计的封装、继承和多态特性，通过"封装"保护商品和购物车数据，确保数据的隐私性与系统的安全性；利用"继承"优化代码结构，减少代码的重复性；"多态性"则使购物车能灵活管理各类商品，只需商品类遵循统一的接口或继承自相同基类。

张华相信，通过这个项目，他不仅能够为同学们带来便捷的购物体验，节省时间，丰富校园生活，还能深化自己对 PHP 技术的理解，提升编程实力。

学习目标

知识目标	■ 熟悉面向对象的思想，了解面向过程和面向对象程序设计思想的差异； ■ 掌握类与对象的使用方法，包括类的定义和实例化方法、类成员的访问方法等； ■ 了解常见的魔术方法，掌握构造方法和析构方法的用法； ■ 掌握类常量和静态成员的定义和访问； ■ 了解面向对象的三大特性，掌握封装、继承、多态的实现方法； ■ 掌握抽象类和接口的定义和实现。
能力目标	■ 能够编写遵循面向对象原则的代码：涵盖类的设计、方法的实现及对象的使用； ■ 能够熟练运用封装、继承、多态三大特性设计程序； ■ 能够根据实际需求应用抽象类和接口。
素养目标	■ 培养良好的面向对象程序设计习惯，编写出更加模块化、可扩展和易于维护的代码； ■ 提高问题解决能力，能够运用面向对象的方法分析和解决实际问题； ■ 培养创新思维，为软件开发和系统管理贡献力量。

知识储备

　　PHP 是一种功能强大的混合型程序设计语言，它支持面向对象程序设计和面向过程程序设计两种范式。对于简单的脚本和小型应用，使用面向过程的程序设计方式可能更加直观和高效。然而，在处理大型、复杂的项目时，面向对象程序设计展现出了其独特的优势。

8.1　面向对象

8.1.1　面向过程和面向对象的对比

　　在开始深入探讨面向对象程序设计之前，我们首先需要理解什么是面向过程程序设计。简而言之，面向过程就是按照一系列步骤去解决问题，这些步骤通常是按照特定的顺序执行函数，以实现所需功能。这种方法在处理简单任务时效果很好，但随着项目复杂性的提高，代码的管理和维护会变得愈发困难。

　　与此不同，面向对象程序设计采用了一种更符合人类思维方式的方法来解决问题。在面向对象程序设计中，我们分析问题中的对象，并定义它们的特性（属性）和行为（方法），对象之间通过信息传递进行交互，共同完成任务。这种编程方式不仅提高了代码的可读性和可维护性，还使得问题解决过程更加直观。

　　以日常生活中的洗衣服为例，面向过程的方法会关注洗衣的每一个具体步骤：打开洗衣机门，将衣物放入洗衣机，倒入洗衣液，选择洗衣模式，按下启动按钮等待洗涤完成。面向对象的方法则更侧重于用户和洗衣机对象及其提供的功能：用户只需调用洗衣机的洗涤方法，并传入参数（如衣物类型、洗涤模式等），然后等待洗衣完成即可。二者的对比如图 8-1 所示，体现了从"关注具体步骤"到"关注整体功能"的思维转变。

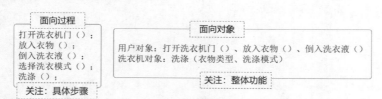

图 8-1　面向过程和面向对象的对比

　　由此可见，面向过程与面向对象在思维方式上有着本质的区别。在面向过程中，我们关注的是过程本身，扮演着执行者的角色；而在面向对象中，我们更关注对象，扮演着指挥官的角色。

8.1.2　面向对象程序设计的优势

　　面向对象程序设计具有许多优势，特别是在处理复杂任务时。通过将问题分解为若干个对象，每个对象负责处理自己的数据和行为，面向对象程序设计提高了代码的可读性和可维护性。此外，面向对象程序设计还支持继承、封装和多态等特性，这些特性有助于创建可扩展、可重用的代码库。

　　例如，面向对象程序设计类似于盖浇饭，我们可以根据需要选择不同的菜品（对象）和米饭（基础）进行组合，提供了极高的灵活性，这种灵活性使得我们可以轻松替换或扩展系统中的组件。

需要注意的是，面向过程和面向对象并不是相互排斥的，而是根据问题的需求来选择的。面向过程程序设计好比蛋炒饭，各成分紧密融合，面向对象程序设计则像盖浇饭，饭菜分离，更便于调整和替换。

综上所述，面向对象程序设计能够显著提升程序的灵活性和可维护性。相比之下，在面向过程程序设计中，随着程序功能的不断增多和复杂化，相应的函数数量也会不断攀升，各种功能相互交织，最终导致代码结构混乱不堪，程序的可维护性大打折扣。

8.1.3　面向对象的核心概念

面向对象程序设计的思维方式与我们的日常思维方式非常相似。例如，在描述一个人时，我们会考虑其姓名、性别、年龄等特征，以及行为，如驾驶和烹饪等。在面向对象程序设计中，这些特征被称作属性，行为被称作方法。简而言之，面向对象程序设计允许我们将现实世界中的事物抽象成对象，并为这些对象赋予属性和方法。这一过程实质上是对现实世界中的对象进行建模，如图 8-2 所示。

下面深入了解一些面向对象的核心概念。

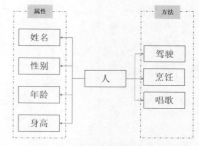

图 8-2　描述人的属性和方法示例

1.　类的概念

类是对象属性和行为的封装体。换句话说，类是具有相同属性和方法的一组对象的抽象描述。一旦定义了类，我们就可以使用这个类来创建对象。在 PHP 中，通过类创建的对象称为对象实例，而创建对象的过程就是类的实例化过程。值得注意的是，类是一个抽象的概念，对象则是这个抽象概念的具体实例。例如，"鸟类"封装了所有鸟的共同属性和行为。定义完"鸟类"后，我们可以根据这个类创建一个具体的"大雁"对象实例。

2.　对象的概念

在面向对象程序设计中，对象是来自客观世界的实体，如人类、书桌等。对象可分为静态部分（属性）和动态部分（方法）。属性是对象的静态特征，如人的身高、体重等；方法是对象的行为，如人的行走、说话等。在编程时，我们首先将现实世界的实体抽象为对象，再定义其属性和方法。例如，若要用面向对象的思想模拟大雁南飞，我们首先抽象出"大雁"对象，然后识别其属性（如翅膀、羽毛颜色）和行为（如飞行、觅食）。

3.　对象的属性和方法

对象包含两个核心要素：属性和方法。属性是描述对象特征的变量，也称为成员变量。方法是描述对象行为的函数。在 PHP 中，对象是属性和方法的集合，方法表示对象的行为，而属性表示对象的状态。通过访问和设置属性，以及调用方法，我们可以对对象进行各种操作。

8.2　类和对象

在面向对象程序设计中，类是对象的蓝图或模板，对象则是根据这个蓝图或模板创建的具体实例。接下来我们深入探讨如何在 PHP 中使用类和对象。

8.2.1　类的定义

在 PHP 中，使用 class 关键字定义类。类的成员主要包含属性（变量）和方法（函数）。属性用于描述对象的特征，如人的姓名、年龄等。方法用于描述对象的行为，如说话、走路等。定义类的语法格式如下。

微课

类的定义

```
class 类名{
    ……  // 属性列表
    ……  // 方法列表
}
```

定义类名时，虽然 PHP 的类名不区分大小写，但为了保持代码的一致性和可读性，我们通常遵循一定的命名规范，如大驼峰命名法，即每个单词的首字母大写。例如，Student 表示学生类。其中，属性列表为多个属性的声明，方法列表为多个方法的声明。通常，属性声明放在方法声明之前。从语法角度来看，属性声明和方法声明的先后顺序对代码执行结果没有影响。类可以没有任何成员，也可以只有属性或方法。

下面是一个简单的 Student 类定义的示例代码。

```php
// 定义一个学生类
class Student
{
    // 成员属性
    public $name = "张华";
    public $age = 20;
    // 成员方法
    public function showInfo()
    {
        echo "This is Student class.";
    }
}
```

上述示例代码定义了一个名为 Student 的类。这个类有两个成员属性，即 name 和 age，一个成员方法，即 showInfo()。

8.2.2　访问控制修饰符

PHP 提供了 3 种访问控制修饰符来设定类成员的可见性：public（公有）、protected（受保护）和 private（私有）。这些修饰符决定了类成员在类的内部和外部的可访问性。3 种访问控制修饰符对应的权限属性如表 8-1 所示，其中，√表示允许访问，×表示不允许访问。

表 8-1　访问控制修饰符对应的权限属性

访问控制修饰符	同一个类内	子类	类外
public	√	√	√
protected	√	√	×
private	√	×	×

说明如下。

- public：声明公共的成员，在类的内部和外部都可以访问。如果成员不显式指定访问控制修饰符，则默认为 public。

- protected：声明受保护类中的成员，只能在类的内部和子类访问。
- private：声明私有的类中的成员，只能在类的内部访问，不能被继承。

PHP 类成员定义的示例代码如下。

```
class Student
{
    public $id = 1;                      // 公共的成员属性，不受访问限制
    protected $name = "张三";            // 受保护的成员属性，能在类内和子类中访问
    private $age = 20;                   // 私有的成员属性，仅能在类内访问

    public function showInfo()           // 公共的成员方法
    {
        echo "This is public method.";
    }
    private function privateInfo()           // 私有的成员方法
    {
        echo "This is private method.";
    }
}
```

在上述示例代码中，Student 类有 3 个成员属性：$id 是公共属性，不受访问限制；$name 是受保护的属性，能在类内和子类中访问；$age 是私有属性，仅能在类内访问。Student 类还包括两个成员方法：showInfo()是公共方法，公共方法的 public 修饰符可省略；privateInfo()是私有方法，仅能在类内访问。

8.2.3 类的实例化

在 PHP 中定义一个类之后，若要使用类的方法或属性，需要先实例化一个类，这个实例便是类中的对象。在 PHP 中使用 new 关键字创建对象，实例化类的基本语法格式如下。

微课

类的实例化和
成员访问

```
$对象名 = new 类名([参数1，参数2，…]);
```

具体说明如下。

$对象名：表示要创建的新实例的变量名，通过这个实例可以访问类中的成员。变量名要遵循 PHP 中变量的命名规范，尽量做到见名知义。

new：表示创建一个新的对象。

类名：表示要实例化的类的名称。类名后面括号包含的是可选参数的列表，用于初始化类的成员属性。如果在实例化类时不需要传递参数，则可以省略类名后面的括号。

下面是一个简单的 PHP 类的定义和实例化的过程。

例如，在 8.2.1 节定义的 Student 类的基础上创建两个学生对象并输出如下代码。

```
$stu1 = new Student();        // 实例化 Student 类，创建学生对象$stu1
$stu2 = new Student();        // 实例化 Student 类，创建学生对象$stu2
echo "<pre>";
print_r($stu1);
print_r($stu2);
echo "</pre>";
```

在上述示例代码中，使用 new 关键字实例化 Student 类，创建学生对象$stu1 和$stu2。运行结果如图 8-3 所示，可以看到页面中显示输出了两个对象。

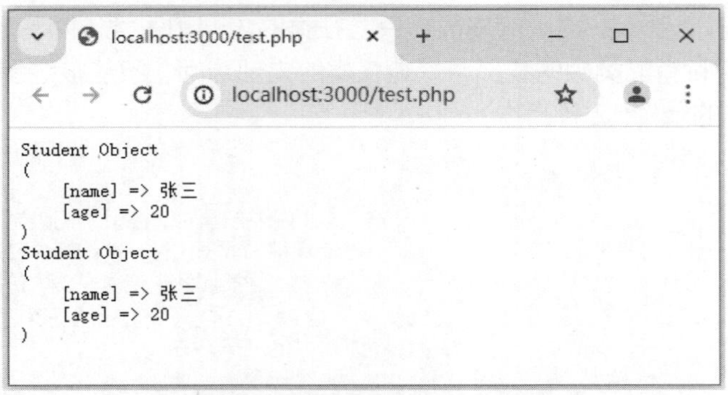

图 8-3　输出 Student 类实例化的对象

8.2.4　访问类的成员

实例化一个类后，可使用对象访问符->访问对象实例的属性或方法，具体的语法格式如下。

```
对象名->属性名;
对象名->方法名;
```

在对象方法执行时会自动定义一个$this 特殊变量，表示对当前对象的引用。通过$this->的形式可引用当前对象的方法和属性，其作用是完成对象内部成员之间的访问。$this 只能在类定义的方法中使用，不能在类定义的外部使用。

下面是一个简单的示例，展示如何在类外部访问类的成员。

```php
class Student {
    public $name;

    public function sayHello() {
        return "你好! 我是" . $this->name;
    }
}
$stu1 = new Student();           // 实例化对象
$stu1->name = "张阳";            // 直接访问对象$stu1 的 name 属性
echo $stu1->sayHello();          // 调用对象$stu1 的 sayHello()方法
```

在上述示例中，Student 类包含成员属性$name 和成员方法 sayHello()。在 sayHello()方法中使用$this->name 调用当前对象的 name 属性的值，构造了一个问候语的字符串，并使用 return 语句返回这个字符串。

在类外创建了 Student 类的对象实例$stu1，使用$stu1->name 调用对象$stu1 的 name 属性，并设置属性值；使用$stu1->sayHello()调用对象$stu1 的 sayHello()方法，并输出问候语。

【能力进阶】为何在类方法中使用 return 语句而非 echo 语句

在学习编程时，我们有时会在类的成员方法中直接使用 echo 语句来输出文本，这样便于我们理解代码的运行结果。但在真正的项目开发中，我们更倾向于使用 return 语句来输出数据，而不是直接使用 echo 语句输出，为什么？

1. 提高可重用性

当使用 return 语句时，方法可以返回一个具体的值。这个值既可以直接赋给某个变量，又可以在其他地方使用。相比之下，echo 语句只是简单地输出数据到浏览器，无法传递值供后续使用。

2. 便于测试和调试

使用 return 语句返回的值可以很方便地用于测试和调试。例如，在做单元测试时，可以轻松检查方法的返回值是否和预期的一样。在调试时，也可以随时查看返回值，不会被额外的输出内容干扰。

3. 代码更清晰

通常建议将业务逻辑（如计算、数据处理）与表示逻辑（如数据显示）分开。使用 return 语句就能很好地实现这一点，使得我们的代码更有条理，也更容易维护。

4. 用途更广泛

return 语句返回的值不仅用于输出，还用于条件判断、保存到数据库或发送给客户端等多种场景。

所以，在实际编程中，选择 return 语句而不是 echo 语句，能让我们的代码更加灵活、可重用，也更方便我们进行测试和调试。

【案例实践 8-1】类的实例化及类成员的访问

编写 8-1.php 文件，主要实现如何定义 Student 类，以及如何实例化它并访问其成员，代码如下。

```php
<?php
// 定义名为 Student 的类
class Student
{
    // 类的属性
    public $id;
    public $name;
    public $age;
    // 成员方法，用于输出学生信息
    public function introduce()
    {
        return "学号: {$this->id}。姓名: {$this->name}。年龄: {$this->age}";
    }
}
// 实例化 Student 类，创建名为 $stu1 的对象
$stu1 = new Student();
// 直接设置对象的属性
$stu1->id = "20240101";
$stu1->name = "张阳";
$stu1->age = 20;
// 创建名为 $stu2 的对象
$stu2 = new Student();
// 直接设置对象的属性
$stu2->id = "20240102";
$stu2->name = "李月";
$stu2->age = 21;
// 分别调用对象的 introduce()方法
echo $stu1->introduce()."<br>";
echo $stu2->introduce()."<br>";
```

运行结果如图 8-4 所示。

图 8-4　类的实例化及类成员的访问

8.2.5　对象的比较

在 PHP 中，由于对象是复合数据类型，它们之间的比较方式与基本数据类型的有所不同。当需要比较两个对象是否相等时，可以采用同一性比较或值比较两种方式。

（1）同一性比较（=== 和 !==）

使用===和!==比较操作符时，比较的是两个变量是否为同一个实例，即它们是否引用同一个对象。

（2）值比较（== 和 !=）

使用==和!=比较操作符时，PHP 会尝试进行值的比较。如果两个对象是同一个类的实例，且两个对象的属性和属性值相同，那么它们在值上被认为是相等的。

下面通过一个简单的例子来阐明这两种比较方式的区别。

```php
class Student {
    public $name = "李月";
    public function setName($name) {
        $this->name=$name;
    }
}
$stu1 = new Student();
$stu2 = new Student();
$stu3 = $stu1; // $stu3 和 $stu1 指向同一个对象
// 同一性比较示例
var_dump($stu1 === $stu2); // 输出 bool(false)，因为$stu1 和$stu2 不是同一个实例
var_dump($stu1 === $stu3); // 输出 bool(true)，因为$stu1 和$stu3 是同一个实例
// 值比较示例
var_dump($stu1 == $stu2); // 输出 bool(true)，因为$stu1 和$stu2 的属性和属性值都相同
```

在选择比较方式时，应根据具体的应用需求来决定。如果需要确认两个变量是否确实指向同一个对象，那么应使用同一性比较；如果只关心两个对象的内容是否一致，那么值比较更为合适。

在 PHP 中，还可以使用 instanceof 关键字检查一个对象是否为某个类的实例，返回布尔值，示例代码如下。

```php
var_dump($stu1 instanceof Student); // 输出 bool(true)，因为$stu1 是 Student 类的实例
var_dump($stu1 instanceof Test);    // 输出 bool(false)，因为$stu1 不是 Test 类的实例
```

在上述代码中，instanceof 关键字左边的变量表示对象，右边的变量表示类名。如果对象是指定类或其子类的实例，则返回 true，否则返回 false。

8.3 魔术方法

在 PHP 中，魔术方法是一组特殊的类方法，是指那些以两条下画线（＿＿）开头预定义的方法。这些方法会在 PHP 脚本运行期间的不同时刻被自动调用，无须手动调用。

8.3.1 常见的魔术方法

魔术方法可以让开发者实现各种高级功能，如属性重载、方法重载、对象序列化、自定义对象字符串表达方式等。常见的魔术方法如表 8-2 所示。

表 8-2　常见的魔术方法

魔术方法	描述
__get()	用于从不可访问的属性读取数据
__set()	用于将数据写入不可访问的属性
__isset()	对不可访问的属性调用 isset()或 empty()时触发
__unset()	对不可访问的属性调用 unset()时触发
__construct()	当创建一个对象时被调用
__destruct()	当销毁一个对象时被调用
__toString()	当一个对象被当作一个字符串时被调用
__wakeup()	执行 unserialize()时自动调用，用于重建对象
__sleep()	在执行 serialize()时自动调用，用于序列化对象前的准备
__call()	当调用一个不可访问的方法（如未定义或不可见）时自动调用
__callStatic()	当调用一个不可访问的静态方法时自动调用
__invoke()	当脚本尝试将对象调用为函数时触发

使用魔术方法可以简化代码，使对象的行为更加直观和易于理解。但应当谨慎使用魔术方法，因为它们可能会引入难以追踪的 bug，同时也有可能降低代码的可读性。

8.3.2 构造方法

每个类都有一个构造方法，它在创建类的实例时自动调用，也就是使用 new 关键字来实例化对象时自动调用，常用于对象属性的初始化赋值或者执行一些必要的初始化操作。构造方法被命名为＿＿construct()，其语法格式如下。

```
[访问控制修饰符] function __construct([参数列表]) {
    // 初始化操作
}
```

在上述语法格式中，访问控制修饰符可以省略，默认值为 public。

以下是一个简单的示例，展示如何在类中定义并使用构造方法。

```php
<?php
class Student {
    // 成员属性
    public $name;
    public $age;
```

微课

构造方法

```
    // 构造方法，用于初始化成员属性
    public function __construct($name, $age) {
        $this->name = $name;
        $this->age = $age;
    }
    // 成员方法，返回学生信息
    public function showInfo() {
        return "{$this->name}的年龄是{$this->age}";
    }
}
// 创建 Student 对象，并调用构造方法进行初始化
$stu1 = new Student("张阳", 20);
$stu2 = new Student("李月", 21);
// 输出学生信息
echo $stu1->showInfo() . "<br>"; // 输出"张阳的年龄是 20"
echo $stu2->showInfo() . "<br>"; // 输出"李月的年龄是 21"
?>
```

在上述示例中，Student 类定义了构造方法，包含两个参数$name、$age，能够对两个成员属性$name、$age 进行初始化。使用 new 关键字创建 Student 对象时，构造方法会被自动调用，完成属性的初始化。此外，Student 类还定义了一个 showInfo()方法，用于生成并返回一个描述学生信息的字符串。

如果类中没有显式定义构造方法，PHP 会隐式创建一个默认的构造方法。这个默认的构造方法不接收任何参数，也不执行任何操作，其形式大致如下。

```
public function __construct() {
    // 无操作
}
```

然而，这个默认的构造方法在实际代码中并不会显式存在。以下是一个没有显式定义构造方法的类的例子。

```
class Student {
    // 成员属性
    public $name;
    public $age;
}
// 创建 Student 对象，由于没有显式定义构造方法，所以这里无法直接初始化属性
$stu1 = new Student();
$stu1->name = "张阳";
$stu1->age = 20;
echo $stu1->name; // 输出: "张阳"
```

在这个例子中，由于 Student 类没有定义构造方法，所以不能直接通过 new Student("张阳", 20)这样的方式来初始化属性。需要在创建对象后，单独为属性赋值。

尽管如此，为了类的正确初始化和行为的清晰性，通常推荐显式定义构造方法。这样可以在创建对象时直接完成所有必要的初始化工作，使代码更加整洁和易于理解。

8.3.3　析构方法

与构造方法对应的是析构方法，析构方法在对象被销毁之前自动调用。析构方法通常用于在对

象被销毁前执行一些清理操作，如关闭文件句柄、释放资源或者执行一些需要在对象销毁时完成的特殊操作。析构方法被命名为 __destruct()，且不接收任何参数，其语法格式如下。

```
[访问控制修饰符] function __destruct(){
    // 清理操作
}
```

下面通过简单的例子，展示如何在一个类中使用析构方法。

```php
<?php
class Student {
    public $name;
    public function __destruct() {
        echo "再见, {$this->name}";
    }
}
$stu1 = new Student();
$stu1->name = "张阳";
unset($stu1); // 当对象被销毁时，输出"再见，张阳"
?>
```

在这个例子中，Student 类定义了一个析构方法。在创建了一个 Student 对象$stu1 并为其 name 属性赋值后，使用 unset()函数销毁该对象。在对象被销毁的瞬间，析构方法被自动调用，输出一条告别信息。

> **注意** PHP 采用了一种"垃圾回收"机制，能够自动清除不再使用的对象并释放内存。在大多数情况下，析构方法不需要手动调用；当使用 unset()函数或 PHP 脚本执行结束时，对象会自动销毁，同时析构方法也会被调用。

【案例实践 8-2】构造方法和析构方法的应用

本案例实践实现了一个 Person 类，该类通过构造方法对属性进行初始化赋值，通过析构方法执行清理操作，示例代码如下（具体技术细节可参考源代码文件 8-2.php）。

```php
<?php
class Person {
    private $name;
    private $age;
    private $gender;
    public function __construct($name, $age, $gender) {
        $this->name = $name;
        $this->age = $age;
        $this->gender = $gender;
    }
    public function introduce() {
        return "我是{$this->name}，年龄{$this->age}，性别{$this->gender}。";
    }
    public function __destruct() {
        echo "再见, {$this->name}<br>";
    }
}
$per1 = new Person("张阳", 20, "男");
```

```php
$per2 = new Person("李月", 21, "女");
echo $per1->introduce() . "<br>";
echo $per2->introduce() . "<br>";
// 脚本结束时，$per1 和 $per2 对象将自动销毁，析构方法会被调用
?>
```

运行结果如图 8-5 所示。

图 8-5　构造方法和析构方法的应用

8.4　类常量和静态成员

在 PHP 中，类不仅可以定义普通的属性和方法，还可以包含类常量和静态成员。类常量是固定不变的值，而静态成员属于类本身，不属于任何一个类的实例，这两者都可以被类的所有实例共享。

8.4.1　类常量

类常量是在类中定义且值不会改变的常量。定义后，它在类的所有对象中都是相同的。类常量使用 const 关键字声明，并使用类名直接访问，基本语法格式如下。

```
const 类常量名 = '常量值';
```

类常量的命名规范与普通常量的一致，通常以大写字母表示类常量名。类常量可以通过类名直接访问，即在类的内部或外部通过"类名::类常量名"的方式访问，不需要创建类的实例。::称为范围解析操作符，又称双冒号。

下面是一个简单的例子，展示如何定义一个包含类常量的 Circle 类，并计算圆的周长和面积。

```php
<?php
class Circle
{
    // 定义一个类常量 PI，表示圆周率
    const PI = 3.14;
    // 成员属性
    public $radius;                        // 假设半径以 cm 为单位
    // 构造方法
    public function __construct($radius)
    {
        $this->radius = $radius;
    }
    // 成员方法：计算周长
    public function getPerimeter()
    {
        return 2 * Circle::PI * $this->radius; // 在类内可以使用"类名::常量名"来访问类常量
    }
    // 成员方法：计算面积
    public function getArea()
    {
        return self::PI * $this->radius * $this->radius;
        // 在类内也可以使用"self::常量名"来访问类常量
    }
}
echo "圆周率的值为: " . Circle::PI . "<br/>";   // 在类外必须使用"类名::常量名"来访问类常量
```

```php
$cir1 = new Circle(5);
echo "半径为{$cir1->radius}cm的圆周长是: " . $cir1->getPerimeter() . "cm<br/>";
echo "半径为{$cir1->radius}cm的圆面积是: " . $cir1->getArea() . "cm²<br/>";
?>
```

上述代码展示了如何定义类常量并在类内外通过类名直接访问类常量。在类内访问类常量，常使用 self 关键字代替类名，如 self::PI，在类外则必须使用"类名::常量名"来访问类常量。运行结果如图 8-6 所示。

图 8-6　类常量调用例子的运行结果

8.4.2　静态成员

除了类常量，静态成员在类的所有实例之间共享，可以通过类名直接访问，无须创建类的实例。静态成员有两种，分别为静态属性和静态方法。在 PHP 中，静态成员使用 static 关键字定义。定义静态成员的基本语法格式如下。

微课

静态成员

```php
public static 属性;              // 定义静态属性
public static 方法() {};         // 定义静态方法
```

访问静态成员的基本语法格式如下。

```php
类名::属性名;                    // 访问静态属性
类名::方法名();                  // 调用静态方法
```

下面通过代码演示静态成员的用法。

```php
<?php
class Book {
    // 静态属性，用于记录书籍总数
    public static $totalBooks = 0;
    public function __construct() {
        self::$totalBooks++; // 每创建一个实例，总数加 1
    }
    // 静态方法，返回书籍总数
    public static function getTotalBooks() {
        return self::$totalBooks;
    }
}
// 创建书籍实例
new Book();
new Book();
new Book();
// 访问静态属性
echo "已创建的书籍数量: " . Book::$totalBooks . "\n"; // 输出 3
```

```
// 调用静态方法
echo "通过静态方法获取的书籍数量: " . Book::getTotalBooks() . "\n"; // 输出 3
?>
```

在上述例子中，Book 类定义了一个静态属性$totalBooks，用于存储创建的 Book 实例的数量。每次创建 Book 类的实例时，构造方法__construct()会调用 self::$totalBooks++来增加静态属性$totalBooks 的值。Book 类还定义了一个静态方法 getTotalBooks()，该方法返回静态属性$totalBooks 的当前值。

在类外共创建了 3 个 Book 实例，调用了 3 次构造方法，静态属性$totalBooks 值加 3，可以直接调用静态属性或通过静态方法来查看已创建的 Book 实例的数量。

【能力进阶】类常量和静态属性的应用场景

类常量：通常用于定义不会更改的常量，如数学常量、配置选项等。类常量是不可变的，因此非常适合用于需要保证一致性的场合。

静态属性：用于在类之间共享数据，而不必通过实例化对象来访问。它们可以用于存储类的状态信息、缓存数据等。静态属性是可变的，因此可以用于需要动态修改数据的场合。

【能力进阶】self 和 static 关键字

在 PHP 的类中，self 关键字是一个特殊的类引用，它用于引用当前类本身，而不是类的实例。self 关键字用于在类的内部引用当前类的类常量、静态属性和静态方法，不能在类的外部使用。

在 PHP 的类中，以 static 关键字声明的属性为静态属性，以 static 关键字声明的方法为静态方法，使用范围解析运算符::来访问类中的静态属性和静态方法。

由于静态方法不依赖于对象调用，因此无法使用 $this，也不能访问非静态成员（属性和方法），只能访问静态成员。

在类内，对静态方法或静态属性的访问建议用 self，不要用$this->的形式。对非静态方法或属性的访问不能用 self，只能用$this->。

8.5 面向对象的特性

面向对象程序设计有三大核心特性，即封装、继承和多态，它们共同为开发者提供了一种更加灵活、可维护和可扩展的编程方式。接下来，我们将逐一探讨这些特性。

8.5.1 封装

封装是面向对象程序设计中的一个关键概念。个人隐私信息，如工资、年龄，或者登录账号的密码，这些都是需要保密的信息。在编程中，我们也有类似的需求，需要保护某些数据不被外部随意访问或修改。这时就需要用到封装。

在编程中，封装是指将数据（属性）和操作这些数据的方法紧密地结合在一起。这样做的好处是可以隐藏数据的具体实现细节，只通过特定的方法来访问或修改这些数据。在 PHP 中，可以通过设置属性的访问权限来实现封装，即将属性设置为 private 或 protected，这样它们就不能被类的外部直接访问。对于 protected

微课

封装

或者 private 权限的属性，PHP 提供了以下 3 种访问方式。

1. 使用公共方法访问私有成员

在类中，使用 private 来封装属性时，意味着这些属性只能在对象内部被访问。为了从外部访问这些私有属性，可以在类中定义公共方法。

以下是一个 Employee 类的示例，其中有一个私有属性$salary。定义一个公共方法 getSalary()来返回这个私有属性的值，这样，外部代码就可以通过这个方法获取$salary 的值，而无须直接访问该属性。

```php
<?php
class Employee {
    // 公有属性
    public $name;
    // 私有属性
    private $salary;
    // 构造方法用于初始化对象的属性
    public function __construct($name, $salary) {
        $this->name = $name;
        $this->salary = $salary;
    }
    // 公共方法用于设置私有属性的值
    public function setSalary($salary) {
        if ($salary >= 0) { // 确保工资是非负数
            $this->salary = $salary;
        }
    }
    // 公共方法用于获取私有属性的值
    public function getSalary() {
        return $this->salary;
    }
}
// 实例化对象并设置属性
$employee = new Employee("张三", 6000);   // 创建一个名字为张三，工资为 6000 的员工对象
echo $employee->name;                      // 直接访问公有属性姓名，输出"张三"
echo $employee->getSalary();               // 输出 6000
$employee->setSalary(6500);                // 设置工资为 6500
echo $employee->getSalary();               // 输出 6500
?>
```

2. 利用魔术方法访问私有属性

PHP 提供了一些特殊的魔术方法，如__set($name,$value)和__get($name)，它们允许在读取或写入不可访问属性时被调用，这为访问和修改类内部的封装属性提供了灵活性。

例如，在下面的 Employee 类中使用__set()和__get()魔术方法来访问私有属性$salary。

```php
<?php
class Employee {
    public $name;
    private $salary;
    public function __construct($name) {
        $this->name = $name;
    }

    // __set()魔术方法在尝试给不可访问属性赋值时被自动调用
```

```php
    public function __set($propertyName, $value) {
        if ($propertyName === 'salary' && $value >= 0) {
            $this->salary = $value; // 设置私有属性 salary 的值
        }
        // 如果不是 salary 属性或属性值不合法，该方法不会执行任何操作
    }
    // __get()魔术方法在尝试读取不可访问属性的值时被自动调用
    public function __get($propertyName) {
        // 检查是否是 salary 属性
        if ($propertyName === 'salary') {
            return $this->salary; // 返回私有属性 salary 的值
        }
        // 如果不是 salary 属性，该方法应返回 null 或抛出异常，这里为了简单起见返回 null
        return null;
    }
}
$employee = new Employee("李四");
// 通过__set()魔术方法间接设置私有属性 salary 的值，因为无法直接设置，所以会自动调用__set()方法
$employee->salary = 7000;
// 通过__get()魔术方法间接获取私有属性 salary 的值，因为无法直接获取，所以会自动调用__get()方法
echo $employee->salary; // 输出 7000
```

在上述代码中，__set()和__get()方法被用作访问器（Accessor）和修改器（Mutator），允许外部代码以一种受控的方式访问和修改类的私有属性。这种方式可以保护私有属性不被直接修改，从而确保数据的完整性和安全性。同时，它也提供了一种灵活的机制来处理属性的读写操作，例如，在__set()方法中加入验证逻辑来确保只有合法的值才能被设置。

3. 使用魔术方法访问未定义成员

除__get()和__set()之外，PHP 还提供了__call($name, $arguments)魔术方法，它会在调用对象中不存在的方法时被自动调用，这可以让我们更加灵活地处理未定义的方法调用。

```php
<?php
class Employee {
    ……// （之前的代码保持不变）
    public function __call($methodName, $arguments) {
        if ($methodName === 'increaseSalary' && count($arguments) === 1) {
            $this->salary += $arguments[0];
        } else {
            echo "Method $methodName does not exist.";
        }
    }
}
// 实例化 Employee 对象并调用方法
$employee = new Employee("王五");
$employee->salary = 5000;
$employee->increaseSalary(1000); // 调用未定义的方法 increaseSalary()，实际上触发了__call()魔
术方法
echo $employee->salary; // 输出 6000，因为 salary 已经通过__call()方法增加了 1000
```

在上述例子中，为 Employee 类添加了一个__call()魔术方法，用于处理未定义的方法调用。当尝试调用一个不存在的方法（如 increaseSalary()）时，__call()方法会被触发，从而允许我们执行自定义的逻辑（在这个例子中是增加 salary 的值）。这种机制提供了额外的灵活性，使得我们可以在不修改类定义的情况下，动态扩展类的行为。

8.5.2　继承

在生活中，我们经常会听到"继承"这个词，它通常指的是子女继承父母的财产。而在编程的世界里，继承有着类似但又不同的含义。在面向对象程序设计中，继承描述的是类和类之间的一种关系，它允许一个类（子类）继承另一个类（父类）的属性和方法，这就像在现实世界中，孩子会继承父母的一些特征和行为一样。

通过继承，子类可以在不改变父类的基础上进行扩展，添加新的功能或特性。这种机制非常有用，因为它让我们能够重用代码，减少重复编写相同功能代码的过程。

以运动项目为例理解继承。假设有一个"运动"类，它包含一些通用的属性和方法。可以创建"球"和"田径"类作为"运动"类的子类。进一步，"篮球"和"足球"类又可以作为"球"类的子类，"短跑"和"长跑"类则可以作为"田径"类的子类，这样就形成了一个清晰的运动项目继承体系，如图 8-7 所示。

在面向对象程序设计中，子类将继承父类所有的公有（public）和受保护（protected）的属性和方法，从而实现代码复用。继承父类的子类可以对父类进行扩展，也可以拥有自己的属性和方法。

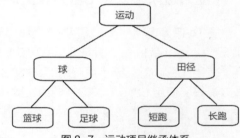

图 8-7　运动项目继承体系

PHP 使用 extends 关键字实现子类与父类之间的继承，其基本语法格式如下。

```
class 子类名 extends 父类名{
    // 子类的内容定义
}
```

PHP 中的类只允许单继承，即一个类只能直接从一个类继承。例如，"球"继承"运动"，"篮球"继承"球"，但是"篮球"不能同时继承"球"和"运动"。

下面是一个简单的例子，展示如何使用继承来创建一个 Ball 类，它是从 Sport 类继承而来的。

```php
<?php
//定义父类
class Sport {
    // 定义受保护的属性 $name，它可以在子类中被访问
    protected $name;
    // 定义公共方法 play()，返回一个描述运动的字符串
    public function play() {
        return $this->name . "是一项有趣的运动。";
    }
}

// 定义子类 Ball，它继承自 Sport 类
class Ball extends Sport {
    // 在子类的构造方法中接收一个参数 $name，并将其赋给继承自父类的 $name 属性
    public function __construct($name) {
        $this->name = $name;
    }
    // 子类中定义了新的方法 bounce()，用于描述球类运动的特性
    public function bounce() {
```

```
            return $this->name . "运动可以提高身体协调性。";
    }
}
// 创建 Ball 类的对象，并调用其方法和属性
$ball1 = new Ball("篮球");          // 实例化一个名为篮球的 Ball 对象
echo $ball1->play() . "<br>";      // 调用从父类继承的 play() 方法，输出"篮球是一项有趣的运动。"
echo $ball1->bounce() . "<br>";    // 调用子类自己的 bounce() 方法，输出"篮球运动可以提高身体协调性。"
?>
```

在上述例子中，定义了 Ball 类并通过 extends 关键字继承 Sport 类，这样 Ball 类就成为 Sport 类的子类。子类继承父类后会自动拥有父类的成员，因此实例化的$ball1 对象拥有来自父类的属性 $name、方法 play()及子类本身的成员方法。需要注意的是，当子类与父类中有同名的成员时，子类成员会覆盖父类成员。

【能力进阶】认识 parent 关键字

在 PHP 编程中，有时需要在子类中调用父类定义的一些内容。这时，parent 关键字就派上了用场。parent 就像一个指向父类的指针，让我们能够轻松引用父类中的常量、属性和方法等。

使用 parent 关键字可调用的父类的内容包括：类常量、静态属性、静态方法、成员属性、成员方法等。使用 parent 关键字调用父类的内容的语法格式如下。

```
parent::父类常量名;              // 调用父类类常量
parent::父类属性名;              // 调用父类静态属性或成员属性
parent::父类方法名();            // 调用父类静态方法或成员方法
```

举个例子，假设有一个父类 ParentClass，它有一个方法 method()。如果我们创建了一个子类 ChildClass，并希望在这个子类中调用父类的 method()方法，则可以使用 parent 关键字来实现，代码如下。

```php
<?php
class ParentClass {
    public function method() {
        echo '这是父类定义的方法。';
    }
}
class ChildClass extends ParentClass {
    public function callMethod() {
        parent::method();                    // 在子类中调用父类的成员方法
    }
}
$obj = new ChildClass();
$obj->callMethod();                          // 输出"这是父类定义的方法。"
?>
```

在上述代码中，parent 关键字用于指定要访问的成员属于父类，而不是子类，它允许子类在需要时仍然能够访问和调用父类的原始成员。

对比前面的 self 关键字，在使用 self 和 parent 关键字时，应该注意它们的作用域。self 只能在当前类的内部使用，而 parent 只能在子类中使用，并且是在继承了另一个类的情况下。这两个关键字都不能在类的外部使用。

【能力进阶】认识 final 关键字

PHP 中的继承为程序编写带来了极高的灵活性，但有时可能需要在继承的过程中保证某些类或

方法不被改变,此时就需要使用 final 关键字将类定义成最终类,或将方法定义成最终方法。使用 final 关键字定义的类或方法不能修改,其基本语法格式如下。

```
final class 类名          // 最终类
{
    [访问控制修饰符] final function 方法名(){}    // 最终方法
}
```

在上述语法格式中,对于使用 final 关键字定义的类,表示该类不能被继承,只能被实例化;对于使用 final 关键字定义的方法,表示该类的子类不能对该方法进行重写。

使用 final 关键字定义类的示例代码如下。

```php
<?php
final class Person {
    // 类的实现
    // 这个类不能被继承
}
// 下面的代码会导致错误,因为 Person 类被声明为 final
class Student extends Person {}
class AnotherClass {
    public final function finalMethod() {
        echo "这个方法不能被重写。";
    }
}
class ChildClass extends AnotherClass {
    // 导致错误,因为 finalMethod() 被声明为 final
    public function finalMethod() { }
}
?>
```

在上述代码中,我们尝试创建一个继承自 Person 类的 Student 类,但由于 Person 被声明为 final,所以这是不允许的。同样,我们也尝试在 ChildClass 中重写 AnotherClass 的 finalMethod() 方法,这也是不允许的,因为该方法被声明为 final。

8.5.3 多态

微课

多态

多态是指在同一个操作域操作不同的对象,会产生不同的执行结果。在面向对象程序设计中,多态的实现离不开继承,这是因为当多个对象继承同一个对象后,就获得了相同的方法,然后可以根据每个对象的需求来改变同名方法的执行结果。

在 PHP 中,多态可以通过继承和接口来实现(接口在后文讲解)。当一个类继承自另一个类时,它可以添加新的功能或者覆盖(重写)父类的方法,这样,一个父类(如 Person 类)可以被多个子类(如 Student 类)继承,每个子类都可以有自己的行为,同时共享父类的特性。

举个例子,假设我们有一个"人"类,它可以被"学生"类继承。虽然"人"类和"学生"类都有"介绍自己"这个功能,但介绍的内容可能会有所不同,这就是多态的体现。下面是一个例子,展示 PHP 中多态的应用,代码如下。

```php
<?php
class Person {
    ……// 其他属性和方法
    public function introduce() {
        echo "我是一个普通人。";
    }
```

```
    }
class Student extends Person {
    ……// 其他属性和方法
    public function introduce() {
        echo "我是一名学生。";
    }
}
function letMeIntroduce($person) {
    $person->introduce();
}
$person = new Person();
$student = new Student();
letMeIntroduce($person);    // 输出"我是一个普通人。"
letMeIntroduce($student);   // 输出"我是一名学生。"
?>
```

在这个例子中，letMeIntroduce()函数接收一个 Person 类型的参数，并调用其 introduce()方法。当分别传递 Person 对象和 Student 对象时，虽然函数内部调用的方法名相同，但实际的执行结果不同，这就是多态的魅力所在。

【案例实践 8-3 】实现学校运动员参赛得奖统计

在本案例实践中，要实现个人运动员和团队运动员的参赛和得奖统计。不同类型的运动员都会参加运动会，但他们的比赛方式和统计结果有所不同。

首先定义一个运动员父类 Athlete，它包含一个受保护的属性（即运动员姓名$name）、构造方法__construct()（用于对运动员姓名属性进行初始化）、参赛方法 compete()、运动员姓名获取方法 getName()。代码如下。

```
// 父类: 运动员
class Athlete
{
    protected $name;
    public function __construct($name)
    {
        $this->name = $name;
    }
    // 运动员参加运动会
    public function compete()
    {
        return $this->name . "参加了运动会。";
    }
    // 获取运动员姓名
    public function getName()
    {
        return $this->name;
    }
}
```

然后定义个人运动员子类 IndAthlete 和团队运动员子类 TeamAthlete。IndAthlete 子类包含特有的属性和方法：奖牌数属性$medalCount、赢得奖牌方法 winMedal()。TeamAthlete 子类也包含特有的属性和方法：团队名称属性$teamName、分数属性$score、构造方法__construct()、得分方法 score()。代码如下。

```php
// 子类: 个人运动员
class IndAthlete extends Athlete
{
    protected $medalCount = 0;
    // 个人运动员赢得奖牌数
    public function winMedal()
    {
        $this->medalCount++;
        return $this->name . "赢得了奖牌! 当前的奖牌数: " . $this->medalCount;
    }
}
// 子类: 团队运动员
class TeamAthlete extends Athlete
{
    protected $teamName;
    protected $score = 0;
    public function __construct($name, $teamName)
    {
        parent::__construct($name);
        $this->teamName = $teamName;
    }
    // 团队运动员得分
    public function score($points)
    {
        $this->score += $points;
        return $this->name . '代表' . $this->teamName . '得分! 当前分数:' . $this->score;
    }
}
```

最后实例化 IndAthlete 类和 TeamAthlete 类，创建个人运动员对象和团队运动员对象，调用相应参赛方法等。代码如下。

```php
// 创建个人运动员对象
$indAthlete = new IndAthlete('小明');
echo $indAthlete->compete() . "<br>";
echo $indAthlete->winMedal() . "<br>";         // 赢得奖牌
echo $indAthlete->winMedal() . "<br>";         // 再次赢得奖牌
// 创建团队运动员对象
$teamAthlete = new TeamAthlete('小红', '快乐队');
echo $teamAthlete->compete() . "<br>";
echo $teamAthlete->score(10) . "<br>";         // 得分
echo $teamAthlete->score(5) . "<br>";          // 再次得分
```

运行结果如图 8-8 所示。

图 8-8　实现学校运动员参赛得奖统计

8.6 抽象类和接口

抽象类和接口是面向对象程序设计中用于实现抽象化的重要概念，它们的存在分别解决了代码复用与多态性实现的问题，适用于不同的程序设计场景。

8.6.1 抽象类

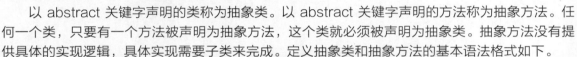

抽象类是不能被实例化的类，只能作为其他类的父类。抽象类的作用是为子类提供一个共同的接口和部分实现。抽象类可以包含抽象方法（没有具体实现的方法）、非抽象方法（有具体实现的方法）、属性和常量。

以 abstract 关键字声明的类称为抽象类。以 abstract 关键字声明的方法称为抽象方法。任何一个类，只要有一个方法被声明为抽象方法，这个类就必须被声明为抽象类。抽象方法没有提供具体的实现逻辑，具体实现需要子类来完成。定义抽象类和抽象方法的基本语法格式如下。

```
abstract class 类名                    // 定义抽象类
{
    public abstract function 方法名();    // 定义抽象方法
}
```

继承一个抽象类时，子类必须实现父类中所有的抽象方法；另外，这些方法的访问控制修饰符必须和抽象父类中的一样（或者访问权限更宽松）。例如，某个抽象方法被声明为受保护的，子类中实现的方法就应该声明为受保护的或者公有的，而不能声明为私有的。此外，方法的调用方式必须匹配，即类型和强制参数数量必须一致。

抽象类应用的示例代码如下。

```php
<?php
// 定义一个抽象类
abstract class Shape {
    // 抽象方法，在子类中必须实现
    abstract public function area();
    // 非抽象方法
    public function describe() {
        echo "我是一个图形，我有面积。<br>";
    }
}
// 定义一个继承自抽象类 Shape 的具体类
class Circle extends Shape {
    // 圆的半径
    private $radius;
    // 构造方法
    public function __construct($radius) {
        $this->radius =$radius;
    }
    // 实现抽象方法
    public function area() {
        return M_PI * $this->radius *$this->radius;
    }
}
// 创建 Circle 对象
$circle = new Circle(5);
// 调用 describe()和 area()方法
```

```
$circle->describe();
echo "我的面积是: " . $circle->area() . "<br>";
?>
```

上述代码首先定义了一个名为 Shape 的抽象类，它有一个抽象方法 area() 和一个非抽象方法 describe()；然后定义了一个具体类 Circle，它继承自 Shape 类并实现了抽象方法 area() 来计算圆的面积。

8.6.2　接口

如果一个抽象类中的所有方法都是抽象的，那么可以将其定义为接口。接口通常用于定义一组公共的方法，而不关心这些方法的具体实现过程。这使得接口可以被不同的类实现，从而实现多态。

微课

接口

接口是用 interface 关键字定义的类，可以指定必须实现哪些方法，但不需要定义这些方法的具体内容，并且所有方法都必须是公有的；可以定义常量，其和类常量的用法完全相同，但是在 PHP 8.1 之前不能被子类或子接口覆盖；可以定义魔术方法，以便要求类实现这些方法。定义接口的语法格式如下。

```
interface 接口名                          // 定义接口
{
    public function 方法名();             // 定义公共方法
}
```

一个类可以实现一个或多个接口。可使用 implements 关键字实现接口。类中必须实现接口中定义的所有方法，否则会出现严重错误。类可以实现多个接口，用逗号分隔多个接口的名称即可。

```
class 类名 implements 接口名
{
    // 必须实现接口中定义的方法
}
```

下面是接口应用的示例代码。

```
<?php
// 定义一个接口
interface Printable
{
    public function print();
}
// 实现 Printable 接口的类
class Document implements Printable
{
    public function print()
    {
        return "正在打印文档……";
    }
}
class Picture implements Printable
{
    public function print()
    {
        return "正在打印图片……";
    }
}
// 定义一个使用 Printable 接口的方法
function printContent(Printable $printing)
```

```
{
    echo $printing->print() . "<br>";
}
// 使用接口
printContent(new Document());          // 输出"正在打印文档……"
printContent(new Picture());           // 输出"正在打印图片……"
```

上述代码首先定义了一个名为 Printable 的接口，它包含一个方法 print()；然后定义了两个类 Document 和 Picture，它们都实现了 Printable 接口并提供了 print() 方法的具体实现。

在类外定义了一个 printContent() 函数，它接收一个实现了 Printable 接口的 $printing 对象，并调用其 print() 方法。Document 类和 Picture 类都实现了 Printable 接口，因此可以将这两个类的实例作为参数传入函数，函数将根据传入的对象类型调用相应的方法。

在实际应用中，子类可以同时继承一个抽象类和实现多个接口。这是面向对象程序设计的一个重要特性，因为它允许子类继承抽象类的属性和方法，同时还可以通过实现接口来扩展其功能。

【案例实践 8-4】实现常见交通工具的应用

本案例实践展示了汽车和飞机如何实现其通用功能，这两者作为交通工具，都需要具备燃料续航的功能。因此，可以通过抽象类和接口提炼共同的属性、必需的方法，再通过子类继承抽象类各自的不同功能，实现接口和必需的方法。

使用 Vehicle 抽象类来定义所有交通工具共有的属性和方法，然后创建一个 Refuelable 接口来定义可加油的交通工具。Car 子类和 Plane 子类可以继承 Vehicle 类并实现 Refuelable 接口。

（1）通过一个 Vehicle 抽象类来定义交通工具共有的属性和方法，它包含一个受保护的属性 $name、构造方法 __construct()、抽象方法 drive()等，代码如下。

```
// Vehicle 抽象类
abstract class Vehicle {
    protected $name;
    public function __construct($name) {
        $this->name =$name;
    }
    abstract public function drive();
}
```

（2）定义一个 Refuelable 接口来表示具有加油能力的交通工具，它包含抽象方法 refuel()，代码如下。

```
// Refuelable 接口
interface Refuelable {
    public function refuel($fuelAmount);
}
```

（3）定义 Car 子类和 Plane 子类，它们都继承 Vehicle 类并实现 Refuelable 接口，各自包含特有的属性和方法，代码如下。

```
// Car 子类，继承 Vehicle 类并实现 Refuelable 接口
class Car extends Vehicle implements Refuelable {
    private $fuelLevel = 0;
    public function drive() {
        echo "汽车 {$this->name} 正在行驶。<br>";
    }
    public function refuel($fuelAmount) {
        $this->fuelLevel +=$fuelAmount;
```

```php
        echo "汽车 {$this->name} 加了 {$fuelAmount} L油。<br>";
    }
}
// Plane 子类，继承 Vehicle 类并实现 Refuelable 接口
class Plane extends Vehicle implements Refuelable {
    private $fuelLevel = 0;

    public function drive() {
        echo "飞机 {$this->name} 正在飞行。<br>";
    }
    public function refuel($fuelAmount) {
        $this->fuelLevel +=$fuelAmount;
        echo "飞机 {$this->name} 加了 {$fuelAmount} L油。<br>";
    }
}
```

（4）实例化 Car 子类和 Plane 子类，创建 Car 对象和 Plane 对象，调用各自的方法，代码如下。

```php
// 创建 Car 对象
$car = new Car('小米');
// 调用 Car 对象的驾驶和加油方法
$car->drive();
$car->refuel(30);
// 创建 Plane 对象
$plane = new Plane('C919');
// 调用 Plane 对象的驾驶和加油方法
$plane->drive();
$plane->refuel(500);
```

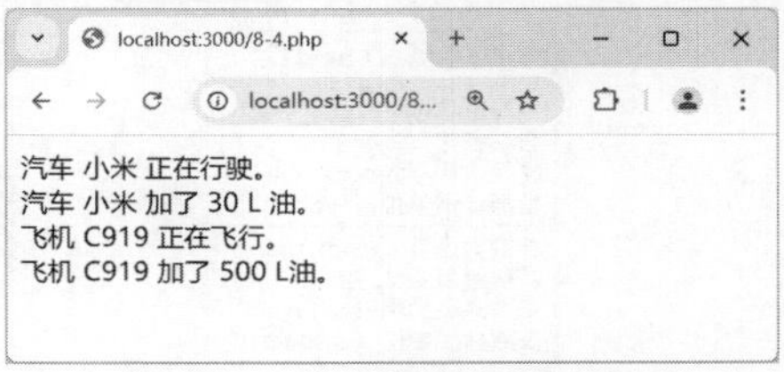

图 8-9　实现常见交通工具的应用

运行结果如图 8-9 所示。

【素养提升】从面向对象程序设计到职业素养：技术提升与团队协作的双向进阶

通过深入学习和应用面向对象程序设计，我们不仅在技术层面上取得了显著的进步，还在职业素养和团队协作方面实现了重要的能力提升。

面向对象程序设计的核心思想——抽象和封装赋予了我们更强的问题解决能力。通过将复杂问题分解为模块化的部分，我们学会了如何高效地组织和管理代码，使其更加清晰、可读，并易于维护和扩展。这一能力的提升不仅增强了我们的编程实力，还为未来的职业发展奠定了坚实的基础。

同时，面向对象程序设计的实践过程也锤炼了我们的团队协作能力。在共同设计和实现面向对象系统的过程中，我们学会了如何与团队成员有效沟通、协同工作，以达成共同的目标。这种团队协作的经验对于提升我们的职业素养和构建和谐的团队氛围至关重要。

此外，面向对象程序设计还激发了我们的创新思维。在运用面向对象程序设计解决实际问题时，我们不断探索新的方法和技术，以优化软件性能和提升用户体验。这种勇于尝试和创新的精神，将成为我们职业生涯中宝贵的财富。

综上所述，面向对象程序设计不仅是我们技术提升的关键，还是我们提升职业素养和团队协作能力的重要桥梁。通过不断学习和实践面向对象程序设计，我们将在技术和职业发展的道路上越走越远。

项目分析

为实现购物车系统，需要确定购物车系统的功能需求：用户能够添加商品到购物车、删除购物车中的商品、查看购物车中的商品列表、修改购物车中商品的数量、计算购物车中商品的总价、清空购物车等。

首先利用面向对象的封装、继承、多态的思想，设计商品类（Product）及其子类食品类（Food）和电子产品类（Electronics），父类包含商品 ID、商品名称、商品价格等属性，子类包含各自特有的属性，如图 8-10 所示；设计购物车类（Cart），用于管理购物车中的商品项，包含获取商品、添加商品、移除商品、更新总价、获取总价等方法，如图 8-11 所示。

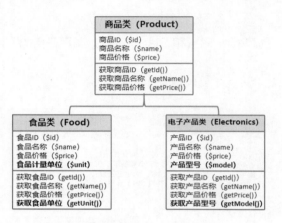

图 8-10　商品类及其子类食品类和电子产品类

图 8-11　购物车类

然后设计购物车前端界面，用于展示商品列表、购物车内容等；设计后端逻辑，处理购物车操作并使用 Session 来存储购物车数据。

最后构建出一个稳定、安全的购物车系统，保证其具备良好的性能，以及较高的安全性、可维护性和扩展性。

项目实施

任务 8-1　定义商品类及其子类

编写 product.php 文件实现商品类及其子类食品类和电子产品类的定义，并创建食品类对象列表和电子产品类对象列表，主要代码如下。

```php
// 商品类
class Product
{
    protected $id;       // 商品 ID
    protected $name;     // 商品名称
    protected $price;    // 商品价格
    // 构造方法，初始化商品属性
    public function __construct($id, $name, $price)
```

```php
    {
        $this->id = $id;
        $this->name = $name;
        $this->price = $price;
    }
    // 获取商品 ID
    public function getId()
    {
        return $this->id;
    }
    // 获取商品名称
    public function getName()
    {
        return $this->name;
    }
    // 获取商品价格
    public function getPrice()
    {
        return $this->price;
    }
}
// 食品类，继承自商品类
class Food extends Product
{
    private $unit;                  // 食品单位
    // 构造方法，初始化食品属性，并调用父类的构造方法
    public function __construct($id, $name, $price, $unit)
    {
        parent::__construct($id, $name, $price);
        $this->unit = $unit;
    }
    public function getUnit()        // 获取食品单位
    {
        return $this->unit;
    }
}
// 电子产品类，继承自商品类
class Electronics extends Product
{
    private $model;                 // 产品型号
    // 构造方法，初始化电子产品属性，并调用父类的构造方法
    public function __construct($id, $name, $price, $model)
    {
        parent::__construct($id, $name, $price);
        $this->model = $model;
    }
    function getModel()             // 获取产品型号
    {
        return $this->model;
    }
}
// 创建食品对象列表
$foods = array(
    // 创建苹果对象，并将其添加到食品列表中
    new Food('F001', '苹果', 6, '千克'),
```

```php
    // 创建香蕉对象，并将其添加到食品列表中
    new Food('F002', '香蕉', 12.9, '千克'),
    // 创建橙子对象，并将其添加到食品列表中
    new Food('F003', '橙子', 11.9, '千克')
);
// 创建电子产品对象列表
$elecs = array(
    // 创建有线耳机对象，并将其添加到电子产品列表中
    new Electronics('E001', '有线耳机', 39.9, "华为 H001"),
    // 创建蓝牙耳机对象，并将其添加到电子产品列表中
    new Electronics('E002', '蓝牙耳机', 99.9, "小米 M002"),
    // 创建充电器对象，并将其添加到电子产品列表中
    new Electronics('E003', '充电器', 19, "华为 H003")
);
```

任务 8-2 定义购物车类

编写 Cart.php 文件定义购物车类，用于管理购物车中的商品项，主要包含获取商品、添加商品、移除商品、更新总价、获取总价等方法，代码如下。

```php
// 购物车类
class Cart
{
    // 购物车中的商品数组
    private $items = array();
    // 购物车中所有商品的总价
    private $totalPrice = 0;
    // 获取购物车中的所有商品
    public function getItems()
    {
        return $this->items;
    }

    // 向购物车中添加商品
    public function addProduct(Product $product, $quantity)
    {
        // 如果商品已经在购物车中，则增加对应商品的数量
        if (isset($this->items[$product->getId()])) {
            $this->items[$product->getId()]['quantity'] += $quantity;
        } else {
            // 否则将新商品添加到购物车中，并记录数量
            $this->items[$product->getId()] = array('product' => $product, 'quantity' =>
$quantity);
        }
        // 添加商品时，更新购物车中商品的总价
        $this->updateTotalPrice();
    }
    // 从购物车中移除指定 ID 的商品
    public function removeProduct($productId)
    {
        // 如果购物车中存在该商品，则移除它
        if (isset($this->items[$productId])) {
            unset($this->items[$productId]);
            // 移除商品时，更新购物车中商品的总价
```

```php
            $this->updateTotalPrice();
        }
    }
    // 更新购物车中商品的总价
    public function updateTotalPrice()
    {
        // 初始化总价为 0
        $this->totalPrice = 0;
        // 遍历购物车中的每个商品, 并累加其总价到$totalPrice 中
        foreach ($this->items as $item) {
            $this->totalPrice += $item['product']->getPrice() * $item['quantity'];
        }
    }
    // 获取购物车中商品的总价
    public function getTotalPrice()
    {
        return $this->totalPrice;
    }
}
```

任务 8-3　实现前端界面

编写 index.php 文件, 主要实现前端界面, 包括各类商品列表、购物车内容, 主要代码如下。

```php
<body>
    <h2>食品列表</h2>
    <table border="1">
        <tr>
            <th>商品名称</th>
            <th>单价（元）</th>
            <th>计量单位</th>
            <th>数量</th>
            <th>操作</th>
        </tr>
        <?php foreach ($foods as $product) : ?>
            <form method="post" action="cartHandler.php">
                <tr>
                    <td><?= htmlspecialchars($product->getName()) ?></td>
                    <td><?= htmlspecialchars($product->getPrice()) ?></td>
                    <td><?= htmlspecialchars($product->getUnit()) ?></td>
                    <td>
                        <input type="number" name="quantity" value="1" min="1" required>
                        <input type="hidden" name="product_id" value="<?= $product->
getId() ?>">
                    </td>
                    <td>
                        <input type="submit" value="加入购物车">
                    </td>
                </tr>
            </form>
        <?php endforeach; ?>
    </table>
```

```html
    <h2>电子产品列表</h2>
    <table border="1">
        <tr>
            <th>商品名称</th>
            <th>单价（元）</th>
            <th>型号</th>
            <th>数量</th>
            <th>操作</th>
        </tr>
        <?php foreach ($elecs as $product) : ?>
            <form method="post" action="cartHandler.php">
                <tr>
                    <td><?= htmlspecialchars($product->getName()) ?></td>
                    <td><?= htmlspecialchars($product->getPrice()) ?></td>
                    <td><?= htmlspecialchars($product->getModel()) ?></td>
                    <td>
                        <input type="number" name="quantity" value="1" min="1" required>
                        <input type="hidden" name="product_id" value="<?= $product->
getId() ?>">
                    </td>
                    <td>
                        <input type="submit" value="加入购物车">
                    </td>
                </tr>
            </form>
        <?php endforeach; ?>
    </table>

    <h2>购物车</h2>
    <table border="1">
        <tr>
            <th>商品名称</th>
            <th>单价（元）</th>
            <th>数量</th>
            <th>小计</th>
            <th>操作</th>
        </tr>
        <?php foreach ($cart->getItems() as $itemName => $item) : ?>

        <tr>
            <td><?= htmlspecialchars($item['product']->getName()) ?></td>
            <td><?= htmlspecialchars($item['product']->getPrice()) ?></td>
            <td><?= htmlspecialchars($item['quantity']) ?></td>
            <td><?= htmlspecialchars($item['product']->getPrice() * $item ['quantity'])
?></td>
            <td><a href="cartHandler.php?remove=1&product_id=<?= $item ['product']->
getId() ?>">删除</a>
            </td>
        </tr>

        <?php endforeach; ?>
        <tr>
            <td colspan="3">总价（元）</td>
```

```
        <td colspan="2"><?= htmlspecialchars($cart->getTotalPrice()) ?></td>
      </tr>
   </table>
</body>
```

任务 8-4　实现后端逻辑

编写 cartHandler.php 文件，主要实现购物车商品的增删操作，同时使用 Session 来存储购物车数据，代码如下。

```php
<?php
// 引入 Product 类和 Cart 类
require 'Product.php';
require 'Cart.php';
// 启动会话，以便跨页面保存购物车状态
session_start();
// 检查会话中是否已存在购物车实例，如果不存在则创建一个新的 Cart 对象
// 初始化购物车
if (!isset($_SESSION['cart'])) {
    $_SESSION['cart'] = new Cart();
}
// 从会话中获取购物车实例
$cart = $_SESSION['cart'];
// 处理添加商品到购物车的 POST 请求
if ($_SERVER['REQUEST_METHOD'] == 'POST' && isset($_POST['product_id'], $_POST['quantity'])) {
    // 从 POST 请求中获取商品 ID 和数量
    $productId = $_POST['product_id'];
    $quantity = intval($_POST['quantity']); // 确保数量为整数

    // 假设$foods 和$elecs 是已定义的产品数组，这里需要在这些数组中查找对应 ID 的商品
    foreach ($foods as $product) {
        if ($product->getId() == $productId) {
            // 如果在$foods 中找到商品，则将其添加到购物车并跳出循环
            $cart->addProduct($product, $quantity);
            break;
        }
    }
    // 如果$foods 中没有找到商品，则继续在$elecs 中查找
    foreach ($elecs as $product) {
        if ($product->getId() == $productId) {
            // 如果在$elecs 中找到商品，则将其添加到购物车并跳出循环
            $cart->addProduct($product, $quantity);
            break;
        }
    }
    // 添加商品后重定向到 index.php 页面
    header('Location: index.php');
}
// 处理从购物车中移除商品的 GET 请求
if (isset($_GET['remove'], $_GET['product_id'])) {
    // 从 GET 请求中获取要移除的商品 ID
    $productId = $_GET['product_id'];
    // 从购物车中移除指定 ID 的商品
    $cart->removeProduct($productId);
```

```
    // 移除商品后重定向到 index.php 页面
    header('Location: index.php');
}
```

运行 index.php 文件，选择需要的食品和电子产品加入购物车，结果如图 8-12 所示。

图 8-12　购物车系统运行结果

项目实训——常见图形的周长和面积计算器

【实训目的】

练习类的基本操作，实现几种常见图形的周长和面积计算器。

【实训内容】

实现图 8-13 所示的效果。

【具体要求】

实现常见图形的周长和面积计算器，具体要求如下。

① 设计一个抽象父类 Shape，具有以下属性和方法。

属性：常量 PI（圆周率）、name（图形名称）。

方法：__construct()（图形名称初始化）、display()（显示图形信息）、getPerimeter()（抽象方法，返回图形周长）、

图 8-13　圆、矩形、三角形周长和面积的
计算结果

getArea()（抽象方法，返回图形面积）。

② 创建以下子类，它们继承自 Shape 类。

Circle：具有半径属性 radius，重写__construct()和 display()方法，实现 getArea()和 getPerimeter()方法。

Rectangle：具有长度 length 和宽度 width 属性，重写__construct()和 display()方法，实现 getArea()和 getPerimeter()方法。

Triangle：具有 3 个边长属性 a、b、c，重写__construct()和 display()方法，实现 getArea() 和 getPerimeter()方法。

③ 创建对象并测试。

创建 Circle、Rectangle 和 Triangle 的实例。

设置对象的属性（如名称、半径、长度、宽度等）。

调用 display()方法显示图形信息，调用 getPerimeter()和 getArea()方法来计算并输出结果。

项目小结

本项目通过实现购物车系统，帮助读者认识了 PHP 面向对象程序设计的语法基础和相关概念，涉及面向对象、类和对象、魔术方法、类常量和静态成员、面向对象的特性、抽象类和接口等方面。项目 8 知识点如图 8-14 所示。

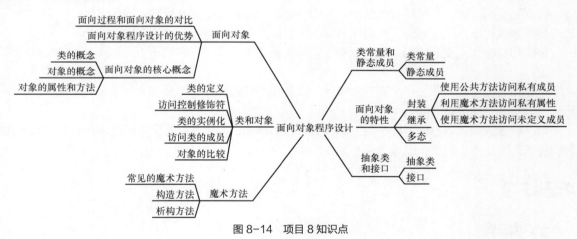

图 8-14　项目 8 知识点

应用安全拓展

防范反序列化漏洞

1．序列化和反序列化的基本概念

序列化是将变量或值转换为可存储或传输的字符串的过程。在 PHP 中，序列化可以通过 serialize()函数来实现。这个函数将数据（如数组、对象等）序列化转换成一个便于存储或传输的字符串，并返回这个字符串。

反序列化是将之前通过序列化得到的字符串还原为原始的 PHP 数据的过程。在 PHP 中，这个过程可以通过 unserialize()函数来完成。该函数接收一个序列化的字符串作为输入内容，并尝试将其还原为原始的 PHP 数据。

2. 反序列化漏洞的原理

反序列化漏洞是指用户可控的数据被网站反序列化。攻击者能够操纵序列化对象，以便将有害数据传递到应用程序的代码当中，甚至可以用完全不同的类的对象替换序列化对象。许多基于反序列化的攻击是在反序列化完成之前完成的。

PHP 中的 unserialize()函数可以将一个序列化的字符串转换为 PHP 数据。如果攻击者能够控制传递给 unserialize()的数据，他们可能会构造恶意的序列化数据来执行未授权的操作，如执行任意代码、绕过安全限制等。

3. 防范 PHP 反序列化漏洞的策略

避免直接反序列化用户输入内容：不要直接对用户提供的数据进行反序列化。用户输入的内容应该被视为不可信的，并需要对其进行严格的验证和过滤。

使用安全的序列化方法：考虑使用其他安全的序列化方法，如 JSON（JavaScript Object Notation，JavaScript 对象表示法）。JSON 格式不包含可执行代码，因此更安全。PHP 提供了 json_encode()和 json_decode()函数来处理 JSON 数据。

限制反序列化的类：如果必须使用 PHP 的序列化和反序列化功能，则可以通过 unserialize()函数的第二个参数来限制可以实例化的类。这个参数允许提供一个允许类的白名单，从而防止未授权的类实例化。

数据验证和过滤：在反序列化之前，采用严格的数据验证和过滤机制。确保只允许符合预期格式的数据通过验证，并过滤掉任何潜在的恶意内容。

更新和打补丁：及时应用 PHP 和相关库的最新安全补丁，这有助于防止利用已知的反序列化漏洞进行攻击。

审计和监控：对代码进行定期安全审计，以发现潜在的反序列化漏洞，并监控应用程序的安全日志，以检测任何可疑活动。

最小权限原则：运行应用程序的服务器应该遵循最小权限原则，确保应用程序和服务只具有执行其任务所需的最小权限，以减少潜在的攻击面。

巩固练习

一、填空题

1. 在 PHP 中定义一个类需要使用关键字_____。
2. 如果一个类没有定义构造方法，PHP 会自动调用一个_____的构造方法。
3. 要实现一个接口，需要在类中使用关键字_____。
4. 在类中使用关键字_____可以定义一个常量。
5. 要定义一个可以被类外部访问的属性，需要在属性前添加修饰符_____。

二、选择题

1. 在 PHP 中，构造方法的名称是（　　）。

A. __construct()　　　B. construct()　　　　C. new()　　　　　D. create()

2. 以下哪个关键字用于实现接口？（　　）

A. implements　　　　B. extends　　　　　C. new　　　　　　D. use

3. 下列哪个方法用于调用父类的方法？（　　　）

A. parent::　　　　　　B. self::　　　　　　C. static::　　　　　　D. this::

4. 在 PHP 中，用于声明类属性的访问控制修饰符中，哪个修饰符使得属性只能被类本身的方法访问？（　　　）

A. public　　　　　　B. private　　　　　　C. protected　　　　　　D. static

5. 在 PHP 中，当对象被销毁时，会自动调用的方法是（　　　）。

A. __destruct()　　　　　　　　　　B. __construct()

C. __call()　　　　　　　　　　　　D. __get()

三、判断题

1. PHP 中的类可以有多个构造方法。（　　　）

2. PHP 中类的成员方法默认是公有的。（　　　）

3. 接口中定义的方法不需要实现具体的功能。（　　　）

4. 类的静态属性可以在类的实例化对象中使用。（　　　）

5. PHP 中的类不能继承自多个父类。（　　　）

项目9
学生信息管理系统——使用 PHP操作MySQL数据库

情境导入

    计算机系决定开发一个学生信息管理系统，以提高对学生信息的管理效率。张华作为计算机系的学生会成员，被委派负责这个项目的技术实现过程。

    张华已经完成了系统界面的设计和前端页面的开发。然而，他意识到，要对学生信息进行持久化存储和高效检索，必须借助后端技术和数据库。于是，他找到了经验丰富的李老师寻求指导。

    李老师指出，为了实现一个功能完善的学生信息管理系统，张华需精通通过 PHP 来操作 MySQL 数据库的技能。MySQL 是一个应用广泛的关系数据库管理系统，非常适用于 Web 开发中的数据存储和检索。通过 PHP 连接并操作 MySQL 数据库，可以轻松完成学生信息的增加、删除、修改和查询等操作，从而满足学生信息管理系统的核心功能需求。

    李老师鼓励张华结合学生信息管理系统的实际需求，通过实践来掌握使用 PHP 操作 MySQL 数据库的技能，并确保系统功能的完整性和稳定性。这不仅将提升张华的技术能力，还将为他未来的职业发展奠定坚实基础。

学习目标

知识目标	■ 掌握 MySQL 数据库的基本概念和数据类型； ■ 熟悉使用 PHP 连接 MySQL 数据库的方法，以及执行 SQL 查询等操作的流程； ■ 了解使用 PHP 操作 MySQL 过程中的常见安全问题及防范措施； ■ 掌握 PHP 中操作 MySQL 的常用函数和 MySQLi 扩展的使用方法。
能力目标	■ 能够根据实际需求，设计和创建合理的 MySQL 数据表结构； ■ 能够使用 PHP 成功连接 MySQL 数据库，并执行基本的增删改查操作； ■ 能够编写安全的 SQL 语句，防止 SQL 注入等安全问题； ■ 能够结合 PHP 和 MySQL 技术，实现数据的存储、检索、更新和删除等操作。
素养目标	■ 提升在 Web 开发中运用 PHP 操作 MySQL 数据库的实践能力； ■ 培养细心、严谨的数据库操作习惯，确保数据的一致性和安全性； ■ 加强逻辑思维和问题解决能力，灵活运用 PHP 和 MySQL 解决实际的数据处理问题。

知识储备

在数字化时代，信息管理系统已成为各行各业不可或缺的工具。对于学生信息的存储、查询和管理，数据库技术发挥着举足轻重的作用。MySQL 作为一种应用广泛的关系数据库管理系统，为数据的结构化存储和高效检索提供了强力的支持。而 PHP 作为一种功能强大的服务器端脚本语言，与 MySQL 结合使用，能够轻松实现对数据的增删改查等操作。

9.1 MySQL 概述

9.1.1 MySQL 简介

MySQL 是一款广受赞誉的开源关系数据库管理系统，原开发者为瑞典的 MySQL AB 公司。该公司倾注大量精力，开发出了这款既高效又功能强大的数据库软件。后来，该软件被全球知名的甲骨文公司（Oracle）收购，进一步增强了 MySQL 在数据库领域的地位与影响力。

如今，MySQL 已经成为最受欢迎的关系数据库管理系统之一，尤其在 Web 应用领域表现出色，被誉为最佳的关系数据库管理系统（Relational Database Management System，RDBMS）应用软件之一，这得益于其出色的性能和较高的稳定性，以及丰富的功能。

MySQL 的众多优势中，体积小、速度快及总体拥有成本低等尤为突出。更为值得一提的是，它采用了开放源代码的方式，开发者可以根据自身需求进行灵活的定制和优化。因此，众多中小型网站纷纷选择 MySQL 作为数据库解决方案，以满足日益增长的数据存储和处理需求。MySQL 的普及和应用，无疑为各行各业的数据管理带来了巨大的便利和较高的效益。

9.1.2 MySQL 的特点

MySQL 作为一种广泛使用的关系数据库管理系统，以其独特的优势在数据管理领域占据了重要地位。以下是 MySQL 的主要特点。

1. 开源

MySQL 是一款开源软件，其源代码公开，可供任何人查看、使用，甚至修改。这一特性为企业和组织提供了较高的经济效益，免除了昂贵的软件许可费用，同时也为开发者提供了更多的灵活性和自主性。

2. 跨平台兼容

MySQL 具有良好的跨平台兼容性，它可以在 Windows、Linux、macOS 等多种操作系统上顺畅运行，为用户提供了极高的便利性和较大的选择空间。

3. 性能卓越

MySQL 在数据处理方面表现出色，即便面对大量数据，也能保持高效、稳定的运行状态。这一特性使得 MySQL 能够轻松应对各种复杂的数据处理任务。

4. 易操作

MySQL 配备了丰富的管理工具，如广受欢迎的 phpMyAdmin，这些工具使得数据库的管理和维护变得简单、直观，大大降低了操作难度。

5. 强大的数据查询能力

MySQL 支持复杂的 SQL 查询语句，能够高效地完成各种数据检索和分析任务，为用户提供全面而准确的数据支持。

6. 可靠的事务处理功能

MySQL 支持事务处理功能，确保在多个操作过程中的数据完整性，防止系统故障或其他原因导致数据不一致的问题。

7. 社区支持

MySQL 拥有一个庞大的用户和开发者社区，用户可以在社区中获取帮助、分享经验及解决问题，这一强大的社区支持为 MySQL 的广泛应用和持续发展提供了有力保障。

9.1.3　安装 MySQL

在 Windows 系统上安装 MySQL 时，需要遵循以下步骤。

（1）访问 MySQL 的官方网站，并下载与 Windows 系统版本相匹配的 MySQL 安装包。

（2）双击下载的安装包，开始安装。仔细阅读软件许可协议，并同意以继续安装。

（3）按照安装向导的指示进行操作。在安装过程中，系统会提示设置 MySQL root 用户的密码，务必牢记此密码，因为它将是未来管理数据库的关键。

（4）根据需求配置其他参数，如端口号、数据存放位置等。

（5）完成安装后，可以选择立即启动 MySQL，或稍后手动启动。

注意确保系统满足 MySQL 的最低配置要求，并遵循官方安装文档中的详细指示。

若使用的是本书前文介绍的 phpStudy 集成开发环境，那么 MySQL 已经预装在内，无须单独安装。

9.1.4　启动 MySQL

若使用的是 phpStudy 集成开发环境，则可以按照以下步骤启动 MySQL。

（1）打开 phpStudy 控制面板，如图 9-1 所示。

（2）在服务列表中找到 MySQL 服务。

（3）单击 MySQL 服务后面的"启动"按钮，稍等片刻，服务状态将变为"运行中"，表示 MySQL 已成功启动。

9.1.5　安装 MySQL 可视化工具

为了更方便地管理 MySQL 数据库，可以安装可视化工具来辅助操作。以下是安装 MySQL 可视化工具的简要步骤。

微课

安装 MySQL 可视化工具

（1）选择合适的可视化工具：市面上有许多 MySQL 可视化工具，如 MySQL Workbench、Navicat for MySQL、phpMyAdmin 等，可以根据自己的喜好和需求选择合适的工具。

（2）下载与安装：访问所选工具的官方网站，下载对应版本的安装包，然后按照安装包中的说明进行安装。

（3）连接到数据库：安装完成后，打开可视化工具，以 phpMyAdmin 为例，根据提示输入 MySQL 数据库的连接信息（如主机名、端口、用户名和密码等），如图 9-2 所示。

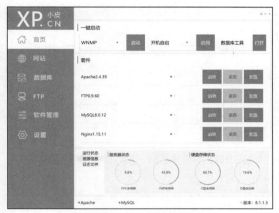

图 9-1 phpStudy 的控制面板

图 9-2 phpMyAdmin 的启动界面

（4）开始使用：一旦连接成功，就可以通过可视化工具来执行各种数据库操作了，如创建表、插入数据、运行查询等。

此外，对于使用 Visual Studio Code 的开发者来说，建议安装 Visual Studio Code 中的 MySQL 插件来管理数据库，如图 9-3 所示。这种插件通常提供类似于可视化工具的功能，直接集成在 Visual Studio Code 中，使得开发和数据库管理更加便捷。在 Visual Studio Code 的扩展商店中搜索并安装该 MySQL 插件。

图 9-3 Visual Studio Code 中的 MySQL 插件

总之，安装和使用 MySQL 可视化工具可以大大提高数据库管理的效率和便捷性。建议根据自己的开发环境和需求选择合适的工具。

9.2 MySQL 的基本操作

9.2.1 MySQL 数据库操作

在 MySQL 中，数据库是存储数据表、视图、存储过程等对象的容器。以下是关于 MySQL 数据库的一些基本操作。

1. 创建数据库

使用 CREATE DATABASE 语句可以创建一个新的数据库，示例代码如下。

微课

MySQL 数据库
操作

```
CREATE DATABASE database_name;
```

2. 选择数据库

在对数据表进行操作之前，需要先选定一个数据库作为当前的工作数据库，示例代码如下。

```
USE database_name;
```

3. 查看所有数据库

SHOW DATABASES 命令用于列出 MySQL 服务器中所有的数据库，示例代码如下。

```
SHOW DATABASES;
```

4. 删除数据库

当不再需要数据库时，可以使用 DROP DATABASE 语句将其删除，这将同时删除其中的所有数据表和相关数据，示例代码如下。

```
DROP DATABASE database_name;
```

5. 查看数据库创建信息

使用 SHOW CREATE DATABASE 语句可以查看创建数据库的详细信息，示例代码如下。

```
SHOW CREATE DATABASE database_name;
```

在操作过程中需特别注意，删除数据库操作不可逆，执行前需确保已做好数据备份。

9.2.2 MySQL 数据表操作

数据表是数据库中的核心组成部分，用于组织和存储数据。以下是关于 MySQL 数据表的一些基本操作。

1. 创建数据表

通过 CREATE TABLE 语句可以创建新的数据表，示例代码如下。

```
CREATE TABLE table_name (
    column1 datatype,
    column2 datatype,
    ......
);
```

2. 查看所有数据表

使用 SHOW TABLES 命令可以列出当前数据库中所有的数据表，示例代码如下。

```
SHOW TABLES;
```

3. 查看数据表结构

DESCRIBE 或 SHOW COLUMNS 命令可用于查看数据表的结构信息，示例代码如下。

```
DESCRIBE table_name;
```

或者使用：

```
SHOW COLUMNS FROM table_name;
```

4. 修改数据表结构

ALTER TABLE 语句用于修改已存在的数据表的结构，如添加新列，示例代码如下。

```
ALTER TABLE table_name ADD column_name datatype;
```

5. 删除数据表

DROP TABLE 语句用于删除整个数据表及其所有数据，示例代码如下。

```
DROP TABLE table_name;
```

6. 清空数据表内容

使用 TRUNCATE TABLE 语句可以快速清空数据表中的所有数据，同时重置任何自增字段，示例代码如下。

```
TRUNCATE TABLE table_name;
```

 注意 TRUNCATE TABLE 语句不同于 DELETE FROM 语句，它不会记录每行的删除操作，因此速度更快，但不可恢复。

9.2.3 MySQL 数据操作

MySQL 数据操作涉及对数据表中数据的增删改查等基本操作。

1. 插入数据

INSERT INTO 语句用于向数据表中插入数据，示例代码如下。

```
INSERT INTO table_name (column1, column2, ...) VALUES (value1, value2, ...);
```

2. 查询数据

SELECT 语句用于在数据表中查询数据，简单查询所有数据的示例代码如下。

```
SELECT * FROM table_name;
```

使用 WHERE 命令可以实现带条件的查询，示例代码如下。

```
SELECT * FROM table_name WHERE condition;
```

3. 更新数据

UPDATE 语句用于更新数据表中的现有数据，示例代码如下。

```
UPDATE table_name SET column1 = value1, column2 = value2, ... WHERE condition;
```

4. 删除数据

DELETE FROM 语句用于从数据表中删除数据，示例代码如下。

```
DELETE FROM table_name WHERE condition;
```

在实际应用中，条件（WHERE 子句）的使用非常关键，它决定了哪些数据将被操作。同时，为了数据安全，执行 UPDATE 语句和 DELETE FROM 语句前建议先进行数据备份或先在测试环境中验证 SQL 语句。

以上就是 MySQL 的基本操作，包括数据库、数据表和数据的操作。在实际项目中，这些操作是构建和管理数据库的基础。

9.3 PHP 的数据库扩展

在 PHP 中，与数据库的交互通常依赖于特定的数据库扩展。这些扩展提供了与数据库进行通信的接口和功能，使得 PHP 能够与不同类型的数据库进行连接和操作。本节将介绍几个常用的 PHP 数据库扩展，并简要说明它们的特点和用途。

9.3.1 MySQLi 扩展

MySQLi（MySQL improved）是 PHP 中用于与 MySQL 数据库进行交互的扩展。它提供了面向对象和面向过程的 API，使得开发者能够灵活操作 MySQL 数据库。MySQLi 扩展支持预处理、事务处理、批量插入等高级功能，并且具有良好的性能和较高的稳定性。

使用 MySQLi 扩展，可以连接到 MySQL 服务器，执行 SQL 查询，并处理返回的结果集。它还提供了丰富的错误处理机制，帮助开发者在出现问题时进行调试和排查。

9.3.2　PDO 扩展

PDO（PHP Data Objects，PHP 数据对象）是一个轻量级、一致的数据访问层，它提供了一个数据库抽象层，使得开发者可以使用统一的接口来访问不同类型的数据库。PDO 支持多种数据库驱动程序，包括 MySQL、PostgreSQL、SQLite 等。

与 MySQLi 相比，PDO 更加灵活和可扩展。它支持预处理语句和参数绑定，从而提高了安全性和性能。此外，PDO 还提供了事务处理、存储过程和批量操作等高级功能。

使用 PDO 扩展，可以轻松连接到数据库，执行复杂的 SQL 查询，并处理返回的结果集。PDO 还提供了异常处理机制，使得错误处理更加简洁和直观。

9.3.3　其他数据库扩展

在选择合适的数据库扩展时，应综合考虑多个关键因素。首先，要明确项目使用的数据库类型，因为不同的扩展支持不同的数据库。例如，若项目采用的是 MySQL 数据库，那么 MySQLi 或 PDO 配合 MySQL 驱动程序将是明智的选择。其次，要根据项目的具体需求来挑选扩展，因为不同的数据库扩展提供的功能集合各异。再次，性能也是一个不可忽视的考量点，尤其是在处理海量数据或面临高并发请求时。最后，安全性和稳定性同样至关重要，一个优秀的扩展应能有效保护数据库免受安全威胁。

鉴于 MySQLi 扩展在功能、性能、安全性和稳定性方面的综合表现，本书推荐使用 MySQLi 扩展进行数据库操作。

总的来说，PHP 提供了丰富的数据库扩展选项，以满足各类项目和不同数据库的需求。在做出选择时，务必全面评估项目需求、数据库类型以及各扩展的功能特性、性能和安全性等。

9.4　使用 PHP 操作 MySQL 数据库

9.4.1　MySQLi 扩展的用法

在 PHP 中，MySQLi 扩展提供了功能强大的工具来连接和操作 MySQL 数据库。它支持面向对象和面向过程的接口，可以方便地执行预处理语句和处理事务。相较已废弃的原始 MySQL 扩展，MySQLi 扩展不仅更加稳定、高效，还涵盖更多的 MySQL 功能。

9.4.2　MySQLi 扩展的核心函数

MySQLi 扩展提供了很多简化开发的核心函数。MySQLi 扩展的核心函数如表 9-1 所示。

表 9-1　MySQLi 扩展的核心函数

用途	函数	功能描述
连接数据库	mysqli_connect()	连接 MySQL 服务器
	mysqli_select_db()	选择数据库
	mysqli_set_charset()	设置客户端字符集

用途	函数	功能描述
执行 SQL 语句	mysqli_query()	执行 SQL 查询
处理结果集	mysqli_num_rows()	获取结果中行的数量集
	mysqli_fetch_all()	获取所有结果并将其作为关联数组或索引数组，或二者兼有
	mysqli_fetch_array()	从结果集中取得一行作为关联数组或索引数组，或二者兼有
	mysqli_fetch_assoc()	获取一行结果并以关联数组返回
	mysqli_fetch_row()	获取一行结果并以索引数组返回
	mysqli_fetch_object()	获取一行结果并以对象返回
	mysqli_free_result()	释放结果集
错误处理	mysqli_error()	返回上一个 MySQL 操作的错误信息
	mysqli_connect_error()	获取连接服务器时的错误信息
关闭数据库	mysqli_close()	关闭 MySQL 服务器的连接

9.4.3 连接 MySQL 数据库

在 PHP 中使用 MySQLi 扩展连接 MySQL 数据库，通常使用 mysqli_connect()函数，语法格式如下。

```
object mysqli_connect([$host, $username, $password, $dbname, $port, $socket])
```

mysqli_connect()函数共有 6 个可选参数，当省略参数时，将自动使用 php.ini 中配置的默认值。具体参数说明如下。

$host：可选，规定服务器名称或 IP 地址。

$username：可选，规定 MySQL 用户名。

$password：可选，规定 MySQL 密码。

$dbname：可选，规定默认使用的数据库。

$port：可选，规定尝试连接到 MySQL 服务器的端口号。

$socket：可选，规定 socket 或要使用的已命名 pipe。

微课

连接 MySQL
数据库

若数据库连接成功，则返回数据库连接的对象；若数据库连接失败，则返回 false 并提示 Warning 级别的错误信息，使用函数 mysqli_connect_errno()获取错误编号，使用函数 mysqli_connect_error()获取错误信息，以下是一个示例。

```php
$host = 'localhost';        // 服务器地址
$user = 'root';             // MySQL 用户名
$password = 'password';     // MySQL 密码
$db = 'mydatabase';         // 数据库名称
// 创建连接
$conn = mysqli_connect($host, $user, $password, $db);
// 检查连接是否成功
if (!$conn) {
    die("连接失败: " . mysqli_connect_error());        // 获取错误信息
}
```

通过上述示例，可以与指定的 MySQL 数据库成功连接，为后续的数据库操作奠定坚实基础。在连接过程中，若出现任何问题导致连接失败，程序会及时输出错误信息并停止执行，从而确保系统的健壮性。

【能力进阶】封装数据库连接代码

为了进一步提升代码的可维护性和复用性，在进行大型网站或复杂应用的开发时，应当考虑将数据库连接代码封装在一个独立的 PHP 文件中。这样可以确保在整个项目中，数据库连接被统一管理和维护，从而避免在每个需要数据库操作的 PHP 文件中重复编写连接代码。具体实现步骤如下。

1. 创建封装文件

创建一个新的 PHP 文件，例如，将其命名为 connect.php，并将 9.4.3 节中的数据库连接代码放入其中。

2. 包含封装文件

在需要使用数据库连接的 PHP 文件中，通过 include 或 require 语句引入 connect.php 文件，示例代码如下。这样做可以确保在当前文件中直接使用$conn 变量进行数据库操作。

```php
<?php
include 'connect.php'; // 引入数据库连接文件

……// 此处可以使用$conn 进行查询、插入等数据库操作
?>
```

3. 错误处理

在封装文件中，我们已经加入了连接错误的处理逻辑。在实际应用中，还可以进一步优化错误处理措施，例如，使用配置文件来存储数据库连接信息，而不是直接写在代码里；使用预处理语句来挡住 SQL 注入的威胁（详见 9.4.6 节的预处理操作）。

通过将数据库连接代码封装在一个独立的文件中，可以实现代码的复用和模块化，提高开发效率，同时也使得项目结构更加清晰和易于维护。这是 PHP 项目开发中一种常见的最佳实践方式。

9.4.4　选择 MySQL 数据库

如果在连接时没有指定数据库，可以在连接成功时，使用 mysqli_select_db() 函数来选择并打开要操作的数据库，之后才能对这个数据库中的数据表进行增删查改等各种操作。若在建立 MySQL 数据库连接时指定了要访问的数据库，则可以使用函数 mysqli_select_db() 更改指定的数据库。mysqli_select_db() 函数的语法格式如下。

```
bool mysqli_select_db($conn, $db);
```

其中，$conn 是通过 mysqli_connect() 函数建立的数据库连接，$db 是想要选择的数据库名称。使用该函数之后，返回一个布尔值，若打开数据库成功则返回 true，否则返回 false。

9.4.5　执行 SQL 语句

数据库连接成功后，使用 mysqli_query() 函数来执行 SQL 语句，其语法格式如下。

```
resource|bool mysqli_query($conn, $sql[,$resultmode])
```

具体参数说明如下。

$conn：表示使用 mysqli_connect() 函数获取的数据库连接。

$sql：表示要执行的 SQL 语句。

$resultmode：可选，表示结果集模式。当执行写操作时，成功则返回 true，失败则返回 false；当执行读操作时，返回值是查询结果集，结果集模式是以下两种常量。

- MYSQLI_STORE_RESULT：默认模式，会将结果集全部读取到 PHP 文件中。
- MYSQLI_USE_RESULT：仅初始化结果集检索，在处理结果集时进行数据读取。
以下是具体的示例。

```
$sql = "SELECT * FROM users";
$result = mysqli_query($conn, $sql);
```

在这段代码中，$sql 变量是要执行的 SQL 查询语句，$conn 是之前建立的数据库连接。执行查询后，结果会存储在$result 变量中。

【案例实践 9-1】实现学生注册功能

学生信息管理系统需要有注册功能，学生注册功能的实现涉及前端页面的设计、后端 PHP 脚本的编写及数据库的添加操作等多个环节。

（1）首先设计前端页面，以收集学生输入的用户名和密码，示例代码如下（具体技术细节可参考源代码文件 9-1.html）。

```
<body>
    <div>
        <h1>学生注册</h1>
        <form action="9-1.php" method="post">
            <p>用户: <input type="text" name="user"></p>
            <p>密码: <input type="password" name="pwd"></p>
            <p><input type="submit" value="注册"></p>
        </form>
    </div>
</body>
```

（2）在 MySQL 数据库中创建一个名为 students 的数据表，用于存储学生信息。使用以下 SQL 语句。

```
CREATE DATABASE IF NOT EXISTS student_db;
USE student_db;

CREATE TABLE IF NOT EXISTS students (
    id INT AUTO_INCREMENT PRIMARY KEY,
    username VARCHAR(50) NOT NULL UNIQUE,
    password VARCHAR(255) NOT NULL
);
```

（3）在后端 PHP 脚本中，首先建立与 MySQL 数据库的连接。连接成功后，检查用户是否提交了注册表单。若已提交，则从$_POST 超全局变量中提取用户名和密码。然后对这些数据进行验证，并将其插入 MySQL 数据库，以便后续的用户认证和授权（具体技术细节可参考源代码文件 9-1.php）。在整个过程中，还需要处理可能出现的错误和异常，以确保程序的稳定性和可靠性。

```
<?php
// 连接数据库
$conn = mysqli_connect("localhost", "root", "123456", "student_db");
// 检查是否连接成功
if (!$conn) {
    die("连接失败: " . mysqli_connect_error());
}
// 获取提交的用户名和密码
$user = isset($_POST["user"]) ? trim($_POST["user"]) : null;
$pwd = isset($_POST["pwd"]) ? trim($_POST["pwd"]) : null;
// 检查用户名和密码是否为空
if (empty($user) || empty($pwd)) {
```

微课

实现学生注册功能

```
    echo "<p>用户名或密码为空，请核对后重新输入。</p>";
    exit;
}
$sql = "insert into students(username,password) values('$user','$pwd')";
if (mysqli_query($conn, $sql))
    echo "学生注册成功";
else
    echo "注册失败: " . mysqli_error($conn);?>
```

（4）启动 phpStudy，如图 9-4 所示，启用 Apache 和 MySQL 服务。

（5）启动内置服务器，在浏览器中打开 9-1.html 文件，结果如图 9-5 所示。

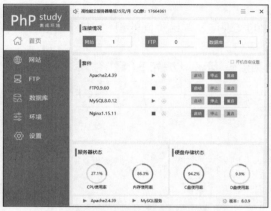

图 9-4　phpStudy 启动界面

图 9-5　学生注册页面

（6）输入用户名和密码，单击"注册"按钮，提示"学生注册成功"，如图 9-6 所示。

（7）单击编辑器界面的 Database 按钮，连接数据库 student_db，打开 students 数据表，查看添加的数据，如图 9-7 所示。

图 9-6　注册成功页面

图 9-7　查看添加的数据

9.4.6　预处理操作

在 PHP 项目开发中，数据库操作是一个核心环节。然而，当我们使用传统的 SQL 语句进行数据库添加操作时，往往会面临一些问题和挑战。这种方式虽然简单、直接，但效率低下，存在安全隐患，特别是当外部输入的数据没有得到适当的转义处理时，恶意用户可能会利用这个机会，通过注入特殊符号或恶意 SQL 代码来发动攻击，这就是所谓的 SQL 注入攻击。

为了解决这一问题并提高数据库操作的效率和安全性,MySQLi 扩展引入了预处理(Prepared)机制。预处理是一种将 SQL 语句模板与数据分离的技术,它允许我们先定义一个 SQL 语句模板,然后在执行时动态绑定具体的数据。这种方式不仅能够有效防止 SQL 注入攻击,还能提升查询性能,因为数据库可以预编译并缓存 SQL 语句模板。

在 PHP 与 MySQL 数据库交互时,借助 MySQLi 扩展,可以方便地实现预处理功能。通过预处理,可以确保数据操作的安全性和查询性能的优化。以下是预处理的操作过程。

1. 创建数据库连接

使用 mysqli_connect()函数来创建与 MySQL 数据库的连接,具体代码参见 9.4.3 节的相关内容。

2. 准备 SQL 语句模板

准备一个带有占位符的 SQL 语句模板,这里使用?作为占位符。

```
$sql = "INSERT INTO students (name, age, email) VALUES (?, ?, ?)";
```

3. 创建预处理语句

使用 mysqli_prepare()函数创建预处理语句,其语法格式如下。

```
mysqli_stmt mysqli_prepare(mysqli $conn, string $query)
```

具体参数说明如下。

$conn: 表示 MySQL 数据库的连接。

$query: 一个包含 SQL 语句的字符串。这个 SQL 语句可以包含占位符(如?),这些占位符可以通过 mysqli_stmt_bind_param()函数来绑定实际的参数值。

该函数返回一个预处理语句对象。如果创建成功,则可以通过这个对象来执行预处理语句并绑定参数,如果创建失败,则返回 false。下面是使用 mysqli_prepare()函数的简单示例。

```
if ($stmt = mysqli_prepare($conn, $sql)) {
// 预处理语句创建成功
// 接下来可以绑定参数并执行预处理语句
} else {
    echo "Error: " .mysqli_error($conn);
}
```

4. 绑定参数

创建预处理语句之后,需要将具体的参数绑定到 SQL 语句模板中的占位符上,这是通过 mysqli_stmt_bind_param()函数来实现的,其语法格式如下。

```
bool mysqli_stmt_bind_param ( mysqli_stmt $stmt , string $types , mixed &$var [, mixed &$... ] )
```

具体参数说明如下。

$stmt: 表示由 mysqli_prepare()函数创建的预处理语句对象。

$types: 由一个或者多个字符组成的字符串,指定绑定参数的类型,可能的类型如表 9-2 所示。

表 9-2 可能的类型

字符	描述
i	整型
d	双精度浮点型
s	字符串型
b	布尔或二进制型

&&$var 及后面的可选参数：表示绑定的变量，可以有多个，它们会被绑定到预处理语句的参数占位符上。

注意 这些参数是通过引用传递的，这意味着执行预处理语句后，这些参数的值可能会发生变化。

下面是使用 mysqli_stmt_bind_param()函数的示例，在该示例中绑定了一个字符串型的名字、一个整型的年龄和一个字符串型的电子邮件地址到预处理语句上。

```
$name = 'John Doe';
$age = 20;
$email = 'johndoe@example.com';
// 假设$stmt 是之前已经通过 mysqli_prepare()函数创建好的预处理语句对象
mysqli_stmt_bind_param($stmt, 'sis', $name, $age, $email);
```

在这个示例中，第一个参数$stmt 是预处理语句对象，第二个参数'sis'是类型声明字符串［表示第一个变量是字符串（s），第二个变量是整数（i），第三个变量是字符串（s）］，后面跟着的是要绑定的变量$name、$age 和$email。

5. 执行预处理语句

绑定参数后，下一步是使用 mysqli_stmt_execute()函数来执行预处理语句。该函数不需要额外的参数，因为它将执行之前通过 mysqli_prepare()函数准备的并且已经通过 mysqli_stmt_bind_param()函数绑定了参数的预处理语句。mysqli_stmt_execute()函数的具体语法格式如下。

```
bool mysqli_stmt_execute ( mysqli_stmt $stmt )
```

这里，$stmt 是指 mysqli_prepare()函数返回的预处理语句对象。

如果执行成功，则 mysqli_stmt_execute()函数返回 true，否则返回 false。下面是执行预处理语句并处理执行结果的示例代码。

```
if (mysqli_stmt_execute($stmt)) {
    echo "成功创建";
} else {
    echo "Error: " . $stmt->error;
}
```

6. 关闭预处理语句及数据库连接

操作完成后，为了避免资源泄露，需要关闭预处理语句及数据库连接。

```
mysqli_stmt_close($stmt);
mysqli_close($conn);
```

通过上述步骤，可以安全地将数据插入数据库，同时避免了 SQL 注入的风险，并且由于预编译的 SQL 语句可以被数据库缓存和重用，所以也提高了性能。在实际开发中，预处理不仅可以用于 INSERT 语句，还可以用于 SELECT、UPDATE 和 DELETE FROM 等语句，以确保数据库操作的安全性和效率。

【案例实践 9-2】添加预处理实现学生注册功能

在案例实践 9-1 的基础上添加预处理，只需要修改 9-1.php 文件，示例代码如下（具体技术细节可参考源代码文件 9-2.php ）。

（1）使用 mysqli_prepare()函数创建预处理语句。

（2）使用 mysqli_stmt_bind_param()函数将用户名和密码绑定到预处理语句的占位符上。'ss'

表示两个参数都是字符串。

（3）执行预处理语句并检查执行结果，如果成功则输出成功信息，否则输出错误信息。

（4）关闭预处理语句及数据库连接，释放资源。

```php
<?php
// 假设 $conn 已经是有效的数据库连接
// $user 和 $pwd 分别是从表单或其他途径获取的用户名和密码
// 检查用户名和密码是否为空
if (empty($user) || empty($pwd)) {
    echo "<p>用户名或密码为空，请核对后重新输入。</p>";
    exit;
}
// 使用预处理语句插入数据
$stmt = mysqli_prepare($conn, "INSERT INTO students (username, password) VALUES (?, ?)");
mysqli_stmt_bind_param($stmt, 'ss', $user, $pwd);

if (mysqli_stmt_execute($stmt)) {
    echo "学生注册成功";
} else {
    echo "注册失败: " . $stmt->error;
}

// 关闭预处理语句及数据库连接
mysqli_stmt_close($stmt);
mysqli_close($conn);
```

（5）启动 phpStudy，启用 Apache 和 MySQL 服务。

（6）启动内置服务器，在浏览器中打开 9-1.html 文件。

（7）输入用户名和密码，单击"注册"按钮，提示"注册成功"。

（8）单击编辑器界面的 Database 按钮，连接数据库 student_db，打开 students 数据表，查看添加的数据，如图 9-8 所示。

图 9-8　查看添加的数据

9.4.7　处理结果集

在处理 MySQL 查询的结果集时，通常会用到一系列的函数来提取和处理数据。结果集是指通过在数据库中查询得到的数据集合，它可以包含多行和多列，每行代表一个记录，每列代表记录的一个字段，如图 9-9 所示。为了从这些结果集中提取数据，需要使用特定的 PHP 函数。下面介绍几个常用的处理结果集的函数。

图 9-9　结果集

1. mysqli_num_rows()函数

mysqli_num_rows()函数用来获取查询结果集中的记录（行）数，其具体语法格式如下。

```
int mysqli_num_rows ( mysqli_result $result )
```

具体参数说明如下。

$result：由 mysqli_query()、mysqli_store_result()或 mysqli_use_result()函数返回的结果集。

具体示例代码如下。

```
$result = mysqli_query($conn, "SELECT * FROM students");
$row_count = mysqli_num_rows($result);
echo "查询结果有 {$row_count} 行数据。";
```

【案例实践 9-3】解决用户名冲突问题

在案例实践 9-2 中，如果出现用户名冲突的问题，那么需要查找该用户名对应的记录是否多于 1 条，如果多于 1 条，则提示"该用户名已存在，请核对后重新输入"，直至解决了用户名冲突问题，才能执行数据的插入操作，示例代码如下（具体技术细节可参考源代码文件 9-3.php ）。

```
<?php
// 假设 $conn 已经是有效的数据库连接
// $user 和 $pwd 分别是从表单或其他途径获取的用户名和密码。检查用户名和密码是否为空
$sql = "select * from students where username = '$user'";
if ($res = mysqli_query($conn, $sql)) {
    if (mysqli_num_rows($res) >= 1)
        echo "该用户名已存在，请核对后重新输入";
    else {
        $sql = "insert into students(username,password) values('$user','$pwd')";
        if (mysqli_query($conn, $sql))
            echo "学生注册成功";
        else
            echo "注册失败: " . mysqli_error($conn);
    }
} else
    echo "注册失败: " . mysqli_error($conn);
```

（1）启动 phpStudy，启用 Apache 和 MySQL 服务，

（2）启动内置服务器，在浏览器中打开 9-1.html 文件。

（3）输入重复的用户名"zhanghua"和相应密码，单击"注册"按钮，提示"该用户名已存在，请核对后重新输入"，如图 9-10 所示。

（4）单击编辑器界面的 Database 按钮，连接数据库 student_db，打开 students 数据表，发现并未添加任何数据。

图 9-10　"该用户名已存在，请核对后重新输入"页面

以上是未使用预处理的操作，如果要使用预处理，就需要使用 mysqli_stmt_num_rows()函数来判断记录的条数，具体示例代码如下。

```php
<?php
// 假设 $conn 已经是有效的数据库连接
// $user 和 $pwd 分别是从表单或其他途径获取的用户名和密码。检查用户名和密码是否为空
// 检查用户名是否已存在
$stmt_check = mysqli_prepare($conn, "SELECT * FROM students WHERE username = ?");
mysqli_stmt_bind_param($stmt_check, 's', $user);
mysqli_stmt_execute($stmt_check);
mysqli_stmt_store_result($stmt_check);

if (mysqli_stmt_num_rows($stmt_check) > 0) {
    echo "该用户名已存在，请核对后重新输入";
    mysqli_stmt_close($stmt_check);
    exit;
}
mysqli_stmt_close($stmt_check);

// 使用预处理语句插入数据
$stmt = mysqli_prepare($conn, "INSERT INTO students (username, password) VALUES (?, ?)");
mysqli_stmt_bind_param($stmt, 'ss', $user, $pwd);

if (mysqli_stmt_execute($stmt)) {
    echo "学生注册成功";
} else {
    echo "注册失败: " . $stmt->error;
}
?>
```

2. mysqli_fetch_array()函数

mysqli_fetch_array()函数用于从结果集中取出一行数据，可以选择以关联数组、索引数组或两者兼有的形式返回，其具体语法格式如下。

```
mixed mysqli_fetch_array ( mysqli_result $result [, int $result_type = MYSQLI_BOTH ] )
```

具体参数说明如下。

$result_type：可选参数，定义返回数组的类型，可以是 MYSQLI_ASSOC（关联数组）、MYSQLI_NUM（索引数组）或 MYSQLI_BOTH（同时返回关联数组和索引数组，为默认值）。

微课

mysqli_fetch_array()
函数

具体示例代码如下。

```php
$result = mysqli_query($conn, "SELECT * FROM students");
while ($row = mysqli_fetch_array($result)) {
    echo $row['id'] . ' ' . $row['name'] . '<br>';  // 假设第一列是 id，第二列是 name
}
```

3. mysqli_fetch_assoc()函数

mysqli_fetch_assoc()函数用于从结果集中取出一行数据，以关联数组的形式返回，其中，数组的键是字段名，值是对应的数据，其具体语法格式如下。

```
associative_array mysqli_fetch_assoc ( mysqli_result $result )
```

具体示例代码如下。

```php
$result = mysqli_query($conn, "SELECT * FROM students");
while ($row = mysqli_fetch_assoc($result)) {
    echo $row['id'] . ' ' . $row['name'] . '<br>';  // 假设第一列是 id，第二列是 name
}
```

4. mysqli_fetch_row()函数

mysqli_fetch_row()函数用于从结果集中取出一行并保存在索引数组中，其具体语法格式如下。

微课

mysqli_fetch_row()
函数

```
array mysqli_fetch_row ( mysqli_result $result )
```

具体示例代码如下。

```
$result = mysqli_query($conn, "SELECT * FROM students");
while ($row = mysqli_fetch_row($result)) {
    echo $row[0] . ' ' . $row[1] . '<br>'; // 假设第一列是 ID，第二列是名字
}
```

【案例实践 9-4】实现学生登录功能

在实现学生信息管理系统时，登录功能是不可或缺的一部分。学生登录功能的完整实现融合了前端页面设计、后端 PHP 脚本处理及数据库查询操作等多个技术环节。

（1）设计一个前端页面，用于收集学生输入的用户名和密码。以下是一个简单的 HTML 表单示例（具体技术细节可参考源代码文件 9-4.html）。

```
<body>
    <div>
        <h1>学生登录</h1>
        <form action="9-4.php" method="post">
            <p>
                用户: <input type="text" name="user">
            </p>
            <p>
                密码: <input type="password" name="pwd">
            </p>
            <p>
                <input type="submit" value="登录">
            </p>
        </form>
    </div>
</body>
```

（2）使用案例实践 9-1 中数据库的 students 数据表存储学生信息。

（3）在后端 PHP 脚本中需要先建立与 MySQL 数据库的连接。一旦连接成功，将检查用户是否已提交登录表单。如果已提交，则从$_POST 超全局变量中提取出用户名和密码。然后对这些信息进行验证，查找数据库中是否存在输入的用户名，如果不存在这样的用户名，则提示用户名不正确；如果存在，则验证密码是否正确。在这个过程中，需要处理可能出现的错误和异常，以确保程序的健壮性和稳定性，示例代码如下（具体技术细节可参考源代码文件 9-4.php）。

```
<?php
// 假设 $conn 已经是有效的数据库连接
// $user 和 $pwd 分别是从表单获取的用户名和密码，检查用户名和密码是否为空
// 查询数据库，验证用户名和密码
$sql = "SELECT password FROM students WHERE username='$user'";
$result = mysqli_query($conn, $sql);

if (mysqli_num_rows($result) == 0) {
    // 用户名不存在
    echo "<script>alert('用户名不存在，请核对后重新输入');
        location.href='9-4.html'; </script>"; // 登录页面是 9-4.html
} else {
    // 用户名存在，验证密码
    $row = mysqli_fetch_row($result);
```

```
        if ($pwd == $row[0]) {
            // 密码正确
            echo "密码正确, 登录成功! ";
        } else {
            // 密码不正确
            echo "<script>alert('密码不正确, 请核对后重新输入');history.go(-1);</script>";
        }
}?>;
```

（4）启动 phpStudy，启用 Apache 和 MySQL 服务。

（5）启动内置服务器，在浏览器中打开 9-4.html 文件，结果如图 9-11 所示。

（6）输入用户名和密码，单击"登录"按钮，提示"密码不正确，请核对后重新输入"，如图 9-12 所示。

图 9-11 学生登录页面

图 9-12 "密码不正确，请核对后重新输入"页面

（7）单击"确定"按钮，返回登录页面，重新输入密码，提示"密码正确，登录成功！"，如图 9-13 所示。

图 9-13 "密码正确，登录成功！"页面

9.4.8 释放结果集

处理完结果集后，考虑资源管理和性能，应该释放结果集占用的内存。尽管 PHP 脚本结束时会自动清理资源，但推荐在不需要结果集时手动释放它，代码如下。

```
mysqli_free_result($result);
```

9.4.9 断开数据库连接

完成所有数据库操作后，应该断开与数据库的连接，以释放资源并避免不必要的连接占用。使用 mysqli_close()函数可以断开数据库连接。

```
mysqli_close($conn);
```

这里$conn 是之前通过 mysqli_connect()函数或类似的函数建立的数据库连接。

注意 9.4.3~9.4.9 部分的代码提供了基本的数据库操作指南。在实际开发中，还需要考虑错误处理、代码安全性（如防止 SQL 注入攻击）及性能优化等。

【素养提升】数据安全意识的培养与加强

在 Web 开发过程中，数据的安全性是至关重要的。当使用 PHP 操作 MySQL 数据库时，我们需要时刻保持对数据安全的警觉性。以下是一些建议，帮助读者培养和加强数据安全意识。

（1）了解安全风险：要深入了解与数据库操作相关的安全风险，如 SQL 注入、数据泄露等，只有认识到这些风险，才能有针对性地采取措施来防范。

（2）编写安全的 SQL 语句：始终使用参数化查询或预处理语句来避免 SQL 注入攻击，不要直接将用户输入的内容拼接到 SQL 语句中，这样可以大大降低安全风险。

（3）保护敏感数据：对于数据库中的敏感数据，如用户密码，要进行加密存储，而不是明文保存，同时，确保只有授权的用户才能访问这些数据。

（4）定期备份数据：为了防止数据丢失或损坏，定期备份数据是至关重要的，这样，在发生意外情况时，可以迅速恢复数据。

只有确保数据的安全性，应用才能赢得用户的信任。

项目分析

本项目的主要目标是帮助学生更深入地理解 PHP 在实际 Web 开发中的应用，并掌握如何操作 MySQL 数据库。通过构建一个功能完善的学生信息管理系统，我们将学习从数据库设计、后端逻辑编写到前端界面展示的完整开发流程，学会如何利用 PHP 连接和操作 MySQL 数据库，实现对学生信息的增删改查等基本功能。

项目实施

任务 9-1　设计数据库

我们将从数据库设计开始，确立学生信息的数据结构，包括学生的基本信息等。为了保证系统的安全性和数据的完整性，我们会设计两张表：用户表（user，如表 9-3 所示）和学生信息表（stu_info，如表 9-4 所示）。用户表包含用户名、密码及用户等级（标注是管理员还是普通用户），学生信息表包括学号、姓名、班级和手机号等关键信息。通过合理设计数据表及其关系，能够确保数据的完整性和查询效率。

表 9-3　用户表（user）

字段名称	数据类型	是否允许为空	说明
username	VARCHAR(50)	否	用户名（主键）
password	VARCHAR(255)	否	密码
level	INT	否	用户等级（管理员或普通用户）

表 9-4　学生信息表（stu_info）

字段名称	数据类型	是否允许为空	说明
stu_id	VARCHAR(50)	否	学号（主键）
stu_name	VARCHAR(100)	否	姓名
stu_class	VARCHAR(100)	是	班级
stu_phone	VARCHAR(20)	是	手机号

任务 9-2　设计数据连接

在本任务中，为了简化数据库连接的操作并确保代码的复用性，我们设计了一个统一的数据库连接脚本 conn.php。这个脚本包含连接到 MySQL 数据库所需的全部逻辑，并设置了数据库连接的相关参数。后续的所有数据库操作，只需在相应的 PHP 文件中提前包含这个 conn.php 文件，即可使用已建立的数据库连接。以下是 conn.php 脚本的主要内容和相关说明。

```php
<?php
// 数据库配置信息（可以从外部配置文件读取，这里作为示例直接写在脚本中）
$db_host = "localhost";
$db_user = "root";
$db_pass = "123456";
$db_name = "student_db";

// 使用 mysqli_connect() 函数连接到 MySQL 数据库
$conn = mysqli_connect($db_host, $db_user, $db_pass, $db_name);

// 检查数据库连接是否成功
if (!$conn) {
    // 如果连接失败，则输出详细的错误信息并退出脚本
    die("数据库连接失败，错误编号是 " . mysqli_connect_errno() . "，错误信息是 " . mysqli_connect_error());
}
```

任务 9-3　设计登录页面

（1）在登录页面，提示用户需输入用户名和密码以进行身份验证。系统通过查询数据库来验证用户输入的信息：如果用户名或密码为空，系统将给出提示；如果用户名不存在或密码不正确，用户也将收到相应的错误提示。验证成功后，用户将被重定向到适当的页面，同时其登录状态将被保存在会话中。login.php 页面的关键脚本如下。

```php
<body>
    <div>
        <h1>登录</h1>
        <form method="post">
            <p>
                用户: <input type="text" name="user">
            </p>
            <p>
                密码: <input type="password" name="pwd">
            </p>
            <p class="submit">
                <input type="submit" value="登录" name="submit">
```

```
        </p>
      </form>
      <p><a href="register.php">没有账号？单击这里进行注册</a></p>
    </div>

    <?php
    session_start();       // 启动 Session
    include 'conn.php';  // 引入数据库连接文件
    // 判断是否有提交的数据
    if (isset($_POST['submit'])) {
        $user = $_POST["user"];// 获取用户名和密码
        $pwd = $_POST["pwd"];

        // 判断用户名和密码是否为空
        if (empty($user) || empty($pwd)) {
            echo "<script>alert('用户或者密码不能为空')</script>"; // 提示用户名或密码不能为空
            exit(); // 退出脚本
        }
        // 查询数据库中是否存在该用户
        $sql = "select * from user where username='$user'";
        // 查询结果
        if ($res = mysqli_query($conn, $sql)) {
            if (mysqli_num_rows($res) == 0) {        // 判断查询结果中是否有数据
                echo "<script>alert('用户名不正确，核对后重新输入');location.href='login.
php';</script>"; // 提示用户名不正确，需核对后重新输入
            } else {
                $pwds = mysqli_fetch_assoc($res);    // 获取查询结果中的密码
                if ($pwd == $pwds["password"]) {     // 判断输入的密码是否与数据库中的密码匹配
                    setcookie("cookie", "ok");       // 设置 Cookie
                    // 设置 Session
                    $_SESSION['user'] = $user;
                    $_SESSION['level'] = $pwds['level'];
                    header("location:browser.php");  // 跳转到 browser.php 页面
                } else { // 密码不正确
                    ……// 省略密码不正确，弹出提示并跳转到 login.php 页面的代码
                }
            }
        }
    }
    ?>
</body>
```

（2）启动 phpStudy，启用 Apache 和 MySQL 服务。

（3）启动内置服务器，在浏览器中打开 login.php 文件，运行结果如图 9-14 所示。

图 9-14　登录页面

任务 9-4　设置操作权限

在本任务中，为了区分不同用户身份并提供相应的页面操作权限，我们设计了两种不同的头文件：header_admin.php 和 header_stu.php。这两种头文件根据用户的身份来显示不同的页面链接，从而确保用户只能访问其权限范围内的页面。

（1）管理员拥有系统最高权限，包括添加、浏览、编辑和查询学生信息等权限。因此，header_admin.php 头文件提供了所有相关操作的链接。管理员登录后，将看到以下链接选项。

```
<body>
```

```
        <p>
            <a href="add.php">添加学生信息</a> |
            <a href="browser.php">浏览学生信息</a> |
            <a href="edit.php">编辑学生信息</a> |
            <a href="query.php">查询学生信息</a> |
            <a href="login.php">返回登录页</a> |
        </p>
        <hr size="1">
</body>
```

（2）在图 9-14 所示的页面中输入管理员的用户名和密码，单击"登录"按钮，结果如图 9-15 所示。

（3）普通用户只有浏览学生信息和查询学生信息的权限。因此，在 header_stu.php 头文件中，根据需要，仅提供浏览和查询学生信息及返回登录页的链接。普通用户登录后，将看到以下链接选项。

```
<body>
    <p class="title">
        <a href="browser.php">浏览学生信息</a> |
        <a href="query.php">查询学生信息</a> |
        <a href="login.php">返回登录页</a> |
    </p>
    <hr size="1">
</body>
```

（4）在图 9-14 所示页面中输入普通用户的用户名和密码，单击"登录"按钮，结果如图 9-16 所示。

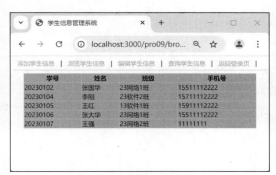

图 9-15　管理员登录页面　　　　　　　　图 9-16　普通用户登录页面

任务 9-5　设计注册页面

设计注册页面，实现管理员和普通用户的注册功能，通过下拉列表选择用户身份，并设置额外的验证逻辑。register.php 页面的关键脚本如下。

```
<body>
    <div>
        <h1>注册</h1>
        <form method="post">
            <p>
                用户: <input type="text" name="user">
            </p>
            <p>
                密码: <input type="password" name="pwd">
```

```
            </p>
            <p>
                身份:
                <select name="grade">
                    <option value="1">管理员</option>
                    <option value="0">普通用户</option>
                </select>
            </p>
            <p>
                口令:
                <input type="password" name="password">
            </p>
            <p>
                <input type="submit" value="注册" name="zhuce">
            </p>
        </form>
    </div>
    <?php
    ……// 省略数据库连接和会话启动的代码
    // 检查是否单击了"注册"按钮
    if (isset($_POST['zhuce'])) {
        ……// 省略获取用户名$user、密码$pwd、用户身份$level 的代码
        // 查询用户名是否存在
        $sql = "select * from user where username = '$user'";
        if ($res = mysqli_query($conn, $sql)) {
            if (mysqli_num_rows($res) >= 1)
                echo "该用户名已存在，请核对后重新输入"; // 用户名已存在提示
            else {
                // 管理员注册逻辑
                if ($level == 1) {
                    $pwd2 = "abcd"; // 预设的管理员注册口令
                    if ($pwd2 == $_POST['password']) {
                        // 将管理员数据插入数据库
                        $sql = "insert into user values('$user','$pwd','$level')";
                        if (mysqli_query($conn, $sql))
                            ……// 省略管理员注册成功的提示以及跳转到 login.php 页面的代码
                        else
                            ……// 省略管理员注册失败的提示以及跳转到 login.php 页面的代码
                    } else
                        echo "<script>alert('管理员注册口令不正确，无权注册为管理员');
location.href='login.php';</script>"; // 口令不正确提示并重定向
                } else {
                    // 将普通用户数据插入数据库
                    $sql = "insert into user values('$user','$pwd','$level')";
                    if (mysqli_query($conn, $sql))
                        ……// 省略普通用户注册成功的提示以及跳转到 login.php 页面的代码
                    else
                        ……// 省略普通用户注册失败的提
示以及跳转到 login.php 页面的代码
                }
            }
        }
    }
    ?>
</body>
```

在图 9-14 所示的页面中单击"没有账号？单击这里进行注册"，跳转到用户注册页面，如图 9-17 所示。在这里输入用户名和密码，选择自己的身份等。

图9-17　用户注册页面

任务 9-6　添加数据

编写后端 PHP 脚本，使用 PHP 的 MySQLi 扩展连接数据库，并执行 SQL 查询。我们将逐步构建学生信息的添加、浏览、编辑和查询等功能，确保系统的健壮性和安全性。

add.php 页面的关键脚本如下。

```php
<body>
    <?php include 'header_admin.php'; ?>
    <div>
        <h1>添加学生</h1>
        <form method="post" name="myform">
            <p>
                学号:
                <input    type="text    size="20"    name="stuid"    value=<?php    echo
isset($_SESSION['stuid']) ? $_SESSION['stuid'] : ''; ?>>
            </p>
            <p>
                姓名:
                <input type="text" size="20" name="stuname">
            </p>
            <p>
                班级:
                <input type="text" size="20" name="stuclass" />
            </p>
            <p>
                手机号:
                <input type="text" size="20" name="stuphone" />
            </p>
            <p class="submit">
                <input type="submit" name="add" value="添加学生信息" />
            </p>
        </form>
    </div>
    <?php
    ……// 省略了数据库连接和会话启动的代码
    // 检查是否单击了"添加学生信息"按钮，且提交了表单数据
    if (isset($_POST['add'])) {
        ……// 省略获取学号$stuid、姓名$stuname、班级$stuclass 和手机号$stuphone 的代码
        // 检查用户是否已登录
        if (!empty($_SESSION['user'])) {
            // 检查所有输入字段是否都不为空
            if (!empty($_POST['stuid']) && !empty($_POST['stuname']) && !empty($_POST
['stuclass']) && !empty($_POST['stuphone'])) {
                // 构建 SQL 插入语句，将数据插入 stu_info 数据表
                $sql = "insert into stu_info(stu_id,stu_name,stu_class,stu_phone) values
('$stuid','$stuname','$stuclass','$stuphone')";
                // 执行 SQL 语句，并根据执行结果弹出相应的提示信息
                if (mysqli_query($conn, $sql)) {
                    echo "<script>alert('添加成功'); document.myform.reset(); history.go(-1);
</script>";
                } else {
                    echo "<script>alert('添加失败'); document.myform.reset(); history.go(-1);
</script>";
                }
            } else { // 如果有空字段，则弹出提示信息并跳转到添加页面
                echo "<script>alert('信息有空缺，请核对后重新输入'); location.href='add.php';
</script>";
            }
```

```
        } else { // 如果用户未登录，则弹出提示信息并跳转到登录页面
            echo "<script>alert('请登录后操作');</script>";
            echo "<script>location.href='login.php';</script>";
        }
    }
    ?>
</body>
```

管理员登录后，如图 9-18 所示，单击"添加学生信息"链接，弹出图 9-19 所示的页面。

图 9-18 管理员登录页面

图 9-19 "添加学生"页面

输入学生的信息，单击"添加学生信息"按钮，弹出图 9-20 所示的页面。

图 9-20 "添加成功"页面

任务 9-7 浏览数据

使用数据浏览功能，将展示所有学生的信息。执行 SQL 查询语句，可以从数据库中检索出学生的信息，并以表格的形式在页面中展示出来。browser.php 页面的关键脚本如下。

```php
<body>
    <?php
    ……// 省略了数据库连接和会话启动的代码
    // 根据会话中的用户等级，包含不同的头文件
    if (intval($_SESSION['level']) == 1) {      // 如果是管理员
        include 'header_admin.php';             // 包含管理员的头文件
    } else {                                    // 如果不是管理员
        include 'header_stu.php';               // 包含学生的头文件
    }

    // 检查会话中是否有用户登录
    if (!empty($_SESSION['user'])) {
        echo <<<EOF
<table width="70%" align = "center">
<tr>
```

```
            <th>学号</th>
            <th>姓名</th>
            <th>班级</th>
            <th>手机号</th>
    </tr>
EOF;
        $sql = 'SELECT * FROM stu_info';  // SQL 查询语句，选择 stu_info 数据表中的所有数据
        $res = mysqli_query($conn, $sql); // 执行 SQL 查询
        $rows = mysqli_fetch_all($res, MYSQLI_ASSOC); // 获取查询结果，并以关联数组形式返回

        // 遍历查询结果，并为数据中的每行数据生成一个表格行
        foreach ($rows as $v1) {
            echo "<tr>";
            foreach ($v1 as $v2)
                echo "<td>{$v2}</td>";        // 为每个数据生成一个表格数据单元格
            echo "</tr>";
        }
        echo "</table>";        // 表格结束标记
    } else {                    // 如果没有用户登录
        echo "<script>alert('请登录后操作');</script>";        // 弹出提示，提示用户登录
        echo "<script>location.href='login.php';</script>"; // 重定向到登录页面
    }
    ?>
</body>
```

管理员登录后，单击“浏览学生信息”链接，弹出图 9-18 所示的页面。

任务 9-8   编辑数据

本任务将实现学生信息的编辑功能。首先，通过 edit.php 页面展示所有学生的信息，并提供“编辑”和“删除”链接。单击“编辑”链接后，跳转到 update.php 页面，该页面显示指定学生的详细信息并允许管理员进行修改。修改完成后，单击“修改”按钮，数据被发送到 update_ok.php 页面进行处理，并更新数据库中的学生信息。最后，页面重定向回 edit.php 页面。edit.php 页面的关键脚本如下。

```
<body>
    <?php
    ……// 省略了数据库连接和会话启动的代码
    include 'header_admin.php'; // 包含管理员头文件
    // 检查会话中是否有用户登录
    if (!empty($_SESSION['user'])) {
        // 执行 SQL 查询，获取学生信息
        $res = mysqli_query($conn, 'SELECT * FROM stu_info');

        // 输出 HTML 表格头
        echo <<<EOF
        <table  width="70%" align = "center">
                <tr>
                    <th>学号</th>
                    <th>姓名</th>
                    <th>班级</th>
                    <th>手机号</th>
                    <th>编辑</th>
                    <th>删除</th>
                </tr>
        EOF;

        // 获取查询结果集中的所有行，并以关联数组形式返回
```

```
        $rows = mysqli_fetch_all($res, MYSQLI_ASSOC);

        // 遍历每一行数据
        foreach ($rows as $v1) {
            echo "<tr>"; // 输出表格的一行

            // 遍历关联数组中的每个元素（即每一个字段）
            foreach ($v1 as $v2) {
                echo "<td>{$v2}</td>"; // 输出表格的一个单元格
            }

            // 输出"编辑"和"删除"链接，链接中包含学生的 ID 作为参数
            echo "<td><a href='update.php?id={$v1['stu_id']}'>编辑</a></td>";
            echo "<td><a href='delete.php?id={$v1['stu_id']}'>删除</a></td>";
            echo "</tr>"; // 结束当前行的输出

            // 将当前学生的 ID 存储在 Cookie 中
            setcookie("id", $v1['stu_id']);
        }
        echo "</table>"; // 结束表格的输出
    } else {
        ……// 省略用户没有登录时弹出提示并重定向到 login.php 页面的代码
    }
    ?>
</body>
```

单击任一"编辑"链接，跳转到 update.php 页面。

```
<body>
    <?php
    ……// 省略数据库连接和会话启动的代码
    include 'header_admin.php'; // 包含管理员头文件
    if (!empty($_SESSION['user'])) {
        $id = intval($_GET['id']);
        $sql = "SELECT * FROM stu_info where stu_id='$id'";
        $res = mysqli_query($conn, $sql);
        $row = mysqli_fetch_assoc($res);
        $_SESSION['stuid'] = $row['stu_id'];
    } else {
        ……// 省略如果用户没有登录，则弹出提示并重定向到 login.php 页面的代码
    }
    ?>
    <form action="update_ok.php" method="post">
        <table>
            <tr>
                <th colspan="2">学生信息</th>
            </tr>
            <tr>
                <td>学号</td>
                <td><?php echo $row['stu_id']; ?></td>
            </tr>
            <tr>
                <td>姓名</td>
                <td><input type="text" name="stuname" value="<?php echo $row['stu_name'];
?>"></td>
            </tr>
            <tr>
                <td>班级</td>
                <td><input type="text" name="stuclass" value="<?php echo $row ['stu_class'];
?>"></td>
            </tr>
            <tr>
```

```
                <td>手机号</td>
                <td><input type="text" name="stuphone" value="<?php echo $row ['stu_phone'];
?>"></td>
            </tr>
            <tr>
                <td colspan="2">
                    <input type="submit" value="修改">
                </td>
            </tr>
        </table>

    </form>
</body>
```

编辑完成，单击"修改"按钮，跳转到 update_ok.php 页面。

```
<body>
    <?php
    ……// 省略会话启动、数据库连接文件和管理员头文件的代码
    // 检查会话中是否有用户登录
    if (!empty($_SESSION['user'])) {
        // 从会话中获取学号
        $stuid = $_SESSION['stuid'];
        ……// 省略获取学生姓名$stuname、班级$stuclass 和手机号$stuphone 的代码
        // 构建 SQL 更新语句，将学生信息更新到数据库中
        $sql  =  "update  stu_info  set  stu_name='{$stuname}',stu_class='{$stuclass}',
stu_phone='{$stuphone}' where stu_id='{$stuid}'";

        // 执行 SQL 语句
        $res = mysqli_query($conn, $sql);

        // 根据执行结果输出相应的提示信息，并重定向到 edit.php 页面
        if ($res) {
            ……// 省略如果修改成功，则弹出提示并重定向到 edit.php 页面的代码
        } else {
            ……// 省略如果修改失败，则弹出提示并重定向到 edit.php 页面的代码
        }
    } else {
        ……//省略用户没有登录时弹出提示并重定向到 login.php 页面的代码
    }
    ?>
</body>
```

管理员登录后，单击"编辑学生信息"链接，弹出图 9-21 所示的页面，单击"张小华"后面的"编辑"链接，弹出图 9-22 所示的页面，修改姓名为"张国华"，单击"修改"按钮，弹出"修改成功"的页面，如图 9-23 所示，单击"确定"按钮，返回编辑学生信息页面，如图 9-24 所示。

图 9-21　编辑学生信息页面

图 9-22　编辑"张小华"信息页面

图 9-23 "修改成功"页面

图 9-24 返回编辑学生信息页面

任务 9-9 删除数据

在本任务中，我们将实现学生信息的删除功能。通过管理员权限，用户可以单击"删除"链接来删除指定学生的信息。这一功能通过执行 DELETE FROM 语句来完成。delete.php 页面的关键脚本如下。

```php
<body>
    <?php
    ……// 省略会话启动、数据库连接文件和管理员头文件的代码

    // 检查会话中是否有用户登录
    if (!empty($_SESSION['user'])) {
        $id = intval($_GET['id']); // 从 GET 请求中获取学号，并确保它是整数

        // 构建 SQL 删除语句
        $sql = "delete from stu_info where stuid='$id'";

        // 执行 SQL 语句
        $res = mysqli_query($conn, $sql) or die("执行 SQL 语句失败"); // 如果执行失败，则终止脚
本并输出错误信息

        // 检查删除操作是否成功
        if ($res) {
            ……// 省略删除成功，则弹出提示并重定向到 edit.php 页面的代码
        } else {
            ……// 省略删除失败，则弹出提示并重定向到 edit.php 页面的代码
        }
    } else {
        ……// 省略用户没有登录时弹出提示并重定向到 login.php 页面的代码
    }
    ?>
</body>
```

在编辑学生信息页面单击"张强"后面的"删除"链接，弹出图 9-25 所示的页面，提示"删除成功"，返回编辑学生信息页面。

图 9-25 "删除成功"页面

任务 9-10　查询数据

在本任务中，我们将实现学生信息的查询功能。通过获取学生学号，系统能够查询并展示对应学生的详细信息。无论是管理员还是普通用户，只要登录后都可以使用此功能。query.php 页面的关键脚本如下。

```php
<body>
    <?php
    ……// 省略会话启动和数据库连接文件的代码
    // 根据会话中的用户身份包含不同的头文件
    if (intval($_SESSION['level']) == 1) {
        include 'header_admin.php';    // 管理员头文件
    } else {
        include 'header_stu.php';       // 学生头文件
    }
    // 检查会话中是否有用户登录
    if (!empty($_SESSION['user'])) {
        // 输出查询表单
        echo <<<EOF
        <div>
            <h1>查询学生信息</h1>
            <form method="post">
                <p>
                    学号: <input type="text" name="stuid">
                    <input type="submit"  name="chaxun" value="查询">
                </p>
            </form>
        </div>
        EOF;

        // 再次检查用户登录状态（此检查与前面的检查重复，确保在进行表单处理之前用户仍然处于登录状态）
        if (!empty($_SESSION['user'])) {
            // 检查是否提交了查询请求
            if (isset($_POST['chaxun'])) {
                // 获取学号并转换为整数
                $stuid = intval($_POST["stuid"]);
                // 检查学号是否为空
                if (empty($stuid)) {
                    echo "<script>alert('学号不能为空，请输入');</script>";
                } else {
                    // 输出查询结果的表格头
                    echo <<<EOF
                        <table  width="70%" align = "center">
                        <tr>
                            <th>学号</th>
                            <th>姓名</th>
                            <th>班级</th>
                            <th>手机号</th>
                        </tr>
                    EOF;
                    // 构建 SQL 查询语句
                    $sql = "select * from stu_info where stu_id='$stuid'";
                    // 执行查询
                    if ($res = mysqli_query($conn, $sql)) {
                        // 检查是否有查询结果
                        if (mysqli_num_rows($res) == 0) {
                            echo "<script>alert('学号不存在，核对后重新输入');history.go(-1);
</script>";
```

```
            } else {
                // 获取查询结果并输出
                $row = mysqli_fetch_assoc($res);
                echo "<tr>";
                foreach ($row as $v) {
                    echo "<td>$v</td>";
                }
                echo "</tr>";
            }
        } else {
            echo "<script>alert('查询失败');</script>";
        }
    }
}
} else {
    // 如果用户未登录，则弹出提示并重定向到 login.php 页面
    echo "<script>alert('请登录后操作');</script>";
    echo "<script>location.href='login.php';</script>";
}
}
?>
</body>
```

项目实训——图书管理系统

【实训目的】
练习数据库的基本操作。

【实训内容】
（1）实现图书管理系统管理员和普通用户的登录和注册。
（2）实现图书的浏览、编辑、添加、查询、借还等功能。
（3）实现效果如图 9-26~图 9-37 所示。

图 9-26　登录页面

图 9-27　用户注册页面

图 9-28　管理员页面

图 9-29　普通用户页面

图 9-30　添加图书页面

图 9-31　浏览图书页面

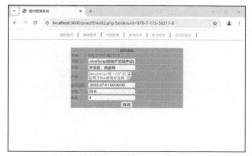

图 9-32　编辑图书页面

图 9-33　删除成功页面

图 9-34　查询图书页面

图 9-35　借还图书页面 1

图 9-36　借还图书页面 2

图 9-37　借还图书页面 3

【具体要求】

　　仿照本项目的学生信息管理系统，实现图书管理系统浏览图书、编辑图书、添加图书、查询图书、借还图书等功能。

项目小结

本项目通过构建学生信息管理系统，深入探索了 PHP 与 MySQL 数据库的交互操作。读者不仅掌握了如何使用 PHP 连接并操作 MySQL 数据库，还学会了设计数据库结构及后端逻辑等关键技能。项目 9 知识点如图 9-38 所示。

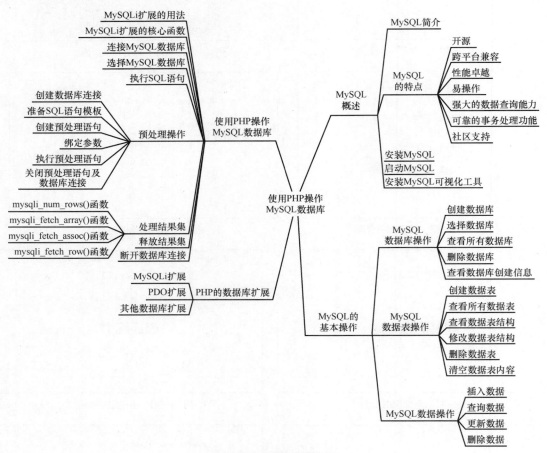

图 9-38　项目 9 知识点

应用安全拓展

防范 SQL 注入

在数字世界中，数据安全至关重要。SQL 注入攻击作为一种常见的威胁，针对的是数据库的安全漏洞。下面介绍 SQL 注入的原理、危害及防范方法，帮助保障数据安全。

1. SQL 注入的原理

SQL 注入（SQL Injection）是一种针对数据库的攻击方式，它利用应用程序在处理用户输入的数据时，未能正确验证和转义这些输入的数据，导致输入的数据被直接拼接到 SQL 查询语句中。攻击者在输入字段中注入特定的 SQL 代码，将这些代码嵌入查询语句中，从而改变查询的目的，导致数据库执行非预期的操作。

例如，一个简单的登录验证 SQL 语句可能是这样的："SELECT * FROM users WHERE username=' " + userInputUsername + " ' AND password=' " + userInputPassword + " ';"。如果攻击者在用户名输入框中输入"admin' OR '1'='1"，那么拼接后的 SQL 语句就变成了"SELECT * FROM users WHERE username='admin' OR '1'='1' AND password='…';"。由于 OR '1'='1' 始终为真，这个查询会返回所有用户的信息，攻击者就可以利用这个漏洞登录为任意用户。

2. SQL 注入的危害

SQL 注入的危害是巨大的。一旦攻击成功，攻击者就可以获得数据库的访问权限，进而窃取、篡改或删除数据库中的数据。这不仅可能导致个人隐私泄露，还可能对企业造成重大损失，甚至威胁到国家安全。此外，SQL 注入还可能被用来进行更复杂的网络攻击，如跨站脚本攻击、跨站请求伪造等。

3. 如何防范 SQL 注入攻击

防范 SQL 注入攻击需要采取多层次的安全措施，具体如下。

（1）使用参数化查询

参数化查询是一种有效防止 SQL 注入的方法，它将用户输入的数据作为参数传递给查询语句，而不是直接将其拼接到查询语句中，这样，即使用户输入的数据中包含恶意 SQL 代码，也不会被数据库执行。

（2）输入验证和过滤

在接收用户输入的数据之前，进行严格的输入验证和过滤是必要的。开发人员应该使用正则表达式或白名单过滤技术来确保输入的数据符合预期的格式和类型。对于字符串的输入数据，需要进行转义处理，以防止特殊字符被误认为 SQL 代码的一部分。

（3）最小权限原则

为应用程序连接数据库的账户分配最小的权限。这样即使发生 SQL 注入攻击，攻击者也无法执行对数据库的敏感操作。开发人员应该为应用程序创建独立的数据库账户，并限制其只能执行必要的数据库操作。

（4）避免使用动态 SQL

尽量使用静态 SQL 语句而不是动态 SQL 语句。动态构建需要将用户输入的数据直接拼接到查询语句中，存在被注入的风险。如果必须使用动态 SQL，则需要确保对用户输入的数据进行合理的转义处理。

（5）使用 Web 应用防火墙

Web 应用防火墙（Web Application Firewall，WAF）可以监控和过滤 Web 流量，提供额外的安全防护层。它可以检测和阻止 SQL 注入攻击，并提供实时的警报和防御机制。

总之，SQL 注入攻击是一种常见的网络安全威胁，采取多层次的安全措施，可以有效防范这种攻击。开发人员需要重视应用程序的安全性，加强对 SQL 注入攻击的认知，并将以上防范措施纳入开发过程中，以保障应用程序的稳定性和可靠性。

巩固练习

一、填空题

1. 在 PHP 中连接 MySQL 数据库的基本语法格式是$conn = _____。

2. 执行 MySQL 查询语句后，通常使用_____函数来获取结果集中的数据。

3. 在 PHP 中，要检查 MySQL 查询是否成功，可以使用_____函数。

4. 在 MySQL 中，适用于存储用户密码的数据类型是_____。

5. 在 PHP 中，要释放与 MySQL 查询结果相关联的内存，可以使用_____函数。

二、选择题

1. 在 PHP 中连接 MySQL 数据库，通常使用哪个函数？（　　　）

A. mysqli_connect()　　　　　　　　　　B. mysql_pconnect()

C. PDO::connect()　　　　　　　　　　　D. mysql_connect()

2. 在 PHP 中执行 MySQL 查询，应该使用哪个函数？（　　　）

A. mysqli_execute()　　　　　　　　　　B. mysqli_query()

C. mysql_query()　　　　　　　　　　　D. PDO::exec()

3. 以下哪个是 MySQL 中用于存储文本内容的数据类型？（　　　）

A. INT　　　　　　　B. VARCHAR　　　C. DATE　　　　　　　　D. FLOAT

4. 如何从 MySQL 查询结果集中获取数据？（　　　）

A. 使用 mysqli_fetch_array()函数　　　B. 使用 mysql_data_seek()函数

C. 直接从查询结果变量中读取　　　　　D. 使用 PDO::fetchAll()方法

5. 在 PHP 中关闭 MySQL 连接，应该使用哪个函数？（　　　）

A. mysqli_disconnect()　　　　　　　　B. mysqli_close()

C. mysql_close()　　　　　　　　　　　D. PDO::disconnect()

三、判断题

1. 使用预处理语句可以完全杜绝 SQL 注入攻击。（　　　）

2. 在执行 MySQL 查询之前，必须先建立与数据库的连接。（　　　）

3. MySQL 的 VARCHAR 数据类型可以存储任意长度的文本内容。（　　　）

4. PHP 的 mysqli_query()函数既可以执行 SELECT 操作，又可以执行 INSERT 操作。（　　　）

5. 在 PHP 中，MySQLi 和 MySQL 是两个不同的扩展，分别用于连接和操作 MySQL 数据库。（　　　）